中国（绵阳）

科技城年鉴

YEARBOOK OF CHINA（MIANYANG） SCIENCE AND TECHNOLOGY CITY

2023

绵阳市地方志编纂中心　编

方志出版社
Publishing House of Local Records

图书在版编目（CIP）数据

中国（绵阳）科技城年鉴. 2023/绵阳市地方志编纂中心编. —北京：方志出版社，2023.12
ISBN 978-7-5144-6074-2

Ⅰ. ①中…　Ⅱ. ①绵…　Ⅲ. ①科技中心－建设－绵阳－2023－年鉴　Ⅳ. ①G322.771.3-54

中国国家版本馆CIP数据核字（2023）第253592号

责任编辑：李丝雨
责任校对：张玉霞
责任印制：梅中英
出 版 者：方志出版社
地　　址：北京市朝阳区潘家园东里9号（国家方志馆4层）
邮　　编：100021
网　　址：http://www.zgfzcb.cn
发　　行：方志出版社图书营销中心（010-67110500）
印　　刷：成都勤德印务有限公司
开　　本：889毫米×1194毫米　1/16
印　　张：16.75
字　　数：424千字
版　　次：2023年12月第1版
印　　次：2023年12月第1次印刷
定　　价：288.00元

城市荣誉

CITY HONOR

★中国科技城

★全国文明城市

★国家森林城市

★中国优秀旅游城市

★全国科技进步先进城市

★全国创业先进城市

★国家电子商务示范城市

★全国首批“三网融合”试点市

★国家产城融合示范区

★国家智慧城市试点市

★国家新型城镇化综合试点市

★全国首批“民生改善十佳典范城市”

★中国最美山水城市

★联合国“改善居住环境最佳范例城市”

★国家系统推进全面创新改革试验先行先试区域

★国家卫生城市

★国家环保模范城市

★全国双拥模范城市

★全国人民防空先进城市

★国家新型工业化产业示范基地

★国家知识产权示范城市

★全国首批 5G 商用城市

★国家产融合作试点市

★国家信息消费试点市

★中国幸福城市

★全国新型节水型城市

★联合国“杰出绿色生态城市”

★中国 2018 年“美丽山水城市”

★全国版权示范城市

★全国首批“促进科技和金融结合”试点地区

规划面积：100 平方千米

集中发展区面积：30 平方千米

建成核心区面积：5 平方千米

国家级园区：2 个（绵阳高新区、经开区）

省级园区：8 个

国家级科研院所：18 个

国家地方联合工程研究中心：2 个

国家级企业技术中心：9 个

国家级工程技术研究中心：5 个

省级工程技术研究中心：30 个

“两院”院士：28 人

科技城地区生产总值：2569.83 亿元

科技城第二产业增加值：1324.00 亿元

科技城规模以上工业增加值同比增长：9.2%

科技城第三产业增加值：1245.83 亿元

科技城全社会固定资产投资同比增长：12.7%

数字科技城

DIGITAL KEJICHENG 2022

科技城社会消费品零售总额：1190.82 亿元

科技城高新技术企业：709 家

科技部评价入库科技型中小企业：2141 个

上市挂牌企业：27 家

会展业直接收入：11 亿元

网络交易额：3419 亿元

5 亿元以上项目：128 个

外贸出口：25.90 亿美元

授权专利：9438 件

每万人发明拥有量：22 件

技术合同认定登记额：41.06 亿元

专业技术人才：25.6 万人

各类高校：15 所

院士（专家）工作站：36 个

科技城研究与试验发展经费：204.10 亿元

研发经费投入占比：7.15%

科技城创新中心

第十届中国（绵阳）科技城国际科技博览会
开幕
Grand Opening

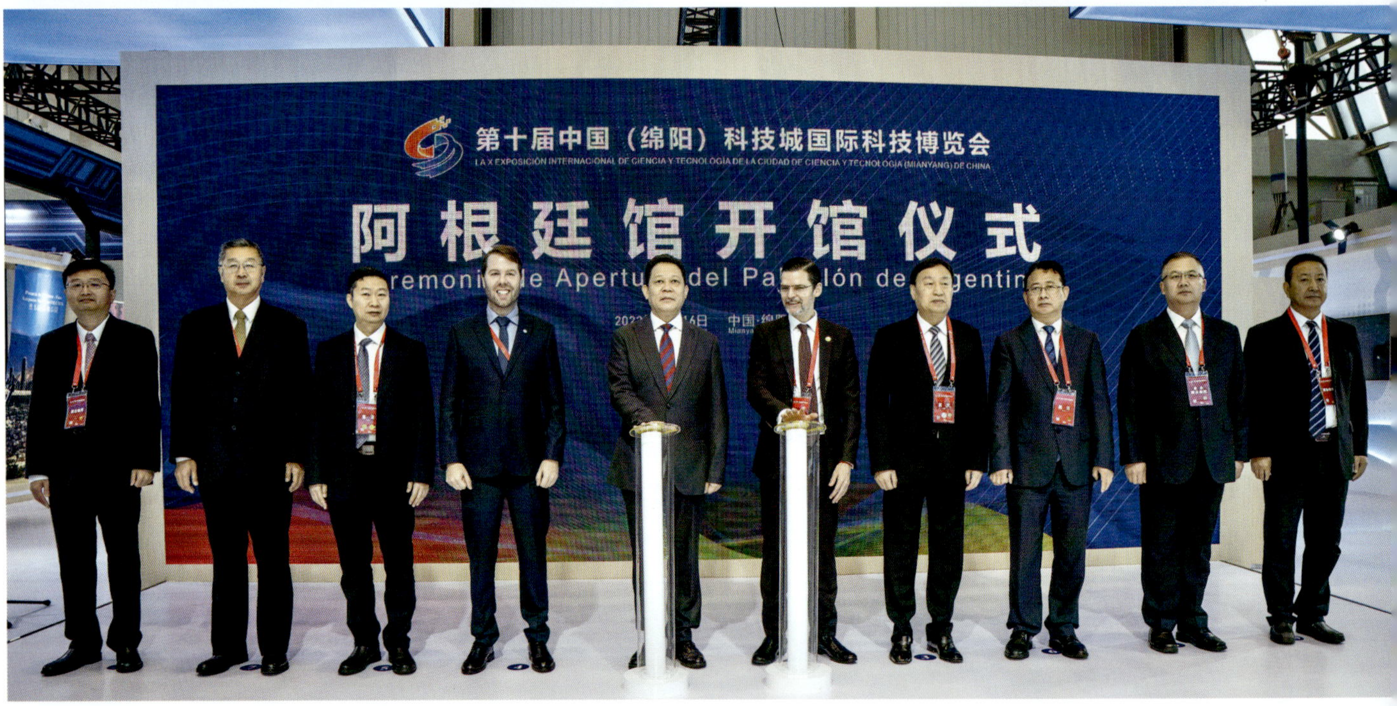
第十届中国（绵阳）科技城国际科技博览会
阿根廷馆开馆仪式

① 2022 年 11 月 16 日，第十届中国（绵阳）科技城国际科技博览会在绵阳开幕（视觉绵阳提供）

② 2022 年 11 月 16 日，第十届中国（绵阳）科技城国际科技博览会开幕式上，阿根廷驻华大使牛望道宣读阿根廷总统费尔南德斯的贺信（视觉绵阳提供）

③ 2022 年 11 月 16 日，第十届中国（绵阳）科技城国际科技博览会主宾国阿根廷馆开馆仪式举行（视觉绵阳提供）

④ 2022 年 11 月 17 日，第十届中国（绵阳）科技城国际科技博览会——国家科技计划成果路演行动绵阳科技城专场举行（市经合局供图）

① ② ③ ④ ⑤ ⑥

① 科博会云展馆之中国西部科技创新主题馆（市经合局供图）
② 科博会云展馆之科博探秘馆（市经合局供图）
③ 清华大学国家大学科技园展区（张梦怡 / 摄）
④ 西安航空工业第一飞机设计研究院的 TP500 无人运输机展品（张梦怡 / 摄）
⑤ 科博会室外场馆展示中联重工大型机械（张梦怡 / 摄）
⑥ “绵阳造”四足仿生机器狗（张梦怡 / 摄）

返回上一页
地图
展商一览表
科博探秘
Mysterious Exploration of Science and Technology Exhibition
大咖访谈
数读科博
云上看科博
寻访“黑”科技

TusPark 清华科技园
清华大学国家大学科技园
启迪控股股份有限公司
为打造具有全球竞争力的
创新生态平台而不懈奋斗

巨星永磁

金融机构与企业签订投融资合作协议
中国银行
绵阳分行
绵阳科技城发展投资（集团）有限公司
中国农业发展银行
绵阳市分行
绵阳惠东投资控股
有限责任公司
国家开发银行
四川省分行
绵阳新路投资发展
有限责任公司
中国工商银行
绵阳分行
绵阳市投资控股
（集团）有限公司
中国农业银行
绵阳分行
绵阳科技城新区投资
控股（集团）有限公司

①　②
③　④

① 2022 年 10 月 28 日，在中国（绵阳）科技城建设科技创新先行区投融资对接会暨科创基金小镇开镇仪式上，金融机构与企业签订投融资合作协议（视觉绵阳提供）

② 2022 年 10 月 28 日，“云上大学城”入驻签约仪式在“创新金三角 智汇科技城”首场活动上举行（视觉绵阳提供）

③ 科创基金小镇（视觉绵阳提供）

④ “云上科技城”网络展示厅（市科技局提供）

2022 年 5 月 9 日， 市委人才工作会议召开（视觉绵阳提供）

2022 年 11 月 18 日，绵阳科技城人才发展集团揭牌仪式在第十届中国（绵阳）科技城国际博览会“科技城人才日”启幕仪式上举行（视觉绵阳提供）

2022 年 11 月 18 日，在绵阳科技城人才发展集团揭牌仪式上举行人才政策资金兑付仪式（视觉绵阳提供）

2022 年 11 月 21 日，科技城人才公寓揭牌仪式在高新区铂金时代酒店举行

2022 年 8 月 31 日，中国（绵阳）科技城广东（东莞）推介会举行（视觉绵阳提供）

2022 年 11 月 3 日，中国（绵阳）科技城苏州推介会举行（视觉绵阳）

2022 年 6 月 15 日，中国（绵阳）科技城厦门推介会举行（视觉绵阳提供）

2022 年 11 月 2 日，“绵阳造”苏州行产销对接会在苏州市东方之门中央广场举行（视觉绵阳）

2022 年 1 月 4 日，四川省 2022 年第一季度重大项目集中开工绵阳分会场举行（视觉绵阳提供）

2022 年 3 月 11 日，绵阳市 2022 年 3 月重大项目集中开工仪式举行（视觉绵阳提供）

2022 年 7 月 29 日，巨星（绵阳）稀土永磁新材料产业项目在绵阳开工（视觉绵阳提供）

2022 年 9 月 21 日，创明新能源项目签约暨开工仪式在绵阳举行（视觉绵阳提供）

2022 年 9 月 26 日，四川省 2022 年第三季度重大项目现场推进活动绵阳现场（视觉绵阳提供）

2022 年 12 月 12 日，艾伯科技智能制造产业园项目在绵阳开工（视觉绵阳提供）

编辑说明

一、《中国（绵阳）科技城年鉴（2023）》（以下简称本年鉴）以马克思列宁主义、毛泽东思想、邓小平理论、“三个代表”重要思想、科学发展观、习近平新时代中国特色社会主义思想为指导，坚持辩证唯物主义和历史唯物主义的立场、观点和方法，全面客观记述中共绵阳市委、绵阳市人民政府加快建设中国科技城的新部署、新举措、新成果。全书以科技城建设为主题，重点突出科技创新、产业发展等，为中国科技城科学发展、加快发展提供决策依据和借鉴，为各界人士了解和研究科技城提供资料和信息。

二、《中国（绵阳）科技城年鉴》是由中共绵阳市委、绵阳市人民政府主办，中共绵阳市委党史研究室（绵阳市地方志编纂中心）编纂的资料性文献，2017年首次出版，每年一卷，在国内公开出版发行。本年鉴为总第7卷，记述时限为2022年1月1日至12月31日。为确保记述的完整性，部分资料作适当上溯或下延。

三、本年鉴采用分类编辑法，主体由类目、分目、条目三级组成，部分内容增设子分目。设特载、媒体聚焦、大事记、绵阳市情概览、科技城概览、组织保障、研发创新平台、创新创业、科技成果转化与知识产权保护、开放合作、人才建设、科技金融服务、产业发展、现代服务业、产业园区·功能区、附录16个类目。

四、本年鉴条目标题统一用黑体字加【】表示，正文为五号宋体。在排版上，双页书眉为书名，单页书眉为类目标题。部分“简略语”随条目注释，部分条目附有资料背景链接。

五、本年鉴所载信息（数据）由科技城党工委管委会、各县（市、区）人民政府、各园区管委会、相关市直部门、科研院所、企事业单位提供，经编辑部整理编辑、编委会审查、出版社审核而成，具有权威性与资料性。

六、本年鉴所使用图、照，均由各相关供稿单位（部门）或绵阳日报社·视觉绵阳及个人提供；所涉及数字用法、标点符号用法分别采用国家标准《出版物上数字用法》（GB/T 15835—2011）、《标点符号用法》（GB/T 15834—2011）；除个别遵从习俗外，计量单位采用国家技术监督局1993年12月发布的《量和单位》系列国家标准。

《中国(绵阳)科技城年鉴(2023)》参编单位

市中级人民法院	市人民检察院	市人大常委会办公室	市政协办公室
市委组织部	市委宣传部	市委外办	市发改委
市经信局	市教体局	市科技局	市财政局
市人社局	市自规局	市交通局	市住建委
市商务局	市市场监管局	市统计局	市金融工作局
市经合局	科技城党工委管委会办公室	绵阳日报社	市住房公积金中心
市科协	市贸促会	市侨联	人行绵阳中支
绵阳银保监分局	科技城工研院	西南科技大学	绵阳师范学院
四川文化艺术学院	西南财经大学天府学院	绵阳城市学院	四川汽车职业技术学院
四川电力机械职业技术学院	九洲技师学院	绵阳飞行学院	绵阳职业技术学院
四川中医药高等专科学校	四川幼儿师范高等专科学校	长虹集团	九洲集团
绵投集团	科发集团	交发集团	涪城区
游仙区	安州区	江油市	三台县
盐亭县	梓潼县	平武县	北川羌族自治县
高新区	经开区	科技城新区	仙海区
江油高新区	游仙高新区	安州高新区	三台工业园区
梓潼经开区	盐亭经开区	北川经开区	金家林总部试验区
临港工业园区			

中国(绵阳)科技城年鉴编辑部

主　　　编： 韩贵钧

常务副主编： 万晓翠

执行副主编： 张永兴

编辑部主任： 李维怡

编　　　辑： 张永兴　晏茂川　李维怡　文　茜　王仕春　郭　徽　冀燕鹏　徐江山　伍丹丹　张　燚　叶平莉　梅　柯　王　飞　吴天文　岑福雯　张　琴　吴建平

英 文 编 辑： 周　谞

编　　　务： 黄　雁　樊宸铭

摄　　　影： 蒲　滔　张梦怡　何张波　等

图片协作单位： 绵阳日报社·视觉绵阳

中国（绵阳）科技城年鉴编辑部　地址：四川省绵阳市涪城区云泉北街1号集中办公区7号楼C区116室

电话：0816-2317693　传真：0816-2224994

E-mail:350385119@qq.com　邮编：621000

绵阳市部分机关企事业单位全称简称对照表

全 称	简 称
中国共产党绵阳市委员会	市委
绵阳市人民代表大会常务委员会	市人大常委会
绵阳市人民政府	市政府
中国人民政治协商会议绵阳市委员会	市政协
中国共产党绵阳市纪律检查委员会（绵阳市监察委员会）	市纪委监委
绵阳市中级人民法院	市中级人民法院
绵阳市人民检察院	市人民检察院
中国共产党绵阳市委员会办公室	市委办
中国共产党绵阳市委员会组织部	市委组织部
中国共产党绵阳市委员会宣传部	市委宣传部
中国共产党绵阳市委员会统一战线工作部	市委统战部
中国共产党绵阳市委员会政法委员会	市委政法委
中国共产党绵阳市委员会政策研究室	市委政研室
中国共产党绵阳市委员会网络安全和信息化委员会办公室	市委网信办
中国共产党绵阳市委员会外事工作委员会办公室	市委外办
中国共产党绵阳市委员会机构编制委员会办公室	市委编办
中国共产党绵阳市委员会直属机关工作委员会	市直机关工委
中国共产党绵阳市委员会巡察工作领导小组办公室	市委巡察办
中国共产党绵阳市委员会老干部局	市委老干局
中国共产党绵阳市委员会目标绩效管理办公室	市委目标绩效办
绵阳市公务服务中心	市公务服务中心
中国共产党绵阳市委员会党史研究室	市委党研室
中国共产党绵阳市委党校	市委党校
绵阳市总工会	市总工会
共青团绵阳市委	团市委
绵阳市妇女联合会	市妇联
绵阳市工商业联合会	市工商联
绵阳市科学技术协会	市科协
绵阳市文学艺术界联合会	市文联
绵阳市社会科学界联合会	市社科联

续表

全　称	简　称
绵阳市残疾人联合会	市残联
绵阳市归国华侨侨眷联合会	市侨联
中国国民党革命委员会绵阳市委员会	民革绵阳市委
中国民主同盟绵阳市委员会	民盟绵阳市委
中国民主建国会绵阳市委员会	民建绵阳市委
中国民主促进会绵阳市委员会	民进绵阳市委
农工民主党绵阳市委员会	农工党绵阳市委
中国致公党绵阳市工作委员会	致公党绵阳市工委
九三学社绵阳市委员会	九三学社绵阳市委
绵阳市人民政府办公室	市政府办
绵阳市发展和改革委员会	市发改委
绵阳市经济和信息化局	市经信局
绵阳市教育和体育局	市教体局
绵阳市科学技术局	市科技局
绵阳市人力资源和社会保障局	市人社局
绵阳市自然资源和规划局	市自规局
绵阳市生态环境局	市生态环境局
绵阳市住房和城乡建设委员会	市住建委
绵阳市交通运输局	市交通局
绵阳市水利局	市水利局
绵阳市农业农村局	市农业农村局
绵阳市文化广播电视和旅游局	市文广旅局
绵阳市卫生健康委员会	市卫健委
绵阳市退役军人事务局	市退役军人事务局
绵阳市应急管理局	市应急局
绵阳市国有资产监督管理委员会	市国资委
绵阳市市场监督管理局	市市场监管局
绵阳市乡村振兴局	市乡村振兴局
绵阳市金融工作局	市金融工作局
绵阳市经济合作局	市经合局
绵阳市医疗保障局	市医保局
绵阳市政务服务监督管理局	市政务服务监管局

续表

全　称	简　称
绵阳市机关事务管理局	市机关事务管理局
绵阳市人民防空办公室	市人防办
绵阳市武都引水工程管理局	市武引局
绵阳市住房公积金服务中心	市公积金中心
绵阳市供销合作社联合社	市供销社
国家税务总局绵阳市税务局	市税务局
国家统计局绵阳调查队	绵阳调查队
四川东材科技集团股份有限公司	东材科技
中国工程物理研究院	中物院
四川长虹电子控股集团有限公司	长虹集团
四川虹欧显示器件有限公司	虹欧公司
四川长虹器件科技有限公司	长虹器件公司
长虹华意压缩机股份有限公司	长虹华意
四川九洲电器集团有限责任公司	九洲集团
四川九洲线缆有限责任公司	九洲线缆
四川九洲光电科技股份有限公司	九洲光电
四川九州电子科技股份有限公司	九州电子
四川九州光电子技术有限公司	九州光电子
绵阳市投资控股（集团）有限公司	绵投集团
绵阳科技城发展投资（集团）有限公司	科发集团
绵阳市交通发展集团有限责任公司	交发集团
绵阳科技城人才发展（集团）有限公司	人才集团
绵阳国家高新技术产业开发区	绵阳高新区
绵阳经济技术开发区	绵阳经开区
绵阳科技城新区	绵阳科技城新区
绵阳市仙海水利风景区	仙海区
中国银保监会绵阳监管分局	绵阳银保监分局
中国人民银行绵阳市中心支行	人行绵阳中支
中国工商银行绵阳分行	工行绵阳分行
中国农业银行绵阳分行	农行绵阳分行
中国银行绵阳分行	中行绵阳分行
中国建设银行绵阳分行	建行绵阳分行

续表

全 称	简 称
中国农业发展银行绵阳分行	农发行绵阳分行
四川电信公司绵阳分公司	绵阳电信
四川移动通信公司绵阳分公司	绵阳移动
中国联合通信有限公司绵阳分公司	绵阳联通
西南科技大学	西科大
绵阳师范学院	绵阳师院
绵阳城市学院	城市学院
西南财经大学天府学院	西财天府学院
四川文化艺术学院	川文艺学院
绵阳职业技术学院	绵阳职业学院
四川幼儿师范高等专科学校	幼儿专科学校
四川汽车职业技术学院	川汽职院
四川中医药高等专科学校	中医专科学校
四川九洲技师学院	九洲技师学院
绵阳飞行职业学院	绵阳飞行学院

目 录

CONTENTS

特 载

媒体聚焦

大事记

绵阳市情概览

科技城概览

组织保障

研发创新平台

创新创业

开放合作

人才建设

科技金融服务

产业发展

现代服务业

产业园区·功能区

附 录

索 引

Special Reports

Media Focus

Chronicle

Overview of MianYang

Overview of Science and Technology city

Organizational Guarantee

Research and Development Innovation Platform

Innovation and Entrepreneurship

Transformation of Scientific and Technological Achievements and Protection of Intellectual Property Rights

Open Cooperation

Talents Construction

Technology Financial Services

Industrial Development

Modern Service Industry

Industrial Parks · Functional Area

Appendix

Indexes

中共绵阳市委关于推进新型工业化 加快建设现代产业体系的决定

（2023年7月20日中国共产党绵阳市第八届委员会第六次全体会议通过）

党的二十大从全面建设社会主义现代化国家的高度，对推进新型工业化和建设现代化产业体系作出战略部署。习近平总书记强调，高质量发展是全面建设社会主义现代化国家的首要任务；现代化产业体系是现代化国家的物质技术基础，加快建设以实体经济为支撑的现代化产业体系，关系我们在未来发展和国际竞争中赢得战略主动。省委十二届三次全会精准把握四川加快高质量发展、建设现代化经济强省的关键和要害，对深入推进新型工业化、加快建设现代化产业体系作出安排部署。为深入贯彻党中央战略部署，认真落实省委安排部署，中共绵阳市委八届六次全体会议对此进行了研究，作出如下决定：

一、加快建设具有绵阳特色的现代化产业体系

新型工业化是中国式现代化的必由之路，现代化产业体系是实现经济现代化的重要标志。当前，全球新一轮科技革命和产业变革深入发展，我国正加快由制造大国向制造强国迈进。绵阳是中国唯一科技城、四川第二大经济体，正处于工业转型升级、能级跃升的关键阶段，必须把发展经济的着力点放在实体经济上，把推进新型工业化摆在全局工作的突出位置，在转方式、调结构、增动能上下更大功夫，着力构建以先进制造业为骨干的现代化产业体系，为加快建设中国科技城、全力打造成渝副中心奠定坚实基础。

（一）总体要求

以习近平新时代中国特色社会主义思想为指导，全面贯彻党的二十大精神，深入学习贯彻习近平总书记关于建设现代化产业体系的重要论述和对四川工作系列重要指示精神，完整、准

确、全面贯彻新发展理念，服务和融入新发展格局，牢牢把握高质量发展这个首要任务，以成渝地区双城经济圈建设为总牵引，认真落实省委“四化同步、城乡融合、五区共兴”发展战略，坚持创新引领，深入实施“五市战略”，发挥新型工业化主导作用，推进产业智能化、绿色化、融合化发展，着力“扬优势、锻长板，促创新、增动能，建集群、强主体”，完善现代化的工业、农业、服务业和基础设施，构建以实体经济为支撑的现代化产业体系，为绵阳高质量发展提供强力支撑。

（二）主攻方向

锚定发展特色优势产业和战略性新兴产业这一主攻方向，聚焦聚力实体经济突破攻坚，加快形成现代化产业体系的主体支撑。突出高质量发展主题，更好统筹产业发展质量、规模和效益，实现质的有效提升和量的合理增长；突出工业当先、制造为重，大力推进制造强市建设，提高产业链供应链韧性和安全水平，加快形成现代化工业发展新格局；突出园区主战场作用，深入实施“园区提质”“企业满园”行动，做强工业园区、做优农业园区、做精服务业园区，夯实产业发展载体支撑；突出创新引领，以建设中国特色社会主义科技创新先行区为牵引，一头抓国家战略科技力量建设，一头抓产业技术创新和全社会创新创造，着力把创新势能转化为发展动能；突出产业开放合作，积极融入国内国际双循环，深度参与产业分工合作，开辟更加广阔的产业发展空间。

（三）发展目标

到2027年，制造强市建设取得新成效，制造业增加值占地区生产总值比重力争达到35%，四大特色优势产业规上工业总产值突破5000亿元，八大战略性新兴产业规上工业总产值突破3500亿元。创新驱动释放新动能，R&D投入强度持续领跑全国城市，企业研发经费投入强度显著提升，规模以上工业高新技术产业营业收入占规模以上工业比重达到65%，成渝绵“创新金三角”协同创新能级显著增强。转型升级取得新进展，规模以上战略性新兴产业总产值占规模以上工业总产值比重达到60%，数字经济规模占地区生产总值比重达到50%，绿色低碳优势产业营业收入占规模以上工业比重达到35%，产业创新力、竞争力明显提升。集群发展取得新突破，产业园区提质增效、晋位升级，各类市场主体蓬勃发展、竞相成长，培育3个千亿级产业集群，形成一批特色鲜明、规模较大、影响带动较强的专业化园区。融合发展迈出新步伐，粮食和重要农产品供给保障能力稳步提高，农业大市向农业强市加速迈进，服务业发展跨上新台阶，现代服务业与先进制造业、现代农业融合程度显著提高。

到2035年，制造强市、农业强市、服务业强市基本建成，形成一批具有全球竞争力、处于全球产业链价值链中高端的产业集群，三次产业发展能级和综合实力全面跃升，现代化产业体系总体形成，在全省率先基本实现新型工业化。

二、坚定不移加快推进新型工业化

（四）实施四大特色优势产业提质倍增工程

坚持一手抓传统产业转型升级、一手抓新兴产业培育壮大，打好产业基础高级化、产业链现代化攻坚战，做大产业规模、做优产业结构，提升特色优势产业核心竞争力，打造全省领先、国内一流的先进制造业集群。

——电子信息产业。着眼打造国家级电子信息产业基地，重点发展智慧家庭、电子元器件、软件与信息服务等产业，拓展网络安全、柔性电子、卫星应用等领域。提升面板、光通信模块等市场占有率，推动工业软件攻关应用及关键设备等研发生产实质性突破，加快电子信息产业提档升级。

——先进材料产业。着眼打造全国一流的先进材料产业集群，加快推进先进基础材料转型提质、关键战略材料克难保供、前沿材料培苗育新。做精做强高端合金、化工新材料、新型建筑材料等先进基础材料产业。系统突破关键战略材料等“卡脖子”技术难题。加快功能膜材料、高温合金等研发及产业化，布局高熵合金材料、智能仿生材料、超超临界火箭机组材料等前沿材料。

——装备制造产业。加快建设全国一流的装备制造产业基地，着力培育航空航天装备、火箭及发动机制造、卫星制造、智能装备、新能源与智能网联汽车、新能源重卡等产业，积极发展大飞机配套系统与部件、航空发动机零部件、新能源汽车零部件等。推进落实重大技术装备攻关工程，提升装备制造基础工艺和零部件发展水平，加快“智慧+”“新能源+”先进装备示范应用。

——食品饮料产业。加快打造全国知名的食品饮料产业集群，重点发展粮油加工、肉制品加工、方便休闲食品、白酒饮料、调味品、精制茶、大健康等产业，培育预制菜、食药同源物质等地方特色食品产业。提升“绵阳米粉”“绵阳香腊”“江油肥肠”等品牌知名度。培育健康食品，建设绿色食品加工优势区，打造西部知名的食品精深加工基地。

（五）实施八大战略性新兴产业集群成链工程

培育壮大战略性新兴产业，加快建链延链补链，推动新领域新赛道产业集群成势，形成新产业形态、塑造新竞争优势。

——核技术应用。聚焦核医疗健康、核技术装备、核应急等细分领域，培育建设核诊疗装备、核电配套装备、核退役与“三废”治理装备等产业链，打造具有全国影响力的核技术应用产业集群。开展多种新型核素制备技术开发，促进电子直线加速器、医用回旋加速器、花瓣形加速器、无损检测设备、核安保设备、核辐射监测设备等迭代升级和推广应用。

——激光技术应用。以激光融合应用为牵引，发展激光材料及元器件、激光器、激光设备及应用等产业，培育建设激光装备、激光显示、激光加工、激光成像等产业链，打造全国一流的激光产业基地。加快发展高功率、大能量激光晶体材料，促进光纤激光器、半导体激光器等关键核心技术产业化。

——新型显示。大力发展有机发光二极管（OLED）、高世代平面显示（LCD）和激光显示器，布局全息显示等新兴领域。引进培育上游关键材料和设备、中游高端面板及模组制造、下游新型智能终端，巩固提升绵阳新型显示产业省级战略性新兴产业集群地位，力争跻身全国新型显示产业十强城市。

——光伏储能。重点发展硅片、电池片、组件、逆变器等全产业链，培育锂离子电池、正负极材料、环保（EVA）胶膜等储能产业，推动钠离子电池、锂硫电池、钙钛矿、固态电池等关键核心技术攻关及产业化。发展智能光储系统和薄膜太阳能，推进在交通、建筑、农业、通信等领域应用推广，构建“光伏+储能”共生发展体系。

——磁性材料。加快发展稀土永磁、软磁材料、功能磁材等领域，大力发展磁性材料产业链下游深加工及应用产业，完善“磁性材料—磁性器件—磁应用工程（电机）等”产业链条，打造国内一流的磁性材料产业集群。加快筹建中国西南稀土材料研究院、四川省先进磁性材料制造业创新中心，增强磁性材料产业关键共性技术供给。

——智能机器人及无人机。重点发展智能物流与仓储机器人、特种机器人、服务型机器人、工业级中高端无人机等产品，开发精密谐波减速机、无人机叶片等关键零部件。开展机器视觉、语义识别等智能技术研发，重点攻关高性能伺服驱动系统、智能一体化关节等关键核心技术，推动飞控系统、测控系统等无人机控制测试系统产品研制。培育无人机产业集群核心承载区。拓展智能机器人及无人机在智能制造、公共服务、应急救援等重要行业领域的创新应用。

——连接器及传感器。围绕通信、汽车、航天等应用领域，加快发展高速连接器、光电转换连接器、高可靠信号连接器、高速航天类连接器和电量传感器、压力传感器等重点产品，建强国家级连接器中小企业特色产业集群，打造具有国际先进水平的连接器及传感器产业高地。

——生物医药及医疗装备。加快多肽类、抗微生物等临床急需的生物药研发，推进放射性药物、靶向制剂等产品创制。聚焦现代中药、化学药等领域，加大中药新药品种研制、经典名方、医院制剂二次开发及应用，推进现代中药传承创新发展和化学药剂开发生产。培育壮大医养、医美产业。加快推动医疗装备高端化，重点发展射频消融仪、高压清创治疗仪等产品，加快研制FLASH放疗设备、内窥镜机器人等智能化装备，打造国内知名的生物医药及医疗装备产业高地。

前瞻部署未来产业，聚焦新一代信息技术（6G）、空天、氢能、前瞻新材料等前沿科技和产业变革领域，推动未来产业加速孵化。建设未来产业科技园，争创国家未来产业先导试验区。

（六）加快制造业数字化转型

统筹推进数字产业化、产业数字化、数据价值化，建设网络强市、数字绵阳。深入推进“千兆城市”建设，提升中国（绵阳）科技城超算中心运营能力，加快中国移动川北算力中心、中国电信川北大数据中心和区域工业数据中心、低时延分布式数据中心建设，打造西部数字化转型示范区。做大做强“芯屏端软智网”核心产业，培育发展人工智能、大数据、区块链、物联网等新兴数字产业。推进“上云用数赋智”行动，以智能化、数字化引领企业实施大规模技术改造，加快建设“黑灯工厂”，打造“数字领航”企业、智能制造示范工厂和优秀场景。支持工业应用软件开发。深入推进新一代信息技术与制造业融合，支持工业互联网标识解析二级节点建设，深化“5G+工业互联网”融合应用，培育国家级、省级工业互联网“双跨”平台。深度参与成渝地区工业互联网一体化发展示范区建设。

（七）推进产业绿色化发展

培育壮大天然气、风能、光伏等清洁能源产业及其支撑产业、应用产业，推动传统产业绿色低碳转型发展，打造绿色低碳优势产业集群。开展工业企业安全环保节能降碳三年攻坚，实施绿色制造工程，支持绿色产品认证，建设绿色工厂、绿色园区、近零碳排放园区，构建绿色供应链。加快发展资源循环利用产业，推进“无废城市”建设。探索建设数字化碳管理体系和碳足迹标识认证体系。积极参与碳排放权交易市场建设，发展碳汇经济。建立以碳排放“双控”为导向的产业项目立项机制。开展先进绿色低碳建筑技术示范应用，促进建筑业转型升级。完善充电基础设施网络，加快新能源汽车推广应用。推进农业、服务业减碳降耗，构建资源节约、环境友好的绿色生产生活体系。

三、纵深推动三次产业高质量融合发展

（八）促进现代服务业同先进制造业深度融合

健全“4+3+N”服务业体系，深入实施服务业赋能融合计划，促进现代服务业与先进制造业融合共生、双向赋能。推动数字经济与现代服务业深度融合。加快培育融合发展主体，建强融合发展平台，争创全省服务业高质量发展示范区。推动服务业制造化，支持电子商务、文化旅游等服务业领域重点企业向制造环节拓展，推进科技信息服务、现代物流、金融服务等生产性服务业向研发设计、加工制造、运营管理等制造环节渗透和应用。促进物流业制造业融合创新，发展高品质、专业化定制物流。加快国家骨干冷链物流基地和粮食物流关键节点城市建设，完善仓储、分拣、冷链、烘干等设施，培育产销冷链集配中心。加快创建国家科创金融改革试验区，运营好绵阳科技支行、科创基金小镇，打造科技城金融街区，促进“科技—产业—金融”良性循环。以消费为重点，推动产业融合带动消费，培育消费新业态、发展消费新模式、打造消费新场景，搭建内外联通、产销衔接的消费促进平台。实施县域商业提升行动，优化农村消费环境，释放农村市场消费潜力，支持争创省级消费

创新发展引领县。

发展文化旅游产业。聚焦“白红绿”文旅IP，纵深推进文化旅游和农业、工业等产业深度融合发展，打造涪江流域文化旅游中心。加快建设李白故里文化旅游区，支持李白纪念馆争创国家一级博物馆，加快推进报恩寺保护和活化利用。抓好工业遗产保护利用，加快建设“四川两弹城博物馆”和长征国家文化公园（绵阳段），支持重点制造企业发展工业观光旅游，争创国省级工业旅游示范区。建好中国大熊猫保护研究中心绵阳基地，高质量建设大熊猫国家公园绵阳片区。推进九绵高速交旅融合发展，参与大九寨交旅融合发展示范区建设。大力发展森林康养，积极融入巴蜀文化旅游走廊、藏羌彝文化产业走廊，推动三国蜀道文化资源保护利用。争创国家文化产业和旅游产业融合发展示范区、国家级文化产业示范园区。以北川石椅村片区示范建设为引领，打造新时代农文旅融合的乡村旅游样板。

（九）推动农业产业全链条升级

以“三品”工程为引领，推进“23610”现代农业产业空间布局，加快构建现代农业产业体系，建设农业强市。落实藏粮于地、藏粮于技战略，切实加强耕地保护，全力提升耕地质量，坚决守牢粮食安全底线。持续推进农田水利和高标准农田建设，巩固提升粮油、生猪等重要农产品生产能力，推广绿色高效农业先进技术，提升现代农机装备水平。构建多元化食物供给体系，高质量建设“森林粮库”。推动生猪、粮油、蔬菜种业创新突破，高水平建设国家区域畜禽（生猪）种业创新中心、国家粮油制种基地、川北种质资源库，优化完善种业支持政策，加快建设全国种业强市。加快“五良”融合产业宜机化改造，发展智慧农业、生态低碳农业、现代设施农业。实施农产品精深加工专项行动，依托新型工业化提高农业劳动生产率，推动农业生产供应链、精深加工链、品牌价值链同构，建成一批优势特色产业集群和农业产业强镇。立足特色资源，做好“土特产”文章，支持做优农产品区域公用品牌。实施数字乡村发展行动，大力发展数字农业。壮大新型农村集体经济，培育新型农业经营主体，发展农业生产社会化服务。出台农村一、二、三产业融合发展行动方案，拓展农业多种功能，完善联农带农益农机制，巩固拓展脱贫攻坚成果，多渠道促进农民增收。

（十）支持市场主体做大做强

把市场主体作为现代化产业体系建设的中坚力量，坚持培育和引进并重，形成大中小企业融通、上中下游企业协同、内外资企业共生共赢的发展格局。坚决落实“两个毫不动摇”，推动国企敢干、民企敢闯、外企敢投。全面落实公平竞争政策制度，坚持对各类所有制企业一视同仁、平等对待。加快推进全省“贡嘎培优”行动计划落实，“一企一策”支持骨干领军企业发展壮大。扶壮培优一批单项冠军企业、专精特新“小巨人”企业和独角兽企业、瞪羚企业，推动小微企业升规入统。引导民营企业通过自身改革发展、合规经营、转型升级不断提升发展质量。统筹推进三次产业市场主体培育发展，支持龙头企业引领带动、中小企业参与共建产业链供应链，提升链式协同水平。支持线上线下供需对接、产业链供应链协同配套，提升“绵阳造”产品市场份额。实施“建筑强企”培育行动。争创质量强国标杆城市，支持企业主导或参与制修订国际标准、国家标准和行业标准，培育一批品牌示范企业和绵阳制造精品。

四、深入实施“园区提质”“企业满园”行动

（十一）推动园区提质增效

坚持外塑颜值、内提气质，推动园区走特色化、集约化发展之路。加大园区基础设施、公共服务设施和生活配套设施建设，提升园区品牌度、标识度，建设产城融合型园区。持续开展园区土地“清闲促建”行动，深化“亩均论英雄”评价，全面推行新增工业用地“标准地”供应，科学推进标准厂房建设和“工业上楼”。深化园

区体制机制改革，探索园区“管委会+公司”模式，推广园区全员聘用制改革，加快形成高效的园区管理体制和运行机制。支持绵阳高新区加快挺进全国三十强，支持绵阳经开区加快挺进全国五十强，推动更多省级园区晋位升级。支持绵阿产业园等飞地园区建设。

（十二）持续推进企业满园

深入实施“镇园之宝”培育攻坚，完善企业培育名录库，大力培育生态主导型企业、链主企业、龙头企业，持续推动制造业企业向园区集聚集群发展。实施重点工业企业梯次培优行动计划，健全分级联动培育和动态调整更新机制。支持大集团大企业提升行业优势地位，推动配套企业就近集聚，鼓励企业跨地区、跨行业、跨所有制开展兼并重组。实施产业招商引领工程，加强重大产业项目招引，开展产业链精准招商、基金招商、科技招商、平台招商，抢占头部供应链和高端价值链，更大力度吸引和利用内外资。

（十三）加快特色（专业）园区建设

聚焦园区主导产业和特色优势产业，鼓励链主企业领办特色（专业）园区，带动关联产业协同发展，形成各具特色的产业生态。加强特色（专业）园区认定管理，引导合理布局，加快形成聚集效应和品牌优势。支持新型显示产业园、精细化工产业园、激光技术应用产业园、特钢产业园、健康食品产业园、专用服装产业园等特色（专业）园区做优做强，大力培育核医疗健康产业园、机器人智能制造产业园、通航产业园等特色（专业）园区。培育发展现代服务业集聚区，支持物流产业园、电商产业园、米粉产业园建设。深入实施“一园一策”提升行动，推动现代农业园区升星晋位，争创国家现代农业产业园、国家农业高新技术产业示范区、国家农村产业融合发展示范园。

五、坚持创新驱动引领产业发展

（十四）推动产业技术创新转化

持续推动“云上大学城”“云上科技城”高效运营、扩容提质，深化与国内外科研院所、高等院校、知名企业、顶尖团队交流合作，打造“买全球、卖全球”的科技创新市场。畅通科技创新供需两端，深入实施“科技顾问”“科技助理”制度，培育“技术经纪人”，常态化举办“创新金三角·智汇科技城”活动。强化企业科技创新主体地位，实施高新技术企业倍增计划，围绕产业图谱编制创新图谱，推进规模以上工业企业研发活动全覆盖。坚持需求牵引、技术推动双向发力，推行“揭榜挂帅”“赛马制”、包干制、定向委托等制度。实施“技术攻关+产业化应用”重大科技示范工程，争取国省在绵布局实施一批重大科技专项。支持科研院所、高校与企业等共建高水平创新联合体、科技成果转化平台和中试熟化基地，构建市场化服务体系和利益联合协同机制。探索组建绵碚、涪江流域沿线城市创新联盟。实施重大场景驱动科技成果转化行动，培育更多具有自主知识产权和核心竞争力的“绵阳造”终端产品。优化院士（专家）工作站建设。全面深化天府科技云服务。加强知识产权创造、运用、保护、管理和服务，构建知识产权交易市场体系。加大对民营中小微企业原始创新保护力度。提升众创空间、科技企业孵化器、加速器、大学科技园等服务功能，形成基于应用和市场导向的科技成果转化应用格局。

（十五）打造高能级创新平台

以绵阳科技城为主要承载地，共建西部科学城。推进国省级重点实验室优化重组，推动涪江实验室进入天府实验室序列，争创一批省重点实验室。持续用力“招院引所”，争取更多高水平科研院所在绵设立分院或研究院，共建高水平研发机构。支持建设技术创新中心、产业创新中心、制造业创新中心、工程研究中心、工程技术研究中心，建好用好绵阳科技城先进技术研究院、航空动力科技创新中心、光子技术研究院等新型研发机构，深度参与成渝科技创新中心建设。支持有条件的企业组建面向行业共性技术、前沿引领技术开发的研究院，鼓励创新型领军企业牵头组建创新联合体。

（十六）深化改革开放

探索经济区与行政区适度分离改革，建立规划管理体系、开发建设体制和利益联结机制，推进绵阳科技城新区省级集成授权改革试点。持续深化科技体制改革攻坚，开展科技创新体集群改革，全面推进职务科技成果权属混合所有制改革。实施国有企业改革深化提升行动，推动国有资本加大四大特色优势产业和八大战略性新兴产业投资布局。深入推进乡镇（街道）抓经济发展激励试点。创新对外开放平台运行机制，推进综保区、跨境电商综试区、自贸区协同改革先行区、中德产业园区“四区合一”。常态化开展“三推”活动，打造“绵品出川”开放品牌。全面提升科博会专业化、高端化水平，打造国际一流会展品牌。深度参与成渝地区双城经济圈市场一体化建设行动。健全涪江流域区域合作机制，提升流域协同发展的宣介层次和规划层级，围绕电子信息、装备制造、新能源应用、农文旅融合等领域开展产业协作，推进科技协同创新、交通互联互通、公共服务共建共享，探索建立涪江流域开放合作先行区。

（十七）强化教育人才支撑

扩大高等教育在成渝地区的影响力，支持西南科技大学“双一流”学科建设，支持绵阳师范学院申创硕士学位授予权单位，引育一批高质量民办高职院校。发挥高校、科研院所主阵地作用，聚焦产业发展趋势和方向，进一步调整优化学科专业设置。实施职业教育扩容提质计划，争创国家级市域产教联合体和产教融合试点城市，构建融通融合融汇的现代职业教育体系。加快推进职业能力建设创新改革先行区建设。鼓励院校企业联合建设一批实习实训基地，培育壮大新时期产业工人队伍。强化企业人才和用工需求保障，加强灵活就业和新就业形态劳动者权益保护。认真落实“人才十条”，分类建立重点产业人才需求库，绘制产业人才地图，大力推动人才供需精准对接。持续开展“双招双引”，用好人才股权投资基金，支持产业园区、链主企业等靶向引进成熟型、高水平产业人才团队，分领域、分层次培养造就更多大师、青年科技人才、卓越工程师和高技能人才。放大院所高校人才溢出效应，依托激光产业园、核医疗健康基地等，建好高端人才产业园、科技领军人才创新驱动中心，支持院地校企建设人才创新联合体，完善科技人才评价体系，加快打造国防科工人才高地和创新人才集聚地。加快实施科技城人才安居工程，配建一批产业园区高品质人才公寓。支持市人才集团高质量发展。倍加珍惜爱护优秀企业家，大力弘扬优秀企业家精神，完善民营经济人士教育培训体系，培育优秀企业家人才队伍。

六、强化现代化产业体系建设支撑保障

（十八）加强产业发展组织领导

加强党的全面领导，建立定期分析研判和专题研究制度。建立市领导负责、市直有关部门分别牵头的特色优势产业、战略性新兴产业推进机制，以“责任制+清单制+项目制”推动目标任务具体化落实。统筹全市“一盘棋”和调动各地积极性，加强重点产业区域布局的市级统筹，引导资源要素向优势产业、优势项目、优势区域集中，坚决遏制“两高一低”项目盲目上马，避免同质化无序竞争和低水平重复建设。健全县市区（园区）党政“一把手”抓产业发展工作机制。强化考评激励，优化目标管理和高质量发展绩效管理，完善结果导向的分区分类分季激励机制。对促进制造业高质量发展工作成效明显的县市区（园区）给予激励。构建新型工业化统计监测体系，完善产业安全监管体系。鲜明正确用人导向，树立和践行正确政绩观，注重在产业发展一线主战场培养、检验和选拔干部，大力引导各级党组织和广大党员在产业发展一线创先争优。加强纪律作风建设，强化监督检查，加强宣传引导，营造大抓产业、大兴产业浓厚氛围。

（十九）建设现代化基础设施体系

提升区域综合交通枢纽能级，建成成兰铁路绵阳段，加快绵遂内铁路建设，建成九绵、G5扩容、绵苍高速公路，加快推进茂盐、安北、南三等高速公路项目建设。巩固成渝地区航空次枢纽地位，开设国际航空口岸，争取开通国际航线，稳步推进绵阳机场迁建工作，统筹推进通用机场建设。推进区域物流枢纽节点城市建设，促进传统货运枢纽向现代物流中心转型，推动多式联运。强化电力基础设施建设，优化重构绵阳电网500千伏主网架，推动5G、北斗等信息通信技术与电网深度融合发展，加快抽水蓄能电站建设，建成平武土城二级水电站，做好梓潼、盐亭等地风电资源开发利用。加快现代水网体系建设，建成沉水水库、祠堂湾水库、引通济安工程和开茂水库水厂及配套管网等重大水利和供水工程，加快推进铁笼堡水库、唐家山水库、新华水库等重大水资源配置工程前期工作，提升水资源供给保障能力。加快布局5G网络、工业互联网、物联网、数据中心等新型基础设施，推动传统基础设施和信息技术融合升级。积极参与共建“一带一路”进出口商品集散中心，协同提升中欧中亚班列通道、西部陆海新通道国际班列运营效能，加密国际班列频次，开通直达喀山班列，争取开通中欧中亚回程班列，打造西部陆海新通道重要枢纽。

（二十）强化要素保障

强化财政投入，围绕工业特色优势产业和战略性新兴产业整合财政资金，支持数字化转型、智能化升级、绿色化发展和产业韧链强群融合发展、产业技术创新等。充分发挥政府产业发展基金引导功能，加强基金管理和考核。用好用足研发费用加计扣除等税费优惠政策。强化金融支持，实施财政金融互动政策，全面落实“金融十条”，完善科创金融工具箱，支持制造业企业中长期贷款，推广知识产权质押贷、应收账款质押融资、设备仪器贷等新型融资模式，扩大科技保险覆盖面，引导金融机构创新直达实体经济的产品和服务。深入实施企业上市梯度培育行动，推动天使基金、创投基金、产投基金等集聚发展。强化用地保障，坚持“凡用地、先挖潜”，在符合国土空间规划和严格耕地保护的前提下，健全产业用地多主体多方式供地制度，完善重点支持类产业及教育科研用地计划指标市级统筹保障机制，探索增加混合产业用地供给。强化用能保障，落实电力市场化交易战略长协用电保障，支持重点用能企业和工业园区建立分布式能源保障机制，优化电力需求管理，增强产业发展电力支撑能力。争取天然气（页岩气）资源地和大用量工业企业享受更大用气量价优惠。

（二十一）优化营商环境

坚持做优“有需必应、无事不扰”营商环境品牌，开展优化营商环境“五大行动”，打造“四川领先、国内一流”的市场化、法治化、国际化营商环境。深化“两集中一上网”“一网通办”“一件事一次办”“跨区域通办”，全面提高线下“一窗综办”水平。深化“一机制一流程一系统”，畅通重大项目审批绿色通道。深入实施“暖企”行动，完善“优化营商环境面对面”闭环管理工作机制，畅通常态化、规范化、制度化的政企沟通渠道。健全惠企政策直达兑现机制，扩大“免申即享”主动兑现模式覆盖面。推进信用体系建设。实施精准化服务监管，完善市场主体数据库。规范行政裁量权，依托政务服务热线、网络问政平台等，建立健全营商环境投诉处理机制。依法保护企业产权和企业家权益。完善拖欠账款常态化预防和清理机制，建立拖欠账款定期披露、劝告指导、主动执法制度。构建亲清政商关系，完善政府承诺事项兑现办理等机制，发挥行业协会商会桥梁纽带作用，让企业家放心创业、专心发展、安心经营。

（2023年9月26日“绵阳发布”受权发布）

为加快实现高水平科技自立自强作出更大贡献

省委常委、市委书记 曹立军

科技是国家强盛之基，创新是民族进步之魂。党的十八大以来，习近平总书记高度重视科技创新，提出了一系列重要论述，亲自谋划、亲自部署、亲自推动一系列重大战略举措，引领我国科技事业取得历史性成就、发生历史性变革。党的二十大报告指出，坚持创新在我国现代化建设全局中的核心地位，加快实现高水平科技自立自强，加快建设科技强国，并对加快实施创新驱动发展战略、完善科技创新体系作出重要部署。这是以习近平同志为核心的党中央着眼实现新时代新征程党的使命任务作出的重大战略抉择，为我国科技发展提供了根本遵循、指明了前进方向。

坚持自立自强，加快建设国家战略科技力量

习近平总书记指出，世界科技强国竞争，比拼的是国家战略科技力量。国家战略科技力量是提升国家创新体系整体效能、实现高水平科技自立自强的关键核心力量。国家实验室、国家科研机构、高水平研究型大学、科技领军企业是重要组成部分，科技创新体系、区域科技创新高地是重要支撑。

*加强国家重大科技基础设施建设。*国家重大科技基础设施是推动科技创新、突破关键核心技术的利器，在我国科技布局中扮演重要角色，为诸多重大成果的突破和建设科技强国提供了强有力的支撑。要围绕国家重大战略需求，一手抓重大科技基础设施建设，抓紧布局、高标准建设国家实验室；一手抓国家重大科技项目和工程，布局建设基础学科研究中心、新型科研信息化基础平台，形成强大的基础研究骨干网络。

*加强科技创新协同体系建设。*随着科学技术不断发展，多学科专业交叉群集、多领域技术融合集成的特征日益凸显，必须大力增强科技创新协同性。一方面，着眼发挥国家实验室引领、国家科研机构建制化组织、高水平研究型大学主力军和科技领军企业“出题人”“答题人”“阅卷人”作用，大力建设科技创新中心、综合性国家实验室；另一方面，立足完善产学研、区域协同创新机制，加快重大创新基地、创新平台建设。

*探索新型举国体制实践路径。*新型举国体制本质上是把集中力量办大事的制度优势、超大规模的市场优势同发挥市场在资源配置中的决定性作用相结合，是新时代我国开展关键核心技术攻关、加快实施创新驱动发展战略、掌握创新发展主动权的有效制度安排。要举全国之力、聚八方之智，推动关键核心技术自主可控，提升国家创新体系整体效能。科学布局、有效配置科技创新资源，抓重大、抓尖端、抓基本，提升科技攻关体系化能力。

加强科技合作，主动融入全球科技创新网络

习近平总书记指出，自主创新是开放环境下的创新，绝不能关起门来搞，而是要聚四海之气、借八方之力。在当前经济全球化深入发展的大背景下，创新资源在世界范围内加快流动，各国经济科技联系更加紧密，任何一个国家和地区都不可能孤立依靠自己的力量解决所有创新难题。

深入推进国际科技创新。国际科技交流合作是推进国家科技发展、培养科技创新人才、提高科技竞争力、转变经济发展方式、改善国际关系的重要手段和现实支撑。要坚持“引进来”“走出去”相结合，实施更加开放包容、互惠共享的国际科技合作战略，搭建多样化的国际创新合作平台，全方位加强国际合作，积极主动整合和用好全球创新资源，有选择、有重点地参加国际大科学装置和科研基地及其中心建设和利用，全面提升我国在全球创新格局中的位势，全面提高我国在全球科技治理中的影响力和规则制定能力。

深入推进科技开放创新。科学技术是世界性的、时代性的，发展科学技术必须具有全球视野、把握时代脉搏。要加强国家间和国际组织科技合作，支持国内企业与境外产学研合作，加强高校、科研院所对外科技交流合作。制定更加积极的国际人才引进计划，吸引更多海外创新人才到我国工作。面向“一带一路”共建国家，合作建设科技创新联盟、科技创新基地，把“一带一路”共建建成创新之路。

深入推进科技区域创新。提升国家创新体系整体效能，需要在打造科技创新主引擎的同时形成各具特色的区域创新增长极，加快完善主体功能明确、优势互补、高质量发展的区域创新体系。要系统推进全面创新改革试验，深化知识产权、科研院所等改革，在市场准入、创新平台、风险投资等领域先行先试，不断增强创新资源集聚力、新兴产业引领力、创新环境吸引力和区域辐射带动力。

搭建创新平台，大力推进科技成果转化

习近平总书记指出，科技成果只有同国家需要、人民要求、市场需求相结合，完成从科学研究、实验开发、推广应用的三级跳，才能真正实现创新价值、实现创新驱动发展。科技成果转化是基础研究和成果转化、市场应用的有机衔接，是科技供给与企业需求的精准对接。必须解决转化率不高、产业化不多，以及科研与产业发展“两张皮”问题。

搭建科技成果供需对接平台。在科技成果供求关系中，高校、科研机构是供给侧，是转化的源泉和基础；企业是需求侧，是产品化、产业化的实施者。打通科技成果转化通道，必须面向高校院所征集科技成果、面向企业征集技术需求，建立科技成果和项目库，搭建信息对接、资源共享、技术交易服务平台，开展信息发布、供需适配、对接撮合，提升产学研合作效率。

搭建创新创业孵化平台。创新创业孵化平台具有便利化、全要素、开放式等特点，是服务创新创业的重要载体。要坚持企业主体、市场导向，鼓励大型骨干或创新龙头企业，联合高校、科研机构和社会团体，设立产业技术研究院、研究中心或创新联盟，鼓励高校建大学科技园，鼓励各类市场主体建设众创空间、科技企业孵化器、加速器、“双创”基地等，打造从基础研究到产业化全链条、贯通式创新平台。

搭建科技成果转化产业化平台。平台作为人才、资金、信息等各类创新要素的汇聚地，是促进科技成果转移转化和培育发展高新技术产业的重要承载。要构建在研项目、可转化成果、创投资本要素汇集机制，按照“三个一批”的路径，对相对成熟、有需求、有市场、成本低的技术尽快实现产业化，应用推广一批；对有一定技术积累但技术工艺路线尚不定型、经济性和市场可接受性有待检验、尚不具备大规模产业化的技术，进行试验，探索技术成型、大批量生产的路径，示范试验一批；对前景广阔但核心技术受制于人、亟待集中力量攻关的技术，集中攻关一批，加速科技成果转化产业化。

丰富关键要素，着力构建良好创新生态

习近平总书记指出，我国要实现高水平科技自立自强，归根结底要靠高水平创新人才；完善金融支持创新体系，推动金融体系更好适应新时代科技创新需求；加快科技体制改革步伐，破除一切束缚创新驱动发展的观念和体制机制障碍。科技创新具有成本高、周期长、风险大等特点，每个阶段都需要人才支撑和金融支持，需要制度

环境保驾护航。必须协同推进科技创新与制度创新，推动创新链产业链资金链人才链深度融合，激发创新体系整体效能。

强化创新人才队伍建设。我国要实现高水平科技自立自强，归根结底要靠高水平人才，必须建设一支规模宏大、结构合理、素质优良的创新人才队伍。要改革和完善人才发展机制，健全集聚人才、发挥人才作用的体制机制，建立更为灵活的人才管理评价机制，完善知识产权运用和保护机制，统筹建设高层次创新人才、青年科技人才、实用技术人才队伍，聚天下英才而用之。

强化科技金融创新服务。金融是实体经济的血脉，为实体经济服务是金融的天职。要拓宽融资渠道，大力发展直接融资，健全直接融资体系，创新授信模式、信贷产品，健全授信尽职免责制度，加快完善科技创新服务体系。以科技手段促进金融服务，创造新的业务模式、业务流程和金融产品，提高金融服务的覆盖范围、效率和精确度，有效解决金融服务供需信息不对称等难题。

深化改革激发创新活力。全面深化科技体制改革是提升创新体系效能、激发全社会创新活力的重要路径。要发挥市场对创新资源配置的决定性作用，促进人才、资本、技术、知识顺畅流动，促进科技创新成果转化为现实生产力。强化企业科技创新主体地位，一体推进科技创新、产业创新和体制机制创新，积极鼓励、有效引导民营企业参与国家重大创新，推动企业在关键核心技术创新和重大原创技术突破中发挥作用。加强科技创新管理，促进创新要素流动，挖掘创新潜力，完善创新规则和制度环境。

培育高精尖特，积极壮大创新产业集群

习近平总书记指出，推进科技创新，要在各领域积极培育高精尖特企业，打造更多“隐形冠军”，形成科技创新体集群。创新型产业集群是产业集群的高级形态，发展创新型产业集群是建设现代化经济体系的必由之路。

大力发展战略性新兴产业。在一个更加不稳定不确定的世界中谋求发展，必须通过加快战略性新兴产业发展把握未来发展主动权。要瞄准世界产业发展制高点，以培育具有核心竞争力的主导产业为主攻方向，大力发展战略性新兴产业，把科技创新真正落实到产业发展上。高端装备制造业集战略性新兴产业、先进制造业于一身，要大力培育。

加快培育“新赛道”产业。经济领域的“新赛道”是以新技术、新模式为核心的新兴产业或行业细分领域，具有引领性发展、颠覆性创新、爆发式成长等特性，是引领高质量发展的新动能，是抢占竞争制高点、赢得竞争优势的重要途径。要深入实施“新赛道”卡位竞速行动计划，加快培育“专精特新”企业，打造“新赛道”产业集群。

前瞻布局未来产业。全面提升产业体系现代化水平，既能巩固传统优势产业领先地位，又能创造新的竞争优势。发展未来产业是加快建设现代化产业体系的必然要求，是抢占全球科技创新制高点的重要举措。要紧盯区块链、量子通信、工业元宇宙等前沿领域，实施一批引领型重大项目和新技术应用示范工程，打造一批重点创新产品，孵化培育一批高成长性的未来企业。

绵阳是党中央、国务院批准建设的中国科技城，习近平总书记对绵阳科技城建设多次作出重要指示、寄予殷切期望。去年，国家赋予了绵阳加快建设中国特色社会主义科技创新先行区的光荣使命。迈步新征程，我们要时刻牢记嘱托使命，深入学习贯彻党的二十大精神和习近平总书记关于科技创新的重要论述，坚持科技是第一生产力、人才是第一资源、创新是第一动力，大力实施科技立市战略，坚持把服务保障国家战略科技力量作为首要职责，积极探索新型举国体制的绵阳路径，加强多领域科技创新合作，统筹推进科技创新和制度创新，提高科技成果转化和产业化水平。当下，我们将坚持“四个面向”，推动国省级实验室优化重组，集聚力量进行原创性引领性科技攻关，在战略必争领域建强战略支柱力

量；以全球视野谋划推动科技创新，扎实抓好“云上大学城”“云上科技城”建设，高水平办好中国（绵阳）科技城国际科技博览会，充分用好国内国际创新资源；畅通科技创新供需两端，大力培育“技术经纪人”，深入实施“科技助理”“科技顾问”制度，全力推动科技成果转移转化；实施更大规模招才引智，争取每年招引高层次和急需紧缺人才3万名以上，以人才“智高点”抢占创新“制高点”；深化科创金融改革，大力招引各类科创金融机构，推动“科技—产业—金融”实现良性循环；坚持有所为、有所不为，大力发展战略性新兴产业、加快培育“新赛道”产业、前瞻布局未来产业，加快把科技创新的“关键变量”转化为高质量发展的“最大增量”，更好服务国家高水平科技自立自强。

（《学习时报》2023年5月22日第1版）

學習時報
STUDY TIMES

重要言论

学习贯彻新时代中国特色社会主义思想主题教育正在全党深入开展，各级党组织务必在深入、扎实上下功夫，在以学铸魂、以学增智、以学正风、以学促干上见实效。以学增智，就是要从党的科学理论中悟规律、明方向、学方法、增智慧，把看家本领、兴党本领、强国本领学到手。

奋力谱写全面建设社会主义现代化国家龙江新篇章

黑龙江省委书记 许勤

深刻领悟习近平新时代中国特色社会主义思想的思想伟力，锤炼绝对忠诚政治品格，打好坚定拥护“两个确立”的忠实实践地

深刻领悟习近平新时代中国特色社会主义思想的真理伟力，学懂弄通理学哲理，真正掌握马克思主义看家本领

学习贯彻习近平新时代中国特色社会主义思想 大有专论

为加快实现高水平科技自立自强作出更大贡献

坚持自立自强，加快建设国家战略科技力量

加强科技合作，主动融入全球科技创新网络

建设现代化产业体系要防止“五种倾向”

本期导读

习近平总书记强调的关键词
习近平总书记强调的“中国智慧”

特别策划·守正创新
“我国哲学社会科学可以也应该大有作为”

思想道场
如何理解“理论的彻底”和“彻底的理论”？

图1 2023年5月22日《学习时报》第1版

《焦点访谈》聚焦绵阳“隐形冠军”

2022年9月1日晚，中央电视台《焦点访谈》用大篇幅报道绵阳市产业冠军企业——四川虹科创新科技有限公司（四川旭虹光电科技有限公司），生动讲述“绵阳造”高铝超薄触控屏保护玻璃占据世界领先地位的故事。据悉，截至2021年高铝超薄触控屏保护玻璃在智能手机市

图2　2022年9月1日，《焦点访谈》聚焦绵阳冠军企业——四川虹科创新科技有限公司（中央电视台官网视频截图）

图3　2022年9月1日，“绵阳造”高铝超薄触控屏保护玻璃（中央电视台官网视频截图）

场占有率全球第二、全国第一。

据了解，四川虹科创新科技有限公司的前身是四川旭虹光电科技有限公司，该企业曾连续两届荣获“全国制造业单项冠军企业”殊荣。

《焦点访谈》详细报道如下：

在手机部件制造商中，还有另外一家在市场上占据优势地位的企业——四川虹科科技有限公司。它同样是抓住了智能手机蓬勃发展的机遇，靠一块盖板玻璃实现了跨越式发展。在手机盖板玻璃行业中，虹科公司现在已经处于国际领先地位，在国内外市场占有率位居前列。四川虹科创新科技有限公司生产的高铝超薄触控屏保护玻璃，截至2021年，在智能手机市场占有率全球第二、全国第一。

如今，虹科公司的生产线每天都一刻不停地生产，而在6年前，这里的生产线还冷冷清清，公司的前身旭虹光电正处在生死存亡的边缘。

四川旭虹光电科技有限公司总经理任书明说：“我们做等离子玻璃电视用的机板，随着对玻璃机板的需求出现了下滑，我们库房就堆满了玻璃，如果不转型就是死路一条。”

当时智能手机开始广泛运用，高强屏幕保护的盖板玻璃展现出广阔的市场前景。盖板玻璃和等离子电视背板玻璃在技术上有相通的地方，因此企业决定转型生产智能手机的盖板玻璃。

当时，这项技术由美国、日本、德国率先开发出来，它们在全球进行专利布局，实行严密的技术封锁。2014年的时候，国内还没有一家生产盖板玻璃的企业，产品全靠进口。为表决心，企业负责人在职工大会上立下了军令状。

任书明说：“半年时间我们必须要做成，如果做不成我下台。当然，我不会当逃兵，我会以一个工程师的身份和大家一起努力，直到把这个产品做成功。”

团队遇到最大的难题，就是如何把强度很大的玻璃做得薄如蝉翼，当时市场上盖板玻璃的厚度已可达0.55毫米。

任书明说：“我们原来做等离子玻璃电视用的机板厚度是1.8毫米，从1.8毫米到0.55毫米，挑战巨大。它的熔化温度比盖板玻璃低大概70

度，我们这个熔化玻璃液再往上提的话，会把整个窑炉烧塌，已经到了温度的极限。”

四川虹科创新科技有限公司副总经理王卓卿说：“当时从日本请了专家过来，给我们做技术指导，做到最后日本专家放弃了，他说中国人的基础设施包括拉边机、设备等这一块儿，包括温度控制没有办法做到这个精度，中国人做不成这个玻璃，趁早改了减少点损失，做窗户玻璃去吧。”

中国人做不成盖板玻璃？

团队成员们偏不信这个邪。仅用40天时间，团队创新开发出双热点熔化工艺等关键技术，使盖板玻璃的厚度达到了0.55毫米的标准，甚至更薄。之后，企业又成功开发出具有完全自主知识产权的高强屏幕保护玻璃配方，发布的新产品技术指标达到国际先进水平。他们给产品起名为“王者熊猫”。

四川虹科创新科技有限公司总经理何华超说：“我们代表的是民族产业在这个领域的突破，所以我们用了中国最具形象的熊猫，叫‘王者熊猫’这样一个品牌形象，实际上代表了中国的制造业团队赶超发达国家的心愿。”

时刻保持危机和进取意识，虹科公司在技术上不断升级迭代，如今应用范围也从手机、电脑拓展到军工、高铁、光热发电等领域，有力促进了我国高端电子玻璃产业的发展。

《焦点访谈》点评：

隐形冠军企业走过的路，是置之死地而后生，是十年磨一剑的突围与坚守。它们信奉“优秀者死、卓越者生”，在强烈危机意识的驱使下，不断开拓进取。从它们身上，我们能看出中国制造如何才能更健康地成长，直至成为世界一流。

（资料来源：2022年9月1日中央电视台《焦点访谈》报道、2022年9月2日绵阳政事整理）

图4　2022年9月1日，四川旭虹光电科技有限公司总经理任书明接受采访（中央电视台官网视频截图）

创新活力足　发展动力强

经济 8
10月国民经济延续恢复态势
创新活力足　发展动力强
造船忙
村企联建引领花农致富

图5　2022年11月16日，《人民日报》第8版专题报道

11月12日，搭载天舟五号货运飞船的长征七号遥六运载火箭，在海南文昌航天发射场准时点火发射。从神舟一号到天舟五号，大量大国重器中有“绵阳造”的身影；从技术成果交易平台到“云上科技城”“云上大学城”，“绵阳探索”正不断留下科技创新的脚印。

11月16日，第十届科博会在绵阳召开。近年来，科博会已成为根植四川、服务西部、面向世界的科技创新、对外开放平台。从科博会看绵阳，看见创新驱动发展战略在绵阳的实践与探索，绵阳正一步步迈向国家科技创新先行区和成渝地区双城经济圈创新高地，并借此迎来新的发展空间。

以创新驱动引领高质量发展

今年，绵阳从院所、高校等遴选了53名科研人才和科技管理人才担任科技助理，助力打通科技创新需求端和供给端。

从10月开始，科技助理李贺就忙个不停，梳理产品信息，积极对接四川各个高新区、西部（重庆）科学城、西部（成都）科学城……“希望有更多‘高精尖’‘接地气’的科技创新成果在科博会上亮相。”李贺坦言。

如何跨越时空距离，在更广范围内促成科技创新合作？去年，四川虹科创新科技有限公司遇到了玻璃晶化控制技术中一项难题，该公司将技术需求“抛向”“云上大学城”。很快，武汉理工大学“接单”，提出技术解决方案成功“揭榜”，目前已开展联合攻关。

拉开“云上大学城”“云上科技城”的建设时间轴，从构想、建设，到可视化合作成果落地，总共花了不到8个月时间。这期间，绵阳引进中国科技大学、华中科技大学、厦门大学等17家机构入驻，同时加快载体建设，线下物理空间已装修完毕，合作项目可实现“拎包入住”。

从“云上”到“地上”，绵阳正依托雄厚的科教资源，借力科博会的东风，深入实施创新驱动发展战略，不断塑造发展新动能新优势。

以成果转化塑造新优势

作为中国科技城，绵阳拥有一批科研院所，科技底蕴深厚。探索打破实验室到生产线的壁垒，促进科技成果转化，这是绵阳肩负的重要使命。

在正电子放射性同位素这一赛道，绵阳早已打开局面。从2007年立项，历经10年科研攻关，10月17日，“绵阳造”首台国产医用回旋加速器在四川省科学城医院投入使用。

生产商四川玖谊源粒子科技有限公司技术部经理杜洋介绍：“国产回旋加速器的推出与投入使用，意味着解决了医院正电子同位素与药物来源的问题。对患者而言，PET-CT设备的成本变低，患者做检查的费用也变低了。”

让更多科技创新成果摆上“货架”，帮助绵阳在多个领域开辟新赛道，塑造发展新优势。

为此，绵阳引入金融活水，帮科技成果与金融机构“牵线”，破解信息壁垒。10月28日，中国（绵阳）科技城科创基金小镇开镇运营，目前已有13家金融机构入驻，管理基金25只，规模268亿元。走进科创基金小镇，周边已逐步建成公寓、酒店、商场、学校等公共服务设施，可全方位为基金小镇提供会议洽谈、酒店住宿、商业路演等功能配套。

以内外结合释放新动能

“看好绵阳的投资环境，对未来合作充满期待！”从深圳到绵阳，深圳艾伯科技股份有限公司副总裁麦文炼此行除了参加第十届科博会，还将和涪城区签订一项总投资105亿元的智能制造产业园项目。从今年5月开始对接，到东莞推介会上再次发出“邀请函”，绵阳的诚意和真抓实干的精气神，赢得了艾伯科技的认可。

城市形象推广、产业项目推介、特色产品推销……绵阳主动走出去，学习经验做法，展示创新成果，在全国范围内找目标、找商机，在更大领域促进合作。

眼下，正是决战冲刺的关键时刻，绵阳全力以赴，以内外结合协调项目招引与企业生产、项目建设。

11月14日20时，埃克森新能源项目施工现场，“一天也不耽误、一天也不懈怠”12个大字格外抢眼。为抢工期，500多名工人正轮班施工作业，项目部副经理姚明鑫正和同事讨论施工建设内容。作为绵阳今年招引的百亿项目之一，埃克森新能源项目已进入主体施工阶段。

更多的项目持续释放新动能。今年前三季度，绵阳新签约项目212个，签约金额超过2000亿元、增长52%，其中5亿元以上项目104个，为绵阳经济发展注入强劲动力、积蓄了深远后劲。

（《人民日报》2022年11月16日 第8版）

四川绵阳：
科技助理“穿针引线”助力科研成果转化

如何打破制约科技成果转化的“中梗阻”，让一个个科技创新成果从实验室走向生产线？绵阳科技城创新体制机制，从高校、科研院所、科技型企业遴选青年骨干挂职地方担任科技助理，发挥熟悉科研、企业的优势，推动科技成果走出实验室、走向生产线，有效解决当地科研和市场“两张皮”“大科技小产业”等问题。

几天前，在四川中物材料股份有限公司一条安装调试的生产线旁，“90后”科技助理、四川中医药高等专科学校的田勇博士既紧张又期待。田勇跟踪的“高性能苯基硅橡胶产业化”技术，从研发成果转化为年收益超亿元的8条生产线，只用了不到半年时间。

科技成果转化涉及技术供给、企业承接、金融支持等诸多因素。过去，因为企业和科研院所沟通不畅，科研成果转化犹如“盲人摸象”。在科技助理田勇等人的帮助下，该项目顺利获得了800万元的科技金融贷款，转化工作大大提速。

今年2月，绵阳启动科技助理遴选工作，先后从科研院所、高校和企业选拔出53名懂科研、懂管理、懂市场的科研工作者担任科技助理，合力推进科技成果转化、关键核心技术攻关、“招院引所”等工作。科技助理们分头实地调研了248家创新主体，面向629家重点创新企

图6　2022年7月，科技助理到企业了解情况（“绵阳新闻”截图）

业的科技创新需求开展问卷调查，整理出315项内容，从企业创新需求入手，摸清企业技术痛点，有针对性地匹配院所科研成果。

“科技助理切实把脉科技创新的顽疾，推动院所、高校、企业的创新资源、人才资源、技术资源共建、共享，打通创新供需‘两端’，加快把科技资源优势转化为高质量发展的强大动力。”绵阳市科技局局长赵琳说。

科技助理朱玉玉教授是西南科技大学信息工程学院副院长。一天之内，他促成西南科技大学分别与长虹集团、九洲集团围绕科研成果与转化、项目合作与发展举办了对接会。

除了积极牵线搭桥外，朱玉玉将更多精力花在“招院引所”以解决当地创新要素集聚不充分的问题上。他和其他科技助理们共同参与到绵阳市“招院引所”专项支持政策的制定中，促成全国多地多个项目和创新团队落户绵阳。

“当好院、政、企三方合作的‘桥梁’，持续跟踪对接项目的最新进展，要更科学、有效地摸清科研院所、高校和企业在‘招院引所’、关键核心技术攻关、成果转化、创新平台等方面的需求，从而寻求破解难题的‘解法’。”朱玉玉说。

绵阳市科技局介绍，通过科技助理“穿针引线”，截至10月底，已为当地重点创新企业解决了140余项问题，促成15项技术合作协议，成功转化9项科技成果，助力科技企业贷款5600万余元。

（资料来源：2022年11月19日，新华全媒报道）

大事记
Chronicle

1月

4日　绵阳惠科显示模组生产线项目正式开工建设。

5日　绵阳市首家厅市共建四川省重点实验室——作物特色资源创制及应用四川省重点实验室获批。

5—8日　长虹集团的CHiQ运用STLD RGB三色创新技术的120·激光电视获全球领先品牌Global Top Brands“三色激光显示技术创新金奖”、长虹CHiQ获“2021—2022年度消费电子领先品牌TOP10”、长虹CHiQ全沉浸巨幕影院Q8R MAX系列获“A IoT&显示技术创新金奖”。

6日　科技部发布《关于支持新一批城市开展创新型城市建设的通知》，支持全国25个城市开展创新型城市建设，绵阳位列其中。

14日　绵阳市51家企业上榜省经信厅公布的2021年度四川省专精特新中小企业及通过复核企业名单。

15日　长虹有8款空调产品入选工信部发布的绿色设计产品名单，数量位居空调行业第一。

是日　长虹“现代农业产业园区数字化解决方案”和“绵阳市梓潼智慧农业综合平台项目”分别获2021年四川省第二批新型智慧城市优秀解决方案、典型应用案例及技术创新产品。

16日　振通智慧交通产业园项目开工奠基仪式在绵阳市科技城新区举行。

19日　绵阳市工业高质量发展投融资对接会召开。

20日　绵阳高端纺织服装产业园、江油先进材料及装备产业园、绵阳高新区新型显示产业功能区3个园区入选四川省首批“5+1”重点特色园区名单。

24日　绵阳7家企业上榜省经信厅公布的2021年度全省100家大企业大集团名单。

28日　国家发改委发布国家企业技术中心2021年评价结果，四川九洲电器集团有限责任公司获评优秀。

2月

4日　长虹电源公司的特种新能源电源系统在北京冬奥会开幕式上被运用于奥运五环呈现环节。

7日　绵阳有太极绵阳大健康产业项目、中国（绵阳）科技城核医疗健康产业园等8个项目入选共建成渝地区双城经济圈2022年重大项目名单。

14日　绵阳市与阿根廷门多萨市举行线上视频会议，签署建立友好合作关系备忘录，建立国际友好合作城市关系。

15日　绵阳综保区跨境电商网购保税进口业务正式开通运营。

21日　绵阳市首批22名科技助理上岗。

是日　绵阳市工业数码电子雷管“工业互联网+安全生产”应用、基于工业互联网平台的产品全生命周期质量管理解决方案等5个项目入选2021年四川省工业互联网试点示范项目名单。

26日　长虹旗下虹信软件与华鲲振宇联合研发的“天宫”服务器产品入围中国电信2022—2023年服务器集中采购项目。

3月

7日　《中国（绵阳）科技城创新发展2022年工作要点》出台。

8日　绵阳市委召开“稳增长”工作专题会议。

11日　绵阳市2022年3月重大项目集中开工举行。

12日　硅基智能“数字人全球直播基地”新闻发布会在科技智谷举行，硅基智能“数字人全球直播基地”正式落户涪城区。

14日　绵阳有524家高新技术企业入选四川省2021年度有效国家高新技术企业名单，入选数量位列全省第二。

16日　绵阳惠科光电科技有限公司、绵阳京东方光电科技有限公司等13家绵阳企业入选四川制造业“贡嘎培优”名单。

是日　涪城区人民政府与杭州海康威视数字技术股份有限公司战略合作协议签约仪式举行。

18日　长虹与电子科技大学共同建设针对大型工业软件、嵌入式软件的软件学院入围教育部、工信部首批特色化示范性软件学院名单。

25日　绵阳市的在绵高校、科研院所、企业和个人共获得2021年度四川省科学技术奖29项。

29日　绵阳市经开化工园区被认定为四川省首批化工园区。

4月

6日　长虹入选中国科学院《互联网周刊》发布的2021中国智能制造50强排行榜，位居第28名。

7日　《绵阳市加快集聚创新人才十条政策措施（暂行）》即“人才十条”正式发布。

8日　涪城区举行“园区提质、企业满园”行动重点项目集中签约仪式暨“涪城荟”招商联盟誓师大会，51个总投资203.75亿元的重点项目集中签约，现场发布《“园区提质、企业满园”行动计划》《“涪城荟”招商联盟“双招双引”行动计划》。

10日　绵阳惠科显示模组生产线项目主体封顶。

15日　理想汽车增程器研发及生产基地项目首台增程器下线仪式举行。

16日　神舟十三号载人飞船结束为期6个月的太空之旅，安全返回地面。神舟十三号载人飞船使用长虹控股集团旗下华丰科技自主研制的“脱落”连接器、线缆组件。

18日　中国（绵阳）科技城创新馆举行开馆仪式。

是日　工信部公布5G应用安全创新示范中心名单，长虹信息安全实验室和亚信科技（成都）有限公司等联合申报的5G应用安全创新示范中心（四川）入选。

21日　绵阳市维博电子有限责任公司、四川龙华光电薄膜股份有限公司、四川泰虹科技有限公司等11家企业进入四川省第三批重点支持“小巨人”企业申报名单。

28日　绵阳市与奥克兰市签署《中华人民共和国绵阳市与美利坚合众国奥克兰市深化友好合作关系备忘录》。

29日　全国首个职业能力建设创新改革先行区在绵阳启动建设。

是日　中国科协、教育部、科技部等7个部门认定绵阳“两弹一星”国防科技科普基地、中国工程物理研究院党校入选首批科学家精神教育基地名单。

是日　长虹佳华与腾讯签署合作协议，成为任天堂国行Nintendo Switch全系列产品在中国大陆地区的总代理。

5月

9日　绵阳市委人才工作会议召开。

13日　绵阳市涪城区2022年二季度重大项目集中开工仪式在临港经济发展区示润智慧显示终端智能制造总部基地项目现场举行，集中开工项目28个、总投资251.4亿元，涵盖产业发展、基础设施、社会民生等多个领域。

16日　赛迪顾问联合赛迪科创发布《科技城百强榜（2022）》，中国（绵阳）科技城位列全国科技城第7位、西部第1位。

17日　“引领新时代·预见新未来”全光Wi－Fi暨5G新通话产品发布会在中国移动四川绵阳分公司举行，绵阳迈入全屋千兆时代。

是日　中国工程院院士范国滨、四川王朗国家级自然保护区管理局高级工程师赵联军被评为2022年度四川省“最美科技工作者”。

18日　绵阳市招商引资重大产业项目集中签约仪式举行，签约项目82个、总投资1066.93亿元。

20日　中国农业银行绵阳科技支行在创新中心三期揭牌成立。

24日　绵阳首届跨境电商创业创新大赛启动。

27日　四川长虹新能源科技股份有限公司入选海关总署首批专精特新重点企业培育名单。

30日　2022年绵阳“最美科技工作者”颁奖典礼举行，表彰伍凌川等10名科技工作者。

是日　九华府项目（高端人才住房项目）在涪城区青义镇青羊村开工。

6月

1日　四川长虹电器股份有限公司以多媒体智能制造工厂为原型，入选国家工业信息安全发展研究中心的工业大数据分析与集成应用工业和信息化部重点实验室工业智能工作组、数字化供应链工作组、数据治理工作组等成员单位。

是日　四川长虹格润环保科技股份有限公司及下属四川长虹润天能源科技有限公司获得2022中国锂电产业“运筹帷幄奖”。

2日　绵阳成立“稳经济”政策落实办公室。

是日　国务院办公厅发布《关于对2021年落实有关重大政策措施真抓实干成效明显地方予以督查激励的通报》，对绵阳市予以督查激励，激励支持措施30项。绵阳市被列入推进质量强国建设工作成效突出的10个地方之一，激励措施为2022年对绵阳市质量工作改革创新试点示范、国家质量基础设施布局建设、质量提升行动重点帮扶、参与国际标准和国家标准制定等方面给予倾斜支持。

是日　“仙海杯”2021年（第三届）四川省大学生乡村振兴创意设计大赛颁奖仪式举行。

6日　绵阳市中心医院国家卫健委核技术医学转化重点实验室揭牌成立。

9日　第五届“中国创翼”创业创新大赛绵阳赛区选拔赛举行。

是日　绵阳市第十五个“世界认可日”主题活动暨绵阳科技城新区检验检测产业园开园仪式举行。

10日　四川省科协天府科技云服务高质量发展推进会成都平原经济区专场在绵阳召开。

13—14日　绵阳市党政代表团到厦门市考察学习，两市签署全面战略合作协议。

13—15日　“绵品出川”厦门行活动在厦门市中山路步行街举行。

14日　2022年绵阳市农村能源“安全生产月”启动仪式暨户用沼气安全应急演练活动在游仙区新桥镇胜利村举行。

是日　绵阳市科技创新股权投资基金发布会暨科创企业投融资对接会召开。

是日　厦门市与绵阳市全面战略合作签约仪式在厦门市举行。

15日　中国（绵阳）科技城厦门推介会在厦门国际会议中心酒店举行。

16日　厦门市行政审批管理局和绵阳市政务服务监督管理局在绵阳签署“厦绵通办”合作协议。

20日　中欧班列成渝号（绵阳）首发仪式在皂角铺铁路物流基地举行。

21—22日　绵阳市园区高质量发展大会举行。

22日　推动成渝地区双城经济圈建设科技协同创新专项工作组第四次会议在绵阳召开。

23日　“创新金三角·智汇科技城”活动启动仪式在绵阳举行。

是日　工信部公布2021年物联网示范项目名单，长虹“基于自主MEMS的光谱物联网快速分析技术研发及应用”“‘移动随访包’与智慧健康应用示范”项目分别列为关键技术攻关类与融合应用创新类示范项目。长虹成为全国家电业唯一被列入物联网关键技术攻关类示范项目的企业。

24日　绵阳工业技师学院新址揭牌仪式在江油举行。

是日　市政府与蜀道集团战略合作协议签约暨绵阳科技城新区重点项目签约开工仪式举行，共签约项目36个、协议引资202亿元，开工项目4个、总投资165亿元。

30日　2022第三届智能制造与数字化工厂应用论坛在绵阳举行。

7月

1日　绵阳市政府与西北工业大学签署共建国家科技创新先行区合作协议。

4日　第四届海峡两岸大禹文化交流活动暨2022（壬寅）年大禹诞辰祭祀在北川举行。

是日　涪城区中南高科·涪城智能电子产业园招商中心暨“涪城荟”汽车电子联盟联合招商中心正式投用。

6日　安州区与智利卡尔德拉市建立友好合作关系。

7日　“科技之城·宜居绵阳”2022年绵阳市地产招商推介会在绵阳国际会议中心举行。

8日　走进科技·你我同行——第七届中国创新挑战赛（绵阳）技术融合专题赛启动仪式暨西南科技大学专场对接会在绵阳国际会议中心举行。

是日　长虹控股集团旗下爱联科技公司成功研制基于3GPP R16标准的5G模组AI-NR61。

11日　中国（绵阳）科技城工业技术研究院举行线上发布会，发布“微器件装配检测一体化机器人”产品。

是日　四川华丰科技股份有限公司的实施质量有效性“三化一稳定”实践的经验、太极集团四川绵阳制药有限公司的实施全生命周期质量管理模式的实践经验等4项典型经验上榜2022年四川省工业质量标杆名单。

是日　四川长虹格润环保科技股份有限公司入选国家发改委创业带动就业专项行动典型案例。

12日　走进科技·你我同行——科技活动周主会场活动在盐亭举行。

14日　中国银行绵阳分行营业部由国家外汇管理局绵阳市中心支局授牌，成为全市首家“个人外汇业务示范网点”。

21日　“创新金三角·智汇科技城”系列活动第二场——绵碚科技合作专场发布对接会在重庆北碚举行。

26日　世界品牌实验室在北京发布“2022年中国500最具品牌价值品牌”以及品牌价值。四川长虹被评为“2022年中国500最具品牌价值品牌”，位列第35位，品牌价值1876.85亿元。

29日　巨星（绵阳）稀土永磁新材料产业项目在高新区开工。

8月

2日　绵阳入选国家知识产权强市建设示范城市。

3日　四川长虹电器股份有限公司、四川长虹智能制造技术有限公司、四川虹信软件股份有限公司联合申报的“彩电行业智能工厂标准应用试点”项目入选工信部2022年度智能制造标准应用试点项目名单。

6日　绵阳科技城新区直管区园艺湖公园提升改造竣工并开园。

10日　赛迪顾问园区经济研究中心《园区高质量发展百强（2022）》榜单发布，绵阳高新区首次进入全国百强榜单，排名第91位。

12日　中国（绵阳）科技城航空动力产业园签约仪式在游仙区举行，中国（绵阳）科技城航空动力产业园落户游仙区。

16日　衢州—绵阳东西部协作工作联席会议在绵阳召开。

是日　长虹美菱“基于分布式语音技术的成套家电系统”项目入选工信部2022年新型信息消费示范项目名单。

24日　第十一届中国创新创业大赛（四川赛区）新一代信息技术和高端装备制造产业决赛在涪城区开赛。

是日　绵阳科技城新区机器人产业园首家入驻企业——它人机器人技术有限公司正式开工。

是日　长虹空调获年度优秀“2022—2023中国空调行业高端舒适先锋品牌”，长虹客餐厅共享空调产品获“2022—2023中国空调行业高端空调销量明星产品”。

是日　长虹控股集团等单位为“中国西部企业数字化转型优秀实践单位”，长虹控股集团首席信息官侯宗太等人获得“中国西部企业数字化转型领军人物”。

29日　“绵阳造”东莞展活动在东莞城市地标民盈·国贸中心白兰花广场举行。

30日　四川长虹电器股份有限公司申报，四川省超高清视频产业联盟推选的“基于5G+8K超高清视频终端显示的推广应用”入选工信部、广电总局发布的“超高清视频典型应用案例名单”。

31日　中国（绵阳）科技城广东（东莞）推介会举行。

9月

1日　绵阳市与华为技术有限公司举行座谈会并签署全面深化战略合作框架协议。

2日　2022年电子信息企业竞争力指数报告及前百家企业名单公布，四川长虹电子控股集团有限公司、四川九洲投资控股集团有限公司、绵阳惠科光电科技有限公司上榜，分别排名第11位、第29位、第65位。

3日　绵阳首列西部陆海新通道东盟铁海联运班列从皂角铺铁路物流基地发车。

7日　绵阳有四川铁骑力士实业有限公司、绵阳惠科光电科技有限公司、中国金属资源利用有限公司3家企业上榜2022中国制造业民营企业500强。

9日　绵阳市级部门向绵阳经开区放权赋能集中交接仪式举行。

11日　四川省2022年国家网络安全宣传周个人信息保护主题日活动在绵阳举行。

13日　全国“双创”活动周绵阳分会场启

动仪式在绵阳中关村信息谷创新中心举行。

20日　“虹创未来·融通创新”长虹强链补链生态伙伴招募大会在线举办。

21日　创明新能源项目签约暨开工仪式在涪城区举行。

是日　绵阳市“决战四季度、大干一百天”工作动员部署会召开。

22日　2022年《亚洲品牌500强》发布，长虹位列第56位。

23日　绵阳城市规划展览馆举行开馆仪式。

25日　国务院正式批复《绵阳科技城“十四五”发展规划和2035年远景目标纲要》。

26日　四川省2022年第三季度重大项目现场推进活动举行，绵阳市分会场活动同步举行。

28日　“绵州·吾为之”知识产权检察保护平台上线。

29日　西南科技大学庆祝建校70周年暨高质量发展大会举行。

是日　北川中航科技无人机产业园等重大项目集中签约暨开工仪式举行。

10月

7日　绵品出川·绵阳市优质农产品线上展示展销活动启动。

12日　绵阳市与日本庄原市举办“友好城市 共享未来”青年视频对话活动。

16日　中国（绵阳）科技城科技物流启动区食品产业园配套基础设施建设项目正式启动。

19日　《绵阳市科技顾问实施办法（暂行）》出台。

21日　以四川长虹电器股份有限公司为申报主体的基础技术公共服务平台获批成为工信部第四批“基础技术公共服务平台（电器）”。

26日　四川虹魔方网络科技有限公司旗下的虹领金系统获得第十一届GFIC2022全球家庭互联网大会暨“元宇宙”峰会颁发的最佳系统方案、最佳运营平台两大奖项。

28日　中国（绵阳）科技城建设科技创新先行区投融资对接会暨科创基金小镇开镇仪式在绵阳高新区举行。

31日　第十届中国（绵阳）科技城国际科技博览会新闻发布会在成都举行。

11月

1—3日　中国（绵阳）科技城苏州行活动举行。

3日　“绵阳之约　智享未来”中国（绵阳）科技城苏州推介会在苏州独墅湖世尊酒店举行，现场签约项目30个、签约金额525.63亿元。

7日　工信部批复在四川新视创伟超高清科技有限公司（四川长虹电器股份有限公司持股10%）组建国家超高清视频创新中心，该中心为国家制造业创新中心。

8日　中国（绵阳）科技城涪城人力资源服务产业园开园仪式举行。

是日　经省委编办批复，四川绵阳工业园区党工委、管委会委托涪城区管理。

10日　绵阳南郊机场T2航站楼建成投运仪式举行。

11日　绵阳市与阿根廷基尔梅斯市签署建立友好合作关系备忘录，绵阳市和阿根廷基尔梅斯市成为友好合作城市。

是日　长虹创新设计中心入选第六届世界工业设计大会公布的首批创新设计研究院名单。

15日　中国（四川）与阿根廷科技文化合作交流暨研究成果发布会在西南科技大学举行，西南科技大学与阿根廷拉努斯国立大学共建中拉研究中心。

是日　第十届中国（绵阳）科技城国际科技博览会“侨智精英科博行”高端医疗装备智造及新材料产业发展论坛举行。

是日　第十届中国（绵阳）科技城国际科技

博览会投资推介会暨集中签约仪式在绵阳科发铂骊酒店举行。

16日　长虹在第十届中国（绵阳）科技城国际科技博览会上推出全球首款120英寸柔性巨幕全色激光电视120C9。

16—19日　第十届中国（绵阳）科技城国际科技博览会在绵阳国际会展中心举行。

17日　“成渝号”8046次绵阳中欧班列从宝成铁路皂角铺站开往格鲁吉亚首都第比利斯，绵阳至格鲁吉亚的中欧班列正式首发。

是日　以“科技绵阳 光引未来”为主题的中国激光科技创新产业大会在游仙举行。绵阳科技城光子技术研究院揭牌，游仙区与华中华昌、中久新光等10家企业代表签订项目合作协议，签约资金18.1亿元。

18日　绵阳市聘请孙昌璞、张维岩、蒙大桥3名中国科学院院士和赵宪庚、唐华俊、王琪、范国滨、刘合、邓建军、唐立、杨长风、胡晓棉9名中国工程院院士担任绵阳市科技顾问。

是日　“科技城人才日”启幕暨绵阳科技城人才发展集团揭牌仪式在绵阳举行。

24日　竞争力智库、北京中新城市规划设计研究院等机构联合发布《中国县域旅游竞争力报告2022》。江油市上榜“2022中国旅游百强县市”（第71位），北川羌族自治县上榜“2022中国旅游潜力百强县市”（第32位）。

25日　长虹控股集团5G+8K智能电视产品系列获得2022“彩虹杯”天府·宝岛工业设计大赛首次特设的“工业设计与制造融合激励奖”。

12月

7日　四川垚磊科技有限公司、四川核保锐翔科技有限责任公司揭牌仪式在科技智谷5G科技园举行，标志着两家企业正式投入运营。

26日　总投资105亿元的艾伯科技项目在绵阳市开工。

10—13日　“天府乡村”公益品牌推荐销售周（衢州分会场）暨“绵品出川”衢州行活动在衢州市吾悦广场举行。

13日　长虹控股集团旗下四川华丰科技股份有限公司上市事宜经上海证券交易所科创板上市委员会2022年第107次审议通过。

15日　长虹入选由世界品牌实验室（World Brand Lab）发布的2022年度（第十九届）《世界品牌500强》排行榜，位列第286位。

是日　长虹集团、铁骑力士、富临实业、兴事发门窗等9家绵阳企业入围2022四川大企业大集团发展峰会发布的四川企业100强名单。

19日　绵阳跨境电商公共服务平台助力企业出口创汇跨境电商B2B出口海外仓（9810）完成首单出口业务。

27日　四川长虹电器股份有限公司成为工信部无线电发射设备型号核准自检自证试点企业，是家电行业唯一入选企业。

是日　涪城“科创大走廊”项目集中签约仪式在金家林总部经济试验区智能传感科技园举行。涪城“科创大走廊”党建联盟、涪城“科创大走廊”智能传感科技园揭牌。

28日　中国共产党绵阳市第八届委员会第五次全体会议举行。审议通过《中共绵阳市委关于深入学习贯彻党的二十大精神坚持创新引领实施“五市战略”加快建设中国科技城全力打造成渝副中心的决定》。

是日　武都水库完成竣工验收。

是日　长虹模塑公司尹朝晖获第十六届全国技术能手。

29日　绵阳市委经济工作会议举行。

是日　2022年科技城人才峰会——第七届中国创新挑战赛（绵阳）技术融合专题赛现场挑战赛在绵阳高新区举行。

30日　绵遂内铁路绵阳至遂宁段建设启动大会在绵阳三台县举行。　（方志中心）

基本市情

【位置面积】　绵阳市位于四川盆地西北部，涪江中上游地带。东邻青川县、剑阁县、南部县、西充县；南接射洪市；西接罗江区、中江县、绵竹市；西北与阿坝藏族羌族自治州和甘肃省文县接壤。地理坐标为北纬30°42′—33°03′、东经103°45′—105°43′。全市呈北西南东条带状展布，东西宽约144千米，南北长约296千米，辖区面积20257.70平方千米，山区占61.0%，丘陵区占20.4%，平坝区占18.6%。

【地质地貌】　绵阳市地势为西北部高，东南部低，地形起伏很大。西北部面对四川盆地的首列山脉，为北东南西向的龙门山脉，海拔1000~3000米；西面的岷山山脉和北面的摩天岭山脉，海拔多在3000米以上，最高点为平武县与松潘县接壤的岷山山脉第二峰雪包顶（当地俗称雪包顶，又称小雪宝顶），海拔为5440米；东南部属四川盆地盆中丘陵，一般海拔400~600米，最低点位于三台县建中镇郪江河谷短沟口，海拔307.2米。最高点与最低点高差达5092.8米。地貌明显受控于地质构造。西北部因分别受龙门山北东向褶皱断裂与岷山南北向构造、摩天岭东西向构造的影响，山脉走向呈北东南西向、与南北向和东西向；山地的形态亦与地质构造和岩性有关。东南部处在扬子准地台川北台陷、川西台陷和川中台拱的接合部位，由于地台基底坚硬，地质历史时期地壳以升降运动为主，地层受各时期水平运动的影响较轻，有一些舒缓宽阔的褶皱，地层一般倾角不大，形成岗岭起伏的丘陵、台地、方山地貌。

【山脉·名山】　绵阳境内主要有岷山山脉、摩天岭山脉、龙门山脉三大山脉。岷山山脉南北走向，长200余千米，北接川甘两省边境的西倾山，南至茂县城北与龙门山脉相连，是岷山山脉北段。摩天岭山脉东西走向，为四川和甘肃两省界山。龙门山脉属四川盆地西北部的盆周山地，南北走向，在绵阳境内又分为后龙门山、龙门山、茶坪山。绵阳境内主要有九龙山、千佛山、观雾山、云罗山、窦圌山、七曲山、西山、富乐山、牛头山、凤凰山、三台山、天台山、高山等

图7 小雪宝顶（何张波 摄）

名山，城区最高山为边堆山，边堆山也是绵阳和四川境内重要古人类活动遗址。

【河流水系】 绵阳市境降水丰沛，径流量大，江河纵横，水系发达。绵阳市境内有大小河流及溪沟3000余条。所有河流、溪沟分别注入嘉陵江支流涪江、白龙江与西河，均属嘉陵江水系。除东北角的清江与西河直接注入嘉陵江外，其余河流均属涪江水系。涪江是嘉陵江右岸的最大支流，是绵阳市的主要河流。涪江发源于松潘县雪宝顶，流经绵阳市平武、江油、涪城、游仙、三台，在重庆合川汇入嘉陵江，全长670千米。涪江干流在绵阳市境内长380千米，从平武到三台境内有火溪河、平通河、通口河、安昌河、芙蓉溪、梓江、凯江等50多条支流汇入。全市水文地质条件和多种地下水类型错综复杂。西部山地坡度陡，地表径流集中迅速，河水位涨落快，形成河川径流的比重大，年平均径流深可达1400毫米左右，地下水体交替强烈，屡见岩溶泉水；盆地边缘以砾岩含水和裂隙水为主，局部有砾岩溶洞水，人口居住位置高，利用地下水困难；东南丘陵地势起伏大，植被差，降水量少，蒸发量大，地表难形成径流，年径流系数仅0.3左右。这一带径流低值区，年径流深约300毫米。东南丘陵红层地区侏罗系、白垩系红色砂泥岩平铺广布，地形切割细碎，地表水极易流失，地下水难聚集，是严重的缺水区和有名的“川中老旱区”。 （李 涛 申依懋）

【市徽·市树·市花】 1989年7月15日，绵阳市第一届人民代表大会常务委员会第27次会议听取市政府秘书长高显齐受市政府委托所作的《关于绵阳市徽图案征集情况的汇报》《市政府初步确定的一号市徽图案的说明》。经过审议，决定用“绵阳”二字拼音字头“M Y”，环抱原子核的两条电子运转轨迹，象征科技兴绵所组成的红底、黄字、金边圆形图案为绵阳市徽图案。1989年11月19日，绵阳市第一届人大常委会第29次会议审议通过市政府《关于市树为香樟树、市花为月季花的建议》，从此，绵阳市市树为香樟树，市花为月季花。

【绵阳城市标识】 绵阳市委宣传部于2017年底启动绵阳城市标识（LOGO）创意设计工作。2019年，绵阳城市标识（LOGO）——“绵古创新之印”推出，并广泛应用于新区建设、建成区改造、城市家具更换和公共服务设施改造中。该LOGO由北京知行堂品牌管理有限公司设计。“绵古创新之印”以“绵”字的回文印为主要视觉符号，既是一个字，也像一方印，还是一颗代表科技智慧的集成电路芯片。其字母造型与古代绵州“东据天池，西临涪水，形如北斗，卧龙伏

图8 绵阳城市标识（LOGO）——“绵古创新之印”
（市委宣传部提供）

焉”的历史地理格局巧妙对应。“绵古创新之印”从历史格局、人文精神、文化底蕴、科技创新等不同层次诠释解读绵阳城市的独特个性，丰富城市品牌文化内涵。

【人口】 2022年末，绵阳市户籍人口总数为5256659人，比上年减少13053人，同比下降2.5‰。总户数1974569户，平均每户2.66人。其中，男性人口2686401人，占总人口的51.1%；女性人口2570258人，占总人口的48.9%。总人口性别比为105（女性为100）。总人口中城镇人口1937740人，比上年增加5949人，城镇人口占总人口数的36.86%；乡村人口3318919人，比上年减少19002人，乡村人口占总人口数的63.14%。全市出生人口37200人，比上年增加224人，其中男性19622人，占总出生人口的52.75%；女性17578人，占总出生人口的47.25%。出生率为7.08‰。死亡和重户注销户籍人口46637人，其中男性27385人，女性19252人，死亡和重户注销率为8.87‰。出生与死亡相抵，自然减少9437人，自然减少率为1.80‰。迁入人口36660人，其中省内迁入31318人，省外迁入5342人；迁出人口40276人，其中迁往省内32592人、迁往省外7684人。迁入与迁出相抵，机械减少3616人，机械减少率为0.69‰。城区（涪城区、游仙区、安州区、高新技术产业开发区、经济技术开发区、科技城新区、仙海区、科学城办事处）总人口1771469人，比上年增加15115人，增长率为8.61‰。其中城镇人口1133685人，比上年增加10005人。绵阳城区出生17757人，死亡和重户注销户籍人口16267人，自然增长1490人。迁入30322人，其中省内迁入26969人、省外迁入3353人；迁出16697人，其中迁往省内14085人、迁往省外2612人，机械增长13625人。 （李继锋）

【民族】 2022年，绵阳市有52个民族，有少数民族户籍人口18.8万人，其中羌族14.4万人、藏族1.8万人、回族1.1万人、其他少数民族1.5万人。少数民族常住人口17.6万人，少数民族常住人口中有流动人口5万余人。51个少数民族分别是满族、蒙古族、回族、藏族、维吾尔族、苗族、彝族、壮族、布依族、侗族、瑶族、白族、土家族、哈尼族、哈萨克族、傣族、黎族、傈僳族、佤族、畲族、高山族、拉祜族、水族、东乡族、纳西族、景颇族、柯尔克孜族、土族、达斡尔族、仫佬族、羌族、布朗族、撒拉族、毛南族、仡佬族、锡伯族、阿昌族、普米族、朝鲜族、怒族、俄罗斯族、鄂温克族、德昂族、京族、塔塔尔族、独龙族、鄂伦春族、赫哲族、门巴族、珞巴族、基诺族。绵阳有全国唯一的羌族自治县——北川羌族自治县，有享受民族县待遇的县——平武县。全市有藏族乡9个、羌族乡4个、回族乡1个。

【方言】 绵阳境内分为两种方言：无入声方言，以绵阳城区方言为代表，包括涪城区、游仙区、安州区、江油市、平武县、北川羌族自治县、梓潼县、三台县等地的城关话，有20个声母、36个韵母、阴阳上去4个调类、1033个音节，与四川方言的代表语音成都话基本相同。入声方言，以盐亭县城关话为代表，有20个声母、38个韵母、阴阳上去入5个调类。

【行政区划】 绵阳市辖3个区、1个市、5个县（涪城区、游仙区、安州区、江油市、三台县、盐亭县、梓潼县、平武县、北川羌族自治县），166个乡镇街道，其中乡31个、镇122个、街道13个，代管省政府科学城办事处。

涪城区辖13个镇街道，其中镇6个（丰谷镇、青义镇、吴家镇、杨家镇、新皂镇、永兴镇），街道7个（城厢街道、工区街道、普明街道、创业园街道、城郊街道、石塘街道、塘汛街道）。

游仙区辖14个镇街道，其中镇10个（石马镇、新桥镇、魏城镇、沉抗镇、忠兴镇、松垭镇、小枧镇、信义镇、仙鹤镇、盐泉镇），街道4个（涪江街道、富乐街道、科学城春雷街道、游仙街道）。

安州区辖10个乡镇，其中乡1个（高川乡），镇9个（花荄镇、桑枣镇、黄土镇、塔水镇、秀水镇、河清镇、界牌镇、睢水镇、千佛镇）。

江油市辖24个乡镇街道，其中乡1个（枫顺乡），镇22个（太平镇、三合镇、含增镇、青莲镇、彰明镇、龙凤镇、武都镇、大康镇、新安镇、战旗镇、双河镇、永胜镇、小溪坝镇、河口镇、重华镇、厚坝镇、二郎庙镇、马角镇、雁门镇、大堰镇、西屏镇、方水镇）、街道1个（中坝街道）。

三台县辖33个乡镇，其中乡2个（忠孝乡、断石乡），镇31个（潼川镇、塔山镇、龙树镇、石安镇、富顺镇、三元镇、秋林镇、新德镇、新生镇、鲁班镇、景福镇、紫河镇、观桥镇、郪江镇、中新镇、古井镇、西平镇、八洞镇、乐安镇、建平镇、中太镇、金石镇、新鲁镇、刘营镇、灵兴镇、芦溪镇、立新镇、永明镇、建中镇、老马镇、北坝镇）。

盐亭县辖17个乡镇街道，其中乡2个（大兴回族乡、莲花湖乡），镇14个（云溪镇、玉龙镇、富驿镇、金孔镇、黄甸镇、巨龙镇、高渠镇、鹅溪镇、岐伯镇、文通镇、永泰镇、九龙镇、西陵镇、嫘祖镇），街道1个（凤灵街道）。

梓潼县辖16个乡镇，其中乡1个（宝石乡），镇15个（文昌镇、长卿镇、许州镇、黎雅镇、卧龙镇、观义镇、玛瑙镇、石牛镇、自强镇、仁和镇、双板镇、金龙镇、文兴镇、演武镇、宏仁镇）。

平武县辖20个乡镇，其中乡14个（高村乡、坝子乡、锁江羌族乡、土城藏族乡、旧堡羌族乡、阔达藏族乡、黄羊关藏族乡、虎牙藏族乡、泗耳藏族乡、白马藏族乡、木座藏族乡、木皮藏族乡、豆叩羌族乡、平通羌族乡），镇6个（龙安镇、古城镇、响岩镇、大桥镇、水晶镇、江油关镇）。

北川羌族自治县辖19个乡镇，其中乡10个（漩坪乡、白坭乡、桃龙藏族乡、片口乡、开坪乡、坝底乡、马槽乡、白什乡、青片乡、都贯乡），镇9个（曲山镇、擂鼓镇、永安镇、永昌镇、禹里镇、桂溪镇、小坝镇、陈家坝镇、通泉镇）。

（冯 鑫）

【历史沿革】 绵阳建城有2220余年历史，是四川省历史文化名城。绵阳市境历史上最早的县以上政权建置为汉高祖六年（前201）设立的广汉郡。广汉郡领有13个县，郡治乘乡（乘乡在今梓潼县境）。汉安帝元初二年（115），为镇压少数民族反抗，益州刺史部和广汉郡均迁至涪县（今市区）。元初三年（116），州、郡皆迁出市境。东汉末年，刘备据蜀，建安二十二年（217）分广汉郡北部地区设梓潼郡（治梓潼县），建兴三年（225）分广汉郡东部地区设东广汉郡（治雒县，今三台县境）。自此，市境相沿各代均有州、郡、府等县以上政区建置。两晋和南北朝300余年间，由于战争频繁，政区建置变化较大，市境内先后设置过潼州、新州、龙州3个州，梓潼、巴西、巴西梓潼、潼川（又称潼州、东川)、北阴平、阴平、新巴、江油、新城(后改为昌城)、始平(先名始平僚，后改为涪城、安城)、西宕渠、北宕渠(后改为盐亭)、高渠13个郡，以及40余个县。从隋代后，政区建置逐渐稳定，形成市境中部以今市区为治地的绵州，东南部以三台县城为治地的梓州—潼川府，西北部以江油、平武两县为中心的龙州—龙安府3个政权建置中心。1913年，废州立县，称绵阳。1935年，川政统一，市境内只有今市区成为四川省第十三行政督察区治地。1949年12月25日，绵阳解放。中华人民共和国成立后，1950年1月20日，绵阳行政督察专员公署成立，辖绵阳、安县、绵竹、德阳、梓潼、罗江、广汉、什邡、金堂、彰明10个县。1953年3月10日，撤广元专区，划入广元、昭化、剑阁、青川、平武、北川、江油、旺苍8个县，辖18个县；1953年7月4日，广汉、什邡、金堂3个县划出；江油、彰明于1958年9月5日合并，同年10月18日，原遂宁专区遂宁、蓬溪、潼南、中江、三台、射洪、盐亭7个县并入；1959年3月22日，昭化、罗江2个县撤销，分别并入广元县和德阳县，专区辖19个县；1968年7月8日，改专区设地区；1976年2月4日，因分绵阳县筹建绵阳县级市，地区辖19个县、1个市；1977年9月24日，潼南县划出；1978年4月25日，绵阳县并入绵阳市；1983年8月18日，分绵阳地区建德阳市，德阳、绵竹、中江3个县划出，绵阳地区辖14个县、1个市；1985年2月8日，绵阳地区撤销，分别建立绵阳、广元、遂宁3个市，绵阳市辖7个县、1个区(原县级绵阳市改置为市中区)；1988年2月24日江油市建立，绵阳市辖6个县、1个市、1个区；1992年10月，撤销绵阳市市中区，分设涪城、游仙两区。2002年，绵阳市辖涪城、游仙2个区，三台、安县、梓潼、盐亭、北川、平武6个县；2003年7月，撤销北川县，成立北川羌族自治县。2016年5月20日，安县撤县改区。绵阳辖涪城、游仙、安州3个区，三台、梓潼、盐亭、北川、平武5个县，代管江油市和省政府科学城办事处。至2022年底，有绵阳高新技术产业开发区、绵阳经济技术开发区、绵阳科技城新区、绵阳仙海水利风景区4个市属园区。

资源环境

【概况】 2022年，绵阳市境内有矿产、水资源、野生动植物等丰富的资源。有矿产地154处，具备工业开采价值的矿产资源57种，其中黄金等探明储量居省内首位。主要河流为涪江，境内总长为380千米。有大、中型水库(电站)21座。在野生动植物中，有大熊猫、川金丝猴等国家一级重点保护野生动物，有珙桐、红豆杉等国家一级重点保护野生植物。全市环境空气质量优良天数为327天，优良天数率89.6%；涪江及其主要支流监测断面水质优良率100%。

【国土资源】 2022年，绵阳市面积20257.70平方千米。全市耕地354993.18公顷，园地61924.43公顷，林地1268429.10公顷，草地10104.40公顷，城镇村及工矿用地135887.52公顷，交通运输用地(农村道路)32095.56公顷，水域及水工建筑用地70867.79公顷，其他土地88072.44公顷。

【矿产资源】 2022年，绵阳已发现矿种有铁、锰、铅锌、钨、金、银、磷、硫、水晶、方解石、石灰石、白云石、膨润土、玻璃用石英砂岩、天然气等有工业开采价值的矿产资源57种，已利用矿产资源32种，其中能源矿产1种、金属矿产5种、非金属矿产25种，其他水气矿产1种。矿产分布。全市区域内共有矿产地154处，其中能源矿产地5处、黑色金属矿产地25处、有色金属矿产地40处、贵金属矿产地68处、化工原料矿产地6处、建材及其他非金属矿产地8处、其他水气矿产地2处。开采价值大、储量居四川重要地位的有15种：黄金、锰、熔剂白云岩、膨润土的探明储量居全省首位；重晶石、玻璃砂岩居第二位；天然气、水泥用石灰岩、水泥配料、铸型砂居第三位；熔剂用石灰岩居第四位，磷块岩居第六位。总体呈“种类多、总量少，小矿多、大矿少，贫矿多、富矿少，非金属矿产多、金属矿产少”的分布特征。矿产利用。全市有效探矿权32个，勘查矿种主要为铅锌、金、锰、磷等。有非油气采矿权223个，油气采矿权29个，采矿权总数居全省第五位；年产矿石量、矿业工业总产值、矿产品销售收入、利润总额等均居全省前列。矿产开发利用以建材、化工及部分冶金辅料等非金属矿产的开发利用为主，年产矿石量为4241.2万吨。矿山平均开采回采率为91.89%、选矿回收率为76.82%。

【水资源】　2022年，绵阳市水资源总量99.61亿立方米，较2021年下降29.96%，较常年下降18.73%。地表水资源量99.57亿立方米，地下水资源量25.41亿立方米；地表水与地下水不重复计算量0.04亿立方米。全市大型水库（电站）3座、中型水库19座（电站水库），年末蓄水总量116290万立方米，较年初减少15759万立方米。总供水量18.35亿立方米，其中地表水占95.53%。全市实际用水量18.35亿立方米，其中农业用水13.50亿立方米，占总用水量的73.57%；工业用水1.42亿立方米，占总用水量的7.74%；城镇公共用水0.61亿立方米，占总用水量的3.32%；居民生活用水2.37亿立方米，占总用水量的12.92%；生态环境用水0.45亿立方米，占总用水量的2.45%。

【水系水文特征】　绵阳主要河流涪江发源于松潘县雪宝顶，流经绵阳市、遂宁市、重庆市合川区注入嘉陵江，全长670千米，流域面积3.64万平方千米，在绵阳市境内长约380千米，流域面积约2.02万平方千米，市内主要支流有涪江、平通河、通口河、安昌河、凯江、梓江。流域地形西北部高、东南较低，南北地势高差达5132.8米。上游地处高山峡谷，植被较好、暴雨洪水汇

图9　平武县黄羊关藏族乡草原村的川金丝猴（胡宇　摄）

图10　褐花杓兰（罗春平　摄）

流时间短，具有典型的山溪性河流暴涨暴落的特点。2022年，绵阳境内各主要江河最大洪水发生在7月中旬，流域洪水以低水为主，其中通口河、安昌河为中水，其余河流为低水或无较明显洪水过程。绵阳市境内各主要江河均未发生超警戒水位洪水，中小河流雎水河安州区雎水段、秀水河安州区秀水段、方水河北川羌族自治县福田段发生超警戒水位洪水，青片河北川双溪段发生超保证水位洪水。涪江干流中游控制站涪江桥（二）水文站于7月16日17：00出现洪峰水位462.17米，相应流量3960米^3/秒。

【野生动物资源】　2022年，绵阳市已知有脊椎动物5纲32目109科792种，有无脊椎动物2门6纲33目241科1257种。其中，脊椎动物中兽纲有7目29科138种，鸟纲有14目46科453种，爬行纲有3目11科60种，两栖纲有2目9科39种，鱼纲有6目14科102种。无脊椎动物中昆虫纲有23目196科1115种，蛛形纲有3目20科85种，甲壳纲有2目4科5种，腹足纲有2目10科26种，瓣鳃纲有1目2科4种，线形动物门有1纲2目9科22种。根据《国家重点保护野生动物名录（2021版）》统计，绵阳市分布有大熊猫、川金丝猴、四川羚牛、林麝等国家一级重点保护野生动物37种，小熊猫、亚洲黑熊、豹猫、岩羊等国家二级重点保护野生动物123种。

【野生植物资源】　2022年，绵阳市已知的低等植物有菌类植物亚门和地衣植物亚门的真菌纲、子囊菌纲中的13目60科149属497种，高等植物有苔藓植物门、蕨类植物门、裸子植物门和被子植物门4门中的9纲66目260科1366属3972种。在高等植物中，孢子植物有苔藓植物门和蕨类植物门的7纲9目73科152属318种；种子植物有裸子植物和被子植物的2纲（裸子植物未分纲）7目187科1214属3654种。分布有珙桐、红豆杉、光叶蕨等国家一级重点保护野生植物7种，独叶草、水青树、楠木等国家二级重点保护野生植物65种。

（李　涛　申依懋　冉茂芳　周忠莉）

绵阳市国家重点保护野生动物一览表

表 1

序号	科名	中文名	级别
1	熊科大熊猫亚科	大熊猫	1
2	猫科	云豹	1
3	猫科	豹	1
4	猫科	雪豹	1
5	猫科	金猫	1
6	猫科	荒漠猫	1
7	灵猫科	大灵猫	1
8	灵猫科	小灵猫	1
9	犬科	豺	1
10	猴科	川金丝猴	1
11	牛科	四川羚牛	1
12	鹿科	梅花鹿	1
13	麝科	马麝(高山麝)	1
14	麝科	林麝	1
15	鹿科	白唇鹿	1
16	隼科	猎隼	1
17	鹰科	金雕	1
18	鹰科	玉带海雕	1
19	鹰科	白尾海雕	1
20	鹰科	胡兀鹫	1
21	鹰科	秃鹫	1
22	鹰科	草原雕	1
23	鹰科	乌雕	1
24	鹰科	白肩雕	1
25	鸱鸮科	四川林鸮	1
26	雉科	斑尾榛鸡	1
27	雉科	红喉雉鹑	1
28	雉科	绿尾虹雉	1
29	雉科	白冠长尾雉	1
30	鸭科	青头潜鸭	1

续表 1

序号	科名	中文名	级别
31	鸭科	中华秋沙鸭	1
32	鹤科	黑颈鹤	1
33	鹳科	黑鹳	1
34	噪鹛科	黑额山噪鹛	1
35	鹟科	棕头歌鸲	1
36	莺鹛科	灰冠鸦雀	1
37	鹀科	黄胸鹀	1
38	猴科	猕猴	2
39	猴科	藏酋猴	2
40	熊科	黑熊	2
41	熊科	棕熊	2
42	小熊猫科	小熊猫	2
43	鼬科	石貂	2
44	鼬科	黄喉貂	2
45	林狸科	斑林狸	2
46	猫科	兔狲	2
47	猫科	猞猁	2
48	猫科	豹猫	2
49	犬科	狼	2
50	犬科	貉(仅限野外种群)	2
51	犬科	藏狐	2
52	犬科	赤狐	2
53	牛科	中华鬣羚	2
54	牛科	中华斑羚	2
55	牛科	岩羊	2
56	牛科	藏原羚	2
57	鹿科	水鹿	2
58	鹿科	毛冠鹿	2
59	隼科	燕隼	2
60	隼科	黄爪隼	2

续表 1

序号	科名	中文名	级别
61	隼科	红脚隼	2
62	隼科	灰背隼	2
63	隼科	红隼	2
64	隼科	游隼	2
65	鹰科	黑鸢	2
66	鹰科	雀鹰	2
67	鹰科	松雀鹰	2
68	鹰科	苍鹰	2
69	鹰科	赤腹鹰	2
70	鹰科	凤头蜂鹰	2
71	鹰科	凤头鹰	2
72	鹰科	大鵟	2
73	鹰科	普通鵟	2
74	鹰科	毛脚鵟	2
75	鹰科	鹰雕	2
76	鹰科	高山兀鹫	2
77	鹰科	白腹鹞	2
78	鹰科	白尾鹞	2
79	鹰科	鹊鹞	2
80	鹰科	林雕	2
81	鹰科	短趾雕	2
82	鹰科	靴隼雕	2
83	鹰科	黑冠鹃隼	2
84	鹰科	蛇雕	2
85	鹰科	灰脸鹰	2
86	鹰科	草原鹞	2
87	鹗科	鹗	2
88	鸱鸮科	领角鸮	2
89	鸱鸮科	红角鸮	2
90	鸱鸮科	雕鸮	2

续表 1

序号	科名	中文名	级别
91	鸱鸮科	斑头鸺鹠	2
92	鸱鸮科	纵纹腹小鸮	2
93	鸱鸮科	灰林鸮	2
94	鸱鸮科	鬼鸮	2
95	鸱鸮科	长耳鸮	2
96	鸱鸮科	短耳鸮	2
97	鸱鸮科	领鸺鹠	2
98	鸱鸮科	鹰鸮	2
99	鸱鸮科	黄腿渔鸮	2
100	鸱鸮科	褐林鸮	2
101	草鸮科	草鸮	2
102	雉科	藏雪鸡	2
103	雉科	血雉	2
104	雉科	红腹角雉	2
105	雉科	蓝马鸡	2
106	雉科	勺鸡	2
107	雉科	红腹锦鸡	2
108	鸠鸽科	红翅绿鸠	2
109	鸠鸽科	楔尾绿鸠	2
110	鹤科	灰鹤	2
111	杜鹃科	小鸦鹃	2
112	鸭科	鸳鸯	2
113	鸭科	大天鹅	2
114	鸭科	小天鹅	2
115	鸭科	棉凫	2
116	鸭科	鸿雁	2
117	鸭科	白额雁	2
118	鸭科	花脸鸭	2
119	鸭科	斑头秋沙鸭	2
120	䴙䴘科	角䴙䴘	2

续表1

序号	科名	中文名	级别
121	鹡鸰科	黑颈鹡鸰	2
122	鹮科	白琵鹭	2
123	啄木鸟科	三趾啄木鸟	2
124	啄木鸟科	黑啄木鸟	2
125	啄木鸟科	白腹黑啄木鸟	2
126	鸥科	小鸥	2
127	鹬科	白腰杓鹬	2
128	鹬科	大杓鹬	2
129	鹬科	翻石鹬	2
130	鹬科	林沙锥	2
131	水雉科	水雉	2
132	鹮嘴鹬科	鹮嘴鹬	2
133	噪鹛科	画眉	2
134	噪鹛科	红嘴相思鸟	2
135	噪鹛科	橙翅噪鹛	2
136	噪鹛科	大噪鹛	2
137	噪鹛科	眼纹噪鹛	2
138	噪鹛科	红翅噪鹛	2
139	噪鹛科	斑背噪鹛	2
140	莺鹛科	宝兴鹛雀	2
141	莺鹛科	中华雀鹛	2
142	莺鹛科	金胸雀鹛	2
143	莺鹛科	暗色鸦雀	2
144	莺鹛科	三趾鸦雀	2
145	莺鹛科	白眶鸦雀	2
146	鹟科	棕腹大仙鹟	2
147	鹟科	红喉歌鸲	2
148	鹟科	黑喉歌鸲	2
149	鹟科	金胸歌鸲	2
150	鹟科	蓝喉歌鸲	2

续表 1

序号	科名	中文名	级别
151	绣眼鸟科	红胁绣眼鸟	2
152	山雀科	红腹山雀	2
153	山雀科	白眉山雀	2
154	旋木雀科	四川旋木雀	2
155	燕雀科	红交嘴雀	2
156	鸦科	蓝鸦	2
157	缺翅虫科	中华缺翅虫	2
158	凤蝶科	中华虎凤蝶	2
159	凤蝶科	三尾凤蝶	2
160	臂金龟科	格彩臂金龟	2

绵阳市国家重点保护野生植物一览表

表 2

序号	科名	中文名	级别
1	蓝果树科	珙桐(含光叶珙桐)	1
2	红豆杉科	红豆杉	1
3	红豆杉科	南方红豆杉	1
4	苏铁科	四川苏铁	1
5	苏铁科	攀枝花苏铁	1
6	冷蕨科	光叶蕨	1
7	水韭科	高寒水韭	1
8	星叶草科	独叶草	2
9	兰科	西藏杓兰	2
10	兰科	大叶杓兰	2
11	兰科	绿花杓兰	2
12	兰科	大花杓兰	2
13	兰科	毛杓兰	2
14	兰科	毛瓣杓兰	2
15	兰科	黄花杓兰	2
16	兰科	建兰	2
17	兰科	春兰	2
18	兰科	杜鹃兰	2

续表2

序号	科名	中文名	级别
19	红豆杉科	篦子三尖杉	2
20	茜草科	香果树	2
21	昆栏树科	水青树	2
22	木兰科	鹅掌楸	2
23	木兰科	厚朴（含凹叶厚朴）	2
24	木兰科	峨眉含笑	2
25	木兰科	西康天女花（西康玉兰）	2
26	槭树科	梓叶槭	2
27	连香树科	连香树	2
28	楝科	红椿（含毛红椿）	2
29	豆科	红豆树	2
30	豆科	花榈木	2
31	樟科	油樟	2
32	樟科	楠木	2
33	樟科	润楠	2
34	芸香科	川黄檗	2
35	罂粟科	红花绿绒蒿	2
36	景天科	长鞭红景天	2
37	景天科	云南红景天	2
38	小檗科	桃儿七	2
39	小檗科	八角莲	2
40	榆科	大叶榉树	2
41	列当科	崖白菜	2
42	禾本科	箭叶大油芒	2
43	罗汉松科	罗汉松	2
44	菊科	水母雪兔子	2
45	松科	大果青杄	2
46	柏科	岷江柏木	2
47	红豆杉科	巴山榧树	2
48	石松科	皱边石杉	2

复稳中加固，一季度增长6.6%，高于全国（4.8%）1.8个百分点，高于全省（5.3%）1.3个百分点；二、三季度经济增速有所回落，上半年累计增长4.2%，赶超全国（0.4%）3.8个百分点，高于全省（2.8%）1.4个百分点；前三季度累计增长3.5%，低于全国（3.9%）0.4个百分点，高于全省（1.5%）2个百分点；四季度经济快速回升，全年累计增速达5%，分别高于国省2.1、2.1个百分点，经济总量实现3626.94亿元，总量和增速均居全省第2位。财政金融稳中向好，地方一般公共预算收入159.67亿元，增长0.3%。普惠金融稳定发展，金融机构人民币各项存款余额6246.74亿元，增长11.2%，人民币各项贷款余额3751.75亿元，增长14.6%。为市场主体减免缓税费超过200亿元。市场主体逆势增长，净增6.2万户，总数达49.3万户，居全省第2位。3家企业入选中国制造业民营企业500强，数量居全省第2位。出台“招商十条”，引进5亿元及以上项目128个，其中百亿级重大制造业项目7个、创历史新高，在全省制造业招商引资“百日攻坚”行动中被省政府通报表扬并授予流动红旗。民生指标向好。就业总体稳定，全年城镇新增就业5.64万人，城镇登记失业率2.54%，低于省控目标1.46个百分点。物价涨幅低于国省水平，CPI（消费者物价指数）2.1%。居民收入稳步增长，城镇居民人均可支配收入45131元，增长4.6%，比全省（4.3%）高0.3个百分点，农村居民人均可支配收入22726元，增长6.5%，比全省（6.2%）高0.3个百分点，继续保持高于经济增速的良好态势。

【信息化建设】 2022年，绵阳市加快5G基站建设，扩大千兆光网覆盖范围，拓展万兆网升级应用，强化4K/8K电视基础网络建设，推进IPv6规模部署应用，建强“人车电网像”的多维感知体系。全市建成5G基站近8000个，实现主城区、产业园区及乡镇5G网络全覆盖，主要产业集聚区窄带物联网络全覆盖，行政村5G覆盖率近80%。在建四川区域级数据中心1个，通信网络各类指标稳居全省第2位。推进68个现代农业园区数字化建设，全市主要农作物耕种收综合机械化水平达到68.8%，较2021年提高3.18个百分点。建成标准化主导产业基地5.04万公顷，开展数字化、信息化应用的基地或养殖场数量达194个，农业综合信息化水平达到68%以上，4个案例入选《四川省第二批数字乡村建设典型案例选编》，3个作品在首届数字乡村创新设计大赛决赛中获优秀奖。

【农业基本情况】 2022年，绵阳市粮食播种面积41.32万公顷，总产量230.8万吨；油菜播种面积15.53万公顷，总产量43.89万吨；生猪出栏377.86万头、家禽出栏7490.67万羽、肉类总产量43.37万吨、禽蛋总产量16.41万吨、水产品总产量12.97万吨。建成现代农业园区86个，培育国省级种业产业园区3个，建成种业科研重点实验室3个。安州区、三台县、梓潼县入选第三批国家级制种大县，粮油制种基地面积稳定在1.2万公顷以上。第一产业增加值381.47亿元，增长4.4%，高于全省0.1个百分点，增速居全省第5位。农村居民人均可支配收入22726元，增长6.5%，高于全省平均0.3个百分点，增速居全省第6位。

【工业基本情况】 2022年，绵阳市工业增加值总量1165.5亿元，较2021年净增80.59亿元；规模以上工业增加值同比增长9.2%，比全省高5.4个百分点，居全省第5位；工业经济对地区生产总值增长贡献率32.3%，拉动地区生产总值增长1.6个百分点；制造业增加值占地区生产总值比重28.8%，较2021年提高1.4个百分点。四大主导产业产值同比增长10.7%，快于规模以上工业增速0.7个百分点。电子信息产业产值1083.7亿元，同比增长13.0%，占全市比重31.2%；先进材料产业产值533.6亿元，同比增长15.7%，占全市比重15.4%；装备制造产业产值455.7亿元，同比增长10.0%，占全市比重15.4%；食品饮料产业产值359.6亿元，同比增长3.7%，占全市比重10.4%。

【交通基本情况】 2022年，绵阳市完成综合交通投资175.16亿元，其中高速公路投资108.43亿元、铁路投资4.64亿元、机场投资2.41亿元、干线公路投资27.18亿元、农村公路等投资32.5亿元。全市公路通车里程2.45万千米，其中高速公路546千米、一级公路502千米、二级公路933千米、三级公路1190千米、四级和简易公路2.13万千米。客运站13个，其中一级站4个、二级站8个、三级站1个；便捷站和招呼站3585个，其中便捷站131个、招呼站3454个。公路客货营运汽车拥有量2.57万辆，其中客车2889辆、货车2.28万辆。公路客货运输周转量加权完成79.68亿吨千米，同比增长3.21%；累计完成公路客运量2408.98万人，同比下降24.51%，旅客周转量121044.28万人千米，同比下降33.09%；货运量7109.34万吨，同比下降8.48%；货物周转量784675.24万吨千米，同比增长4.08%。有宝成铁路、西成客专（成绵乐城际），铁路运营里程264千米，其中高铁运营里程121千米、普速铁路运营里程143千米。在建项目有成兰铁路，在市境内长33千米。启动绵遂内铁路绵阳至遂宁段建设。南郊机场T2航站楼建成使用，南郊机场民航运输15676架次，运输旅客166.1万人次。夏航季通航41个城市，17家航空公司执飞55条航线；冬航季通航38个城市，17家航空公司执飞55条航线。

图11 T2航站楼全貌（张靖榆 摄）

【教育基本情况】 2022年，绵阳市共有各级各类学校1333所，有在校学生89.95万人，教职工7.61万人，专任教师5.81万人。开工新建（改扩建）公办幼儿园13所，新增学位2920个。新建（改扩建）义务教育学校22所，新增学位7920个。坚持“校内提质、校外减负”双向发力，推进“双减”政策落地。学科类校外培训机构从517家减至26家，压减比达94.97%。整治违规培训，维护家长和学生合法权益，监管校外培训机构资金近3000万元。建成数字化主播和接收教室122间，改造农村义务教育教师周转房1000套。成立大中小幼思政课一体化建设指导委员会，组织全市55万余名大中小学生、3300余名思政课教师、1.72万余名班主任（辅导员）同上一堂航天系列思政课。围绕“党的二十大精神进课堂”，组织全市1000余名大中小幼教师集体备课，录制340余堂思政微课。建成名师名校长工作室国家级1个、省级13个、市级10个，有国家级职教创新团队1个、省级2个，有省级卓越校长工作室14个、省级职教工作室（平台）3个。13所学校被命名为全省首批教师教育实践基地。评选表扬教师先进个人251人、教师团队10个。安置6.49万名进城务工人员随迁子女就近入学，资助家庭经济困难学生19.59万人次，发放减免各类资助资金3.2亿元，做到“应免尽免、应补尽补、应助尽助”。实施农村义务教育学生营养改善计划，惠及6.57万人。

（廖丽莎）

【商贸基本情况】 2022年，绵阳市实现社会消费品零售总额1635亿元，下降1%；总额位居全省第2位。城镇实现社会消费品零售总额1077.41亿元，下降2.4%；乡村实现消费品零售额557.59亿元，增长1.8%。按消费形态分，餐饮收入297.39亿元，增长2.9%，高于全省13个百分点；商品零售1337.61亿元，下降1.9%，低于全省12.7个百分点。全市外贸出口172.25亿元，增长55.3%，分别高于全国、全省平均增速44.8个、46.1个百分点，全省出口总值位居全省第3位。实现网络交易额3419亿元，增长4.49%，总量稳居全省第2位；网络零售额299.10亿元，增长8.75%。实现服务业增加值1731.14亿元，居全省第2位。服务业增长4.5%，分别高于全国、全省2.2个、2.5个百分点，服务业增加值总量占地区生产总值的比重为48.3%，服务业对经济增长贡献率47.7%，拉动经济增长2.2个百分点。服务业固定资产投资完成1106.1亿元，占全社会固定资产投资的64.6%，增长1.7%，低于全市全社会固定资产投资增速9.6个百分点，低于全省服务业固定资产投资增速6个百分点。新增规模以上服务业企业161家，规模以上服务业企业达671家。举办2022川货电商节绵阳分会场暨“优选绵品·嗨潮乐购”“玩味绵州”线上美食嘉年华、“2022乐购盐亭消费惠民618惠民电商购物节”“数字经开 乐享好物”系列展销活动等活动10余场。

（唐　欢）

科技城概览

Overview of Science and Technology city

概　述

【概况】　2022年，中国（绵阳）科技城建设以习近平新时代中国特色社会主义思想为指导，全面贯彻落实党的二十大精神和省委、市委决策部署，坚持创新驱动发展，立足“科技立市”战略，推动科技创新和制度创新协同发力，加快建设具有全国影响力的中国特色社会主义科技创新先行区。7月，国务院办公厅出台指导性文件，支持绵阳科技城建设具有全国影响力的中国特色社会主义科技创新先行区，明确科技城建设“科技体制机制改革先行区、成渝地区双城经济圈创新高地”等战略定位，赋予科技城为国家科技创新探索路径的使命。9月，国务院批复绵阳科技城“十四五”发展规划，明确新时期绵阳科技城建设的目标定位和发展路径。11月，绵阳科技城党工委、管委会正式挂牌。全年，中国（绵阳）科技城结合落实《中国（绵阳）科技城创新发展三年行动方案（2021—2023年）》，组织实施《2022年绵阳科技城建设工作要点》《中国（绵阳）科技城创新发展2022年工作要点》，培育创新主体、营造创新生态、激发创新活力、发展创新产业、拓展开放合作、优化发展环境，推动科技城建设各项任务落地见效。在全市国家级、省级开发区（园区）和市级工业园区开展“园区提质”“企业满园”行动，出台《绵阳市支持园区高质量发展十条政策措施》。印发《绵阳市2022年优化园区营商环境16条》。新增高新技术企业185家，全市高新技术企业709家；新增科技型中小企业488家，国家评价入库科技型中小企业2141家。108家企业入选首批省创新型中小企业，其中虹魔方网络、智研科技等4家企业进入省级“瞪羚”企业公示阶段。科技城企业研发投入69.9亿元。有国家级工程技术研究中心5家，省级工程技术研究中心30家。中国（绵阳）科技城航空动力科技创新中心建成投运，累计入驻创新团队22个。西南科技大学环境友好能源材料国家重点实验室承担国家级重大科研项目14项、省部级项目12项，授权发明专利71项。绵阳师范学院“中国周边国家研究中心”获批省教育厅高校人文社科重点研究基地。从科研院所、高校和企业选拔两批次干部和科研工作者担任科技助理，推进“招院引所”、科技成果转化、关键核心技术攻关等工作。举办科技城“揭榜挂帅”发布专场2场，发布技术需求108项、“揭榜挂帅”项目18项。成立全省首家专门服务科技企业的国有银行专营机构——农业银行绵阳科技支行，科技贷款余额超450亿元。核心企业应收账款供应链增信中小企业融资服务扩面上量，实现融资金额109.37亿元。华丰科技在科创板首发上市。建成投运科创基金小镇，入驻金融机构13家，管理基金规模276.3亿元。新型显示、核技术应用和无人机3个产业集群入围四川省战略性新兴产业集群名单。招引中国科学院等15家高校、科研院所、龙头企业、高水平研发团队落地，新引进巨星（绵阳）稀土永磁新材料产业项目、埃克森新能源等百亿元级项目7个。中国科技城大数据中心建成投用，部署以长虹天宫服务器（鲲鹏芯片）为主机柜。“探索推行科技助理机制”和“建立‘云上大学城’科技资源集聚新模式”入选四川省第二批要素市场化配置改革试点，是唯一市级层面入选两项工作的市（州）。赛迪顾问与赛迪科创联合发布《科技城百强榜（2022）》，中国（绵阳）科技城居第7位、中西部地区第1位。

【中国（绵阳）科技城投资峰会举行】 2022年10月28日下午，中国（绵阳）科技城投资峰会在中国（绵阳）科技城科创基金小镇举行。四川省地方金融监督管理局党组成员、副局长傅瑜，市委常委、副市长张明，绵阳高新区党工委副书记、管委会主任董泓出席峰会并致辞。市金融工作局党组书记杨保平参加峰会。会上，上交所西部基地、深交所西部基地、北交所西南基地、天府（四川）联合股权交易中心分别作政策宣讲；四川申万宏源长虹股权投资管理有限公司、华西金智投资有限责任公司、绵阳聚融股权投资基金管理有限公司、四川宏盛投资有限责任公司分别作推介；绵阳科技城先进技术研究院、四川振通检测股份有限公司、龙华相位新材料（绵阳）股份有限公司、四川远方高新装备零部件股份有限公司作路演。市发改委、市经信局等有关部门负责人及知名股权投资机构负责人、企业家代表参

图12　2022年10月28日，中国（绵阳）科技城投资峰会举行（视觉绵阳提供）

加峰会。本次峰会通过深交所科融通 V-Next 平台全程直播。

【第十届中国（绵阳）科技城国际科技博览会新闻发布会举行】 2022年10月31日，四川省人民政府办公厅主持的第十届中国（绵阳）科技城国际科技博览会新闻发布会在成都举行。省政府副秘书长徐志文发布第十届中国（绵阳）科技城国际科技博览会基本情况、筹备情况和展会主要特点。市委常委、副市长梁磊从战略科技力量建设、科技协同创新、高端现代产业等6个方面介绍中国（绵阳）科技城发展情况。科技部成果转化与区域创新司副司长吴家喜从支持绵阳科技城抓好顶层设计、抓战略科技力量和重大科技战略任务的实施、支持绵阳科技城抓好区域创新体系的建设、抓开放合作平台4个方面回答记者关于科技部下一步对绵阳加快科技城建设的考虑和举措的提问。发布会由省委宣传部国际传播与对外推广处处长宁光霞主持。人民日报社、新华社、中央广播电视总台、光明日报社、中国新闻社等40余家新闻媒体记者到会采访报道。

发展优势

【概况】 中国（绵阳）科技城发展优势众多，以绵阳科技城建设部际协调小组、四川省建设绵阳科技城领导小组等为组织保障，国家和省相继出台支持绵阳科技城建设相关政策，绵阳市出台多项政策。持续推动科技体制机制改革，推进科研成果转化。2022年，中国（绵阳）科技城入围科技部新一批国家创新型城市建设名单；排名中国城市科技创新百强第20位、比2021年上升21位，是进位最快、最多的城市。制定发布“人才十条”等新政，成立科技城人才发展集团，落地建设全国首个职业能力建设创新改革先行区。与成都共建全国科创金融改革试验区，加强科技金融服务，成立全省首家专门服务科技企业的国有银行专营机构——农业银行绵阳科技支行。启动运营科创基金小镇，建设院士小镇，推进“云上大学城”“云上科技城”建设。开展“园区提质”“企业满园”行动，出台《绵阳市支持园区高质量发展十条政策措施》（以下简称园区十条）等政策措施。推进科技体制机制改革，实施科技助理制度，举办科技城“揭榜挂帅”榜单发布会，推进“招院引所”、科技成果转化等工作。“探索推行科技助理机制”和“建立‘云上大学城’科技资源集聚新模式”入选四川省第二批要素市场化配置改革试点，是唯一市级层面入选两项工作的市（州）。至年底，科技城有中物院等国家级科研院所18家、西南科技大学等高校15所，在绵阳的科研单位有“两院”院士30人，“云上大学城”入驻高校20所。成立17支招才引智小分队，引进人才1.8万余人。

【科技优势】 2022年，科技城贯彻落实“科技强市”战略，坚持“科技立市、创新强市”，开展关键核心技术攻关，形成关键核心技术需求库，通过“揭榜挂帅”等方式，吸引高水平科研单位开展联合攻关。加强创新主体培育，实施“雁阵培育”等行动，建成创新主体培育库，组织企业申报国家高新技术企业。首家厅市共建四川省重点实验室“作物特色资源创制及应用四川省重点实验室”获批建设，新增省级孵化机构4家，探索打造“众创空间（创业苗圃）+孵化器+加速器+产业园区”孵化服务体系。优化科技金融服务，挂牌运营全省首个市州分中心——“天府科创贷”绵阳分中心。至年底，有中国工程物理研究院、中国空气动力研究与发展中心、中国航发四川燃气涡轮研究院等科研院所18家，新增绵阳京东方、惠科等省级企业技术中心17家。推动东材科技功能精密涂布材料中试研发平台等中试熟化平台加快建设，累计实现科技成果转化120余项。新增高新技术企业185家，高新技术企业总数709家，高新技术产业营业收入2594亿元。新增专利授权9438件，有效发明专利拥有量达11127件，高价值发明专利拥有量达3708件，万人发明专利拥有量突破22件。29项成果获省科技进步奖，中国工程物理研究院院士胡思得获四川省科学技术杰出贡献奖。全市研究与试验发展（R&D）经费投入强度7.15%，居全国城市前列。绵阳市获科技部批准开展国家创新型城市建设；在2022年全省科技工作会议上获评科技创新综合绩效先进市（州）、全社会研发投入优秀市（州）、科技计划管理优秀市（州）、高新技术产业发展优秀市（州）、外专引智优秀市（州）；绵阳高新区、游仙高新区、江油高新区获评四川省科技创新工作先进园区（平台）。

【产业优势】 2022年，科技城成为四川省首批制造强市试点，获批全国消费品工业“三品”战略示范城市。持续发展电子信息等支柱产业，加快培育核技术应用、激光技术等特色产业。四大主导产业中，电子信息产业产值增长13.0%，先进材料产业产值增长15.7%，装备制造产业产值增长10.0%，食品饮料产业产值增长3.7%。规模以上战略性新兴产业企业产值占工业总产值比重达46.5%，规模以上高技术工业企业产值增长13%。新型显示、无人机、核技术应用3个产业集群入选全省战略性新兴产业集群。国家级专精特新中小企业达35家，制造业单项冠军企业达5家。国家高新技术企业总数达709家，评价认定国家科技型中小企业2141家，省级“瞪羚”企业18家。惠科光电等3家企业入选全国电子信息百强。13家企业入选省“贡嘎培优”行动计划，6家企业入选省新赛道赛手企业。绵阳高新区入围全国园区高质量发展百强榜。绵阳经开化工园区被认定为全省首批化工园区。

【区位优势】 2022年，科技城深入实施开放活市战略，加快打造内陆改革开放新高地，加快畅通开放大通道，构建现代化综合交通运输体系，提升区域综合交通枢纽能级，加快建成西部陆海新通道重要枢纽。科技城位于成都、重庆、西安“金三角”复兴地带，是“一带一路”和长江经济带接合部和连接线上的重要支点城市，市区南距成都98千米，东距重庆300千米，北距西安680千米，有宝成铁路、西成客专（成绵乐城际），铁路运营里程264千米；建成投运南郊机场T2航站楼，机场民航运输15676架次，运输旅客166.1万人次，夏航季通航41个城市，冬航季通航38个城市线。被纳入《四川省综合立体交通网规划纲要》，支撑“123出行交通圈”（都市圈1小时通勤、成渝地区主要城市2小时互通、毗邻省会3小时到达）和“四向八廊”+“1轴2环3带4联”主骨架建设；纳入《国家公路网规划》，融入现代化高质量国家公路网建设，计划到2035年，途经绵阳的有北京—昆明、平凉—绵阳、巴中—成都、成渝地区环线等高速公路，途经绵阳的有国道108线（北京至昆明）、国道245线（巴中至绿春）等普通国道。高效运行中欧班列、西部陆海新通道东盟铁海联运班列，参与共建“一带一路”进出口商品集散中心。

【政策优势】 2022年，党中央、国务院和省委、省政府及市委、市政府高度重视绵阳科技城建设，国务院办公厅印发《关于支持绵阳科技城建设科技创新先行区的意见》，提出把科技城建设成为特色鲜明、具有全国影响力的中国特色社会主义科技创新先行区，成为成渝地区双城经济圈重要发展动力源和全球重要创新高地。组织实施《2022年绵阳科技城建设工作要点》《中国（绵阳）科技城创新发展2022年工作要点》，从培育建强创新主体、营造创新生态、激发创新活力、发展创新产业、推进开放合作、优化发展环境6个方面提出强化企业创新主体地位、提升高校科技创新能力、提升科技服务业发展质量等

18条举措，旨在高效率推动科技城突破性发展，加快建设国家科技创新先行示范区。

【人才优势】 2022年，科技城加强人才工作领导，出台“人才十条”，设立10亿元人才发展专项资金，首次提出为全职引进的高层次和急需紧缺人才给予最高50万元安居补助，加大创新创业人才创业团队支持力度；出台博士后创新发展专项支持政策，开通院地职称互认“直通车”等政策，为在绵阳科研院所、高校和企业等提供量身支持。建成人才公寓3100余套。组建全省首家国有人才集团——绵阳科技城人才发展集团。新增博士后科研工作站1家、博士后创新实践基地2家。设立海外、北京、上海等7个高层次人才引进工作站，成立17支招才引智小分队，全年共引进各类人才2万余人，其中博士340人、硕士4678人，引进12名“两院”院士担任科技顾问。

发展规划

【概况】 2022年，科技城围绕“中国科技城、生态宜居城、西部现代化强市”的城市战略定位，坚持目标导向、问题导向、实施导向相结合，突出生态优先、绿色发展，构建形成“目标定位—格局优化—底线约束—结构优化—空间治理”的规划体系。主动衔接成渝城市群国土空间规划、省国土空间规划、成都平原经济区规划，持续优化《绵阳市国土空间总体规划（2020—2035年）》，为加快建设中国科技城、全力打造成渝副中心，早日跨入Ⅰ型大城市行列，提供空间和要素保障。推进控制性详细规划编制及修改项目20余个，规划研究面积约70平方千米，其中，《绵阳市安州区河东新区控制性详细规划修编》《〈绵阳旧城控制性详细规划〉涪城中心片区局部调整》等6个项目经市政府批复实施。科技城贯彻“将新区建设成为成渝地区双城经济圈创新高地和国家产城融合发展示范区，探索建设具有全国影响力的科技创新示范区”的新要求，推进绵阳科技城新区直管区建设，《绵阳科技城新区直管区（起步区）控制性详细规划》经市政府批复实施。聚焦健康、绿色发展方向，坚持园区、景区、城区“三区合一”，统筹考虑生产、生活、生态三大功能，编制《绵阳市健康食品产业园发展规划（2022—2025）》。

【《绵阳科技城新区直管区（起步区）控制性详细规划》实施】 2022年1月26日，市政府批复《绵阳科技城新区直管区（起步区）控制性详细规划》（以下简称《控制性详细规划》）实施。《控制性详细规划》中规划范围为科技城新区直管区西片区，东至科智大道，南至绵盛路，西至科创大道，北至绵宏路，规划总用地面积543.83公顷。规划区可容纳居住总人口约5万人。规划城市建设用地面积533.23公顷，人均城市建设用地106.65平方米/人。发展定位为绵阳未来城市新中心、科技城新区的先行示范区、山水城市生态标杆。规划区形成“两轴五核多廊、一心一圈”的空间结构。“两轴”即创业大道发展轴和科技城大道发展轴。“五核”即科技之心、人文之心、体育之心、生态之心、生活圈中心，承担各主题功能板块的核心城市功能及居住区配套功能。“多廊”即鼓楼山中心绿廊、安昌河—鼓楼山通山达水绿廊、界青路山水通廊、龙界路山水通廊以及中央公园城市绿廊，引绿入城，划定城市功能板块界线，形成蓝绿交融，生态融城的生态网络系统。“一心”即城市之心，是绵阳新中心的重要功能集聚区，完善城市功能结构，提升城市配置。“一圈”即社区生活圈，是为城市之心服务的高品质、高质量的生活配套区。

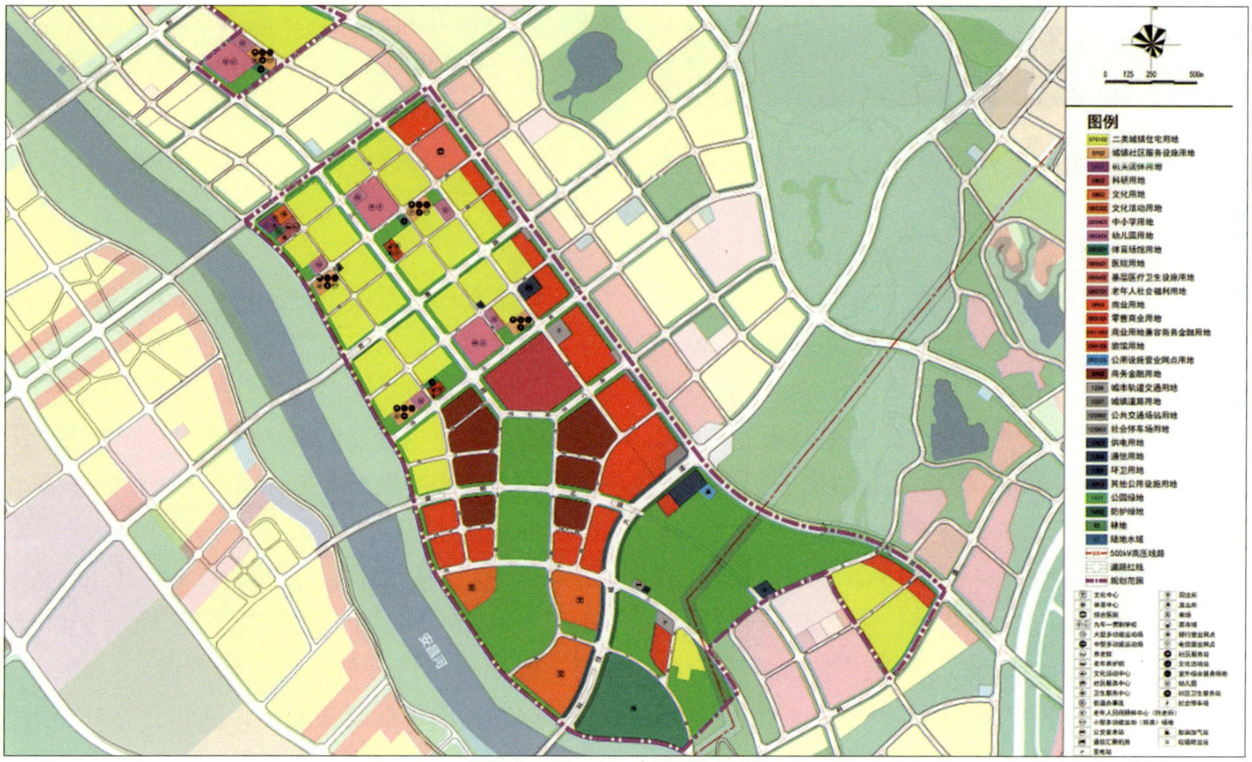

图13　绵阳科技城新区直管区（起步区）控制性详细规划图（自规局提供）

【《绵阳市安州区河东新区控制性详细规划修编》实施】　2022年2月28日，市政府批复《绵阳市安州区河东新区控制性详细规划修编》实施。明确规划范围东至绵宏路北段—安州大道和观斗山山麓，西至安昌河东岸，北至北环路，南至科创大道，总面积542.78公顷。定位为 以山水生态为特色，以文化旅游、休闲娱乐为引领的科技城新区“宜居宜游”片区。规划形成“一心三轴、两区两带、多点多楔” 的空间布局结构。“一心三轴”即文化旅游休闲中心；安州大道城市发展轴、花城路城市发展轴、绵宏路城市形象展示轴。“两区两带”即北部文化旅游宜居发展片区及南部休闲娱乐宜居发展片区；两带为安昌河生态景观带及观斗山山林生态景观带。“多点多楔”即围绕社区布局公共服务设施、社区公园，打造公共服务节点；打造多条生态绿楔联通观斗山和安昌河，建立起山水相融的蓝绿网络。规划人口规模为6.11万人；城市建设用地面积529.32公顷，占总用地比例97.52%。

【《〈绵阳市安州区河西片区控制性详细规划〉局部调整方案》实施】　2022年5月12日，市政府批复《〈绵阳市安州区河西片区控制性详细规划〉局部调整方案》实施，原控制性详细规划同时废止。该规划调整范围位于安州区河西片区，东至安昌河，西至文星大道北段，北至文苑路东段，南至银河大道东段，涉及《绵阳市安州区河西片区控制性详细规划》中的W（10.C）-C单元，总面积72公顷。调整内容为：取消原控规中长215米、宽17米的新华街东延段城市道路用地，用地性质调整为医院用地，作为医院内部消防通道。将原控规居住兼容商业用地和二类居住用地调整为医院用地和公园绿地，医院用地增加2.67公顷，公园绿地增加0.84公顷。将原控规医院用地内的公共厕所调整至公园绿地内，结合公园绿地进行建设。（陈晓丽）

基础设施建设

【概况】 2022年，科技城开展新一轮全域城建攻坚行动，按照新区开发、组团发展、城市更新、市县攻坚四大方向，加快科技城新区建设、推进历史文化街区项目建设、增加城市科技元素项目、实施亲民便民项目、实施主门户和重要通道新改建项目为五大建设重点，在城区实施交通提升、公共服务设施建设、产业基础设施建设、排水防涝及污染防治、城市街道（区）提升、公园城市建设、棚改攻坚、老旧小区改造八大专项行动。共有城建攻坚项目513个，完工项目207个，完成投资约373.36亿元。建成开馆科技城创新馆、绵阳城市规划展览馆、中国（绵阳）科技城科创基金小镇、科技城人才公寓（铂金时代）等，完成机场东路、飞云大道等9条城市道路改造提升，加快推进科技城涪江大桥、创业大道南延线等项目。配合“园区提质”“企业满园”行动，实施提升园区基础承载力及颜值品质项目283个，完工项目178个，完成投资75.86亿元。完成经开区三江大道、三江实验学校、科技城新区直管区园艺湖提升改造、游仙高新区东山公园配套等项目。

【绵阳城市规划展览馆开馆】 2022年9月23日，绵阳城市规划展览馆开馆仪式举行。省委常委、市委书记曹立军出席并宣布开馆。市委副书记、市长李云主持开馆仪式，市人大常委会主任付康，市政协主席李亚莲，市委副书记王华蓉出席。绵阳城市规划展览馆位于科创北路9号绵阳市孵化中心一至二层，于2022年2月开工，9月竣工，由科发集团负责实施，总投资3500万元。绵阳城市规划展览馆由展览展示、城市推介、互动体验、配套功能、会议办公等5个板块构成，布展总面积约4700平方米，具备科普教育、招商引资、城市推介、学术交流、游客观光等多种功能。以“中国科技城、成渝副中心”为

图14 绵阳城市规划展览馆（张梦怡摄）

图15　2022年9月，滨河北路西段排水及道路改造工程现场（绵投集团提供）

展陈核心主题，对城市名片进行展示。展陈形式将传统与现代元素有机融合，综合运用模型、影片、多媒体互动体验、数字化应用等技术。以序厅和8个篇章，按照历史沿革、时间轴线，全方位展示绵阳过去、现在、未来，展现绵阳的城市魅力和时代特征。

【滨河北路西段排水及道路改造工程主线通车】 2022年9月30日，滨河北路西段排水及道路改造工程主线通车。该项目位于绵阳高新区安昌河北岸，起点为菩提寺大桥，终点至枫璟398小区段，全长5.4千米。项目由绵投集团负责实施，将原双向两车道变为双向四车道，缓解周边交通压力。

【创业大道南延线开工】 2022年11月29日，创业大道南延线工程开工。该项目由绵投集团负责实施，属于2022年绵阳市城建攻坚项目，位于绵阳科技城新区，属于规划片区内的交通骨干道路，是连接安州区、绵阳科技城新区、中心城区的城市主干道。项目起于创业大道与八角南路

图16　2022年11月29日，创业大道南延线工程开工（绵投集团提供）

交叉口，向南经绵中东侧后山，接铁路跨线桥，改造三汇立交，新建御营大桥至御中路的高架桥，止于御中路（绵吴路口），全长约4.57千米，占地32.43公顷，总投资约13.6亿元，计划工期2年。

【一环路西段及南段道路提升工程项目】 一环路西段及南段道路提升工程项目主要对一环路西段西山立交至桃园街、一环路南段御苑巷至代家湾立交两段进行改造，主要建设内容包括道路工程、交通工程、排水工程等。工程估算总投资约0.3亿元。2022年6月开工，12月完工。建设单位、施工单位为四川九洲建筑工程有限责任公司，监理单位为四川正菱建设监理咨询有限公司，设计单位为绵阳市川交公路规划勘察设计有限公司。

【中国（绵阳）科技城创新馆项目】 中国（绵阳）科技城创新馆项目于2021年11月开工，2022年6月建成，由科发集团负责实施。位于创新中心二期，总投资9522.23万元。建设规模及内容：对创新中心二期2号楼底层及二层进行改造，包括布展及其他功能区配套装饰工程、电气工程、多媒体展项、智能系统、语音系统、中控系统、整馆灯光控制系统、监控、网络模型台、家具及艺术造型、多媒体、模型及电子设备工程、平面制作与安装等。改造总面积10764平方米。项目规划建设两层展馆，其中一层分为序厅、创新历程展区、创新平台展区、战略科技创新展区，全面回顾绵阳创新发展历程和科技城建设成就，展现创新实力；二层分为产业技术创新展区、创新体验展区，围绕电子信息、先进材料等优势及特色领域，集中展示绵阳重点产业的代表性企业、产品等。

【绵阳会展草溪河商业街改造提升项目】 2022年6月，绵阳会展草溪河商业街改造提升项目开工，同年12月完工，由科发集团负责实施。项目位于绵阳市永兴镇，北邻绵兴路，南至飞云大道，东接体育西路，西连永惠路，总投资1亿元。建设规模及内容为对草溪河商业街进行提升改造，包括建筑物外立面提升、室内办公区精装、室外附属设施、景观提升及亮化工程；新建路演中心及附属工程，总建筑面积约1.65万平方米。项目功能为入驻企业提供核心办公区、商务配套区、商业及配套区、教育研发区及景观滨水带。

【中国科技城（绵阳）科技物流产业园横九路项目】 中国科技城（绵阳）科技物流产业园横九路项目于2017年5月开工，2022年10月建成，由科发集团负责实施。项目位于涪城区新皂镇、中国科技城（绵阳）科技物流产业园启动区规划范围内，是物流园与外界连通的主干道，总投资26616.18万元。建设规模及内容：包括道路工

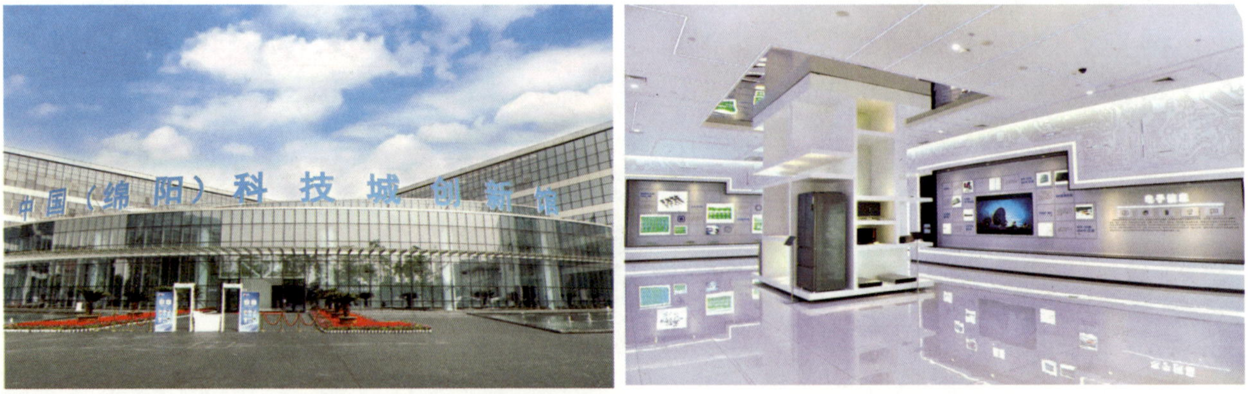

图17 2022年，中国（绵阳）科技城创新馆馆外和馆内（视觉绵阳提供）

图18　2022年12月，中国科技城（绵阳）科技物流产业园启动区市政道路工程纵七路东段项目建成（科发集团提供）

程、排水工程、景观工程、桥梁工程等。横九路自西南向东北延伸，性质为市政道路，道路等级为城市主干道，全长1870.165米，标准路幅宽度为50米和31米两种形式，设计速度为主线50千米/时、辅道40千米/时、匝道30千米/时。

【中国科技城（绵阳）科技物流产业园启动区市政道路工程纵七路东段项目】　中国科技城（绵阳）科技物流产业园启动区市政道路工程纵七路东段项目于2021年9月开工，2022年12月建成，由科发集团负责实施。项目位于涪城区新皂镇、中国科技城（绵阳）科技物流产业园启动区规划范围内，起于纵七路西段横七路，终于货运大道，是连通纵七路西段和横九路，实现物流园与外界的双向连通的重要通道。总投资33423万元。建设内容为道路工程、排水工程、景观工程、涵洞工程等。项目道路等级为城市主干路，长1196.15米，设计速度为50千米/时，路面宽度为50米。路面结构为沥青混凝土路面。

【中国科技城（绵阳）科技物流产业园启动区市政道路工程纵七路西段项目】　中国科技城（绵阳）科技物流产业园启动区市政道路工程纵七路西段项目于2019年10月开工，2022年8月建成，由科发集团负责实施。项目位于涪城区宝成线皂角铺车站西南侧约1千米处。项目是中国科技城（绵阳）科技物流产业园主干道、进出皂角铺铁路物流基地的主通道。项目全长1.25千米，总投资25000万元。建设规模及内容如下：道路工程、排水工程、景观工程、涵洞工程等。道路标准路宽50米。道路下穿成绵乐高铁线和宝成铁路。

【科技城新区园艺湖提升改造项目】　科技城新区园艺湖提升改造项目位于科技城新区科技路，占地面积约9.12万平方米，其中水域面积约3.41万平方米、陆地面积约5.71万平方米。园艺湖提升改造工程于2022年4月开工建设，2022年8月完工，总投资约4950万元。改造提升工程聘请同济大学建筑设计研究院（集团）有限公司开展专业设计、四川邑庭园林环境工程有限公司实施品质管控，从交通组织、园艺配置和水体生态三个方面进行提升改造。

【中国科技城（绵阳）科技物流产业园铁路专用线项目】 中国科技城（绵阳）科技物流产业园铁路专用线项目于2020年6月开工，计划于2024年建成，由科发集团负责实施。项目位于涪城区新皂镇，铁路专用线自宝成线皂角铺站成都端牵出线末端接轨，而后下穿西成客专，上跨县道02线，至檀木湾油库装卸站，线路全长3.91千米。总投资45739.8万元。建设规模及内容如下：工程区间道路土石方88.47万立方米，站场土石方25.26万立方米，路基圬工7.7万圬工方，大桥1座256.38延长米，新建盖板箱涵15座、框架涵6座，正线铺轨3.3千米，站线铺轨2.629千米，新铺道岔5组。2022年，完成物流园区配套道路西大门连接线建设，及库区内路基换填、水泥桩加固。

【飞云大道改造提升项目】 飞云大道改造提升项目起于绵阳磨家收费站，经绵阳市高新区，止于飞云大桥西侧350米处，全长11.772千米。项目为市重点项目，是市区重要的入城通道，也是分散京昆高速、成绵复线交通流量的交通要道。由交发集团负责实施。该路段采用城市主干道技术标准设计，根据路段将速度设计为60千米/时、40千米/时两种，项目改造后磨家收费站至黑加山公园段为双向六车道，黑加山公园至飞云大桥路段双向四车道。项目共分两期，一期工程起于磨家收费站，止于辽安路口段（长度2.5千米），于2021年7月开工建设，2021年9月7日通车运行。二期工程起于辽安路口段，止于飞云大桥段（长度9.28千米），于2022年3月开工建设，12月31日完成建设。

【经开区机场东路道路提升改造项目】 经开区机场东路道路提升改造项目全长2510.29米，其中一标段1251.16米、二标段1259.13米，宽50米。项目主要建设内容为道路工程、路基防护工程、排水工程、涵洞工程、照明工程、绿化工程、交通安全与管理设施。2022年4月15日开工，12月29日完工。建设单位为绵阳经开建设集团有限公司，施工单位一标段为中国机械工业建设集团有限公司，二标段为湖南建工集团有限公司，监理单位为中锦冠达工程顾问集团有限公司，设计单位为信息产业电子第十一设计研究院科技工程股份有限公司。

【东西第二干道PPP项目工程】 绵阳市东西第二干道项目于2021年4月开工，位于绵阳市城区北侧，西起教育园区二环路匝道，东至游仙区游仙东路，经牌坊沟、西山北路、高水中街、小岛、科学城等处。东西第二干道为城市次干道，设计时速40千米，标准路面幅宽25米，双向四车道，全线长9.1千米。由交发集团负责实施。项目高水中街改建段于同年10月15日开始施工，2022年6月4日完成改造并开放交通。绵阳东西第二干道工程为市本级PPP项目，作为东西走向的主通道之一，项目建成后可加强游仙、小岛、园艺山等各组团间联系，完善城市路网结构，与九洲大道共同构建城市北部片区交通联系，缓解九洲大道局部路段交通压力。项目总投资估算116020万元。项目西山北路段、高水中街段、仙童路段为改建段，长2.8千米；绿岛大桥段为现状利用，长约1千米；其余为新建段，长5.3千米。项目全线主要结构物包括1座半互通式立交桥（西山跨铁路立交段）、2座桥梁（跨牌坊沟小桥、跨清水湾及开元渠大桥）、1座隧道（穿越老龙山隧道）及沿线若干挡墙。建设周期为3年（2021—2023年）。

【科技城集中发展区科技城大道二期涪江大桥项目】 涪江大桥位于科技城大道二期涪城区（龙门镇）和游仙区（石马镇）交界，横跨涪江。其中，涪江大桥全长1100.61米，由交发集团恒通建工负责实施，该路段采用城市快速路标准设计，时速为60千米，双向六车道。项目分两期建设，一期工程包括跨涪江特大桥一座、涪城区侧全部引桥、游仙区侧部分引桥、道路工程及其他附属配套设施建设；二期工程包括互通立交一座、高架引桥、道路工程及其他附属配套设施建设。至年底，一期工程完成道路工程的85%，涪城侧引桥箱梁的100%，主桥完成顶推落梁及吊索安装张拉，游仙侧引桥箱梁完成下部结构施工。二期工程完成初步设计工作。

【四川裕农新域商贸物流城项目】 四川裕农新域商贸物流城项目于2021年12月22日奠基开工。至年底，项目建设全面封顶。项目位于绵阳市涪城区青义镇农产品物流园，紧邻G5京昆高速绵阳北出入口，与绵江快速通道、科技城大道互交，总规划用地面积33.33公顷，总建筑面积约40万平方米，计划投资22亿元，分6期开发。项目由绵阳高水农副产品批发有限公司开发建设，是集大宗农产品交易、地标农产品展示、冷链仓储、加工配送、电商中心、中央大厨房、综合服务配套、智慧运营等产业链功能的第四代智慧型农批交易大平台。项目统一规划分期实施，其中一期、二期、三期先行统一开发建设，规划用地面积8.6公顷，总建筑面积约11.3万平方米。项目建设内容如下：建设智慧型农商批发大市场以及配套的食品检疫检测中心、食材溯源平台、信息化管理中心。

（吴辉昌　曾侯勇　杨　怡　张　静）

绵阳科技城新区建设

【概况】 绵阳科技城新区是2020年12月23日由省政府批复设立的全省第四个省级新区，发展定位为绵阳市的“创新新引擎、产业新高地、城市新空间”，总体规划面积396平方千米，空间范围包括涪城区、游仙区、安州区、绵阳高新区、科创区下辖9个乡镇（街道）所属区域，常住人口约80万人，分为统筹区和直管区。绵阳科技城新区位列2022年全国城市新区发展潜力百强榜单第11位，较2021年提升5位。新区直管区是科技城新区建设发展的核心区和示范区，管辖面积36.6平方千米，空间范围包括科创区创业园街道全域和涪城区青义镇、安州区界牌镇部分区域，常住人口约14万人。主导产业有软件与信息服务业、新一代通信产业，特色产业有电子装备产业、科技服务业。2022年，新区直管区实现地区生产总值110.37亿元。

【科技城新区直管区项目建设】 2022年，科技城新区直管区修订《科技城新区直管区项目管理办法》，明确各重点项目的责任主体和工作时限，围绕审批、规划、能评、用工等关键节点，解决制约项目建设进度和投产达效的瓶颈问题，为加快项目建设进度创造良好环境。全年完成全社会固定资产投资70.5亿元，增长100.2%，完成年初下达总量目标任务的97%。实施各类项目135个，总投资105亿元。33个省、市、区重点项目完成投资88.22亿元、年度投资完成率120%，连续3个季度进入全市重点项目推进“红榜”，4个项目获绵阳市“骏马项目”。

【科技共享空间一期建设】 科技共享空间一期位于绵阳科技城集中发展区核心区科技之心片区内，南侧紧邻安昌河。项目用地面积2.20万平方米，总建筑面积11.82万平方米，项目建设内容包括项目主体及室外附属配套设施建设。项目于2022年10月开工建设，计划2025年10月完工，工程总投资约12.21亿元。建设单位为绵阳新路投资发展有限责任公司，施工单位为四川公路桥梁建设集团有限公司，监理单位为中科旭日建设集团有限责任公司，设计单位为中国电建集团华东勘测设计研究院有限公司，勘察单位为中国电建集团华东勘测设计研究院有限公司。

【科技展厅建设】 科技展厅位于绵阳科技城集中发展区核心区科技之心片区内，南侧紧邻安昌河。项目总用地面积3.79万平方米，项目总建筑面积为8.87万平方米、地上建筑面积为5.06万平方米，地下建筑面积为3.76万平方米，地下室层数为1层。项目建设内容包括项目主体及室外附属配套设施建设。项目于2022年11月开工建设，计划2026年5月完工，工程总投资约13.96亿元。建设单位为绵阳新路投资发展有限责任公司，施工单位为四川公路桥梁建设集团有限公司，监理单位为中科旭日建设集团有限责任公司，设计单位为中国电建集团华东勘测设计研究院有限公司，勘察单位为中国电建集团华东勘测设计研究院有限公司。

【产学研成果转化中心建设】 产学研成果转化中心项目位于绵阳科技城集中发展区核心区科技之心片区内。项目总用地面积1.71万平方米，总建筑面积为14.64万平方米、地上建筑面积为10.27万平方米，地下建筑面积为4.37万平方米，地下室层数为3层。项目建设内容包括项目主体及室外附属配套设施建设。项目于2022年10月开工建设，计划2026年4月完工，工程总投资约14.86亿元。建设单位为绵阳新路投资发展有限责任公司，施工单位为四川公路桥梁建设集团有限公司，监理单位为中泰天顺集团有限责任公司，设计单位为中国电建集团华东勘测设计研究院有限公司，勘察单位为中国电建集团华东勘测设计研究院有限公司。

【首届招商大使聘任仪式】 2022年3月25日，新区直管区举办首届招商大使聘任仪式，来自全

图19　2022年3月25日，绵阳科技城新区直管区首届招商大使聘任仪式举行（科技城新区提供）

国行业领域内的20名精英被聘为“招商大使”。招商大使的主要职责是对绵阳科技城新区直管区高质量发展、园区建设和招商引资等工作提出建设性意见，宣传推介绵阳科技城新区直管区重点产业、投资环境及招商政策，邀请境内外投资机构、知名企业等到绵阳科技城新区直管区参观、考察、交流，组织企业参加各类招商活动，引荐、提供符合绵阳科技城新区直管区重点产业发展方向的投资项目、高端人才和先进技术，为引进产业链、创新链上下游企业、机构牵线搭桥，协助开展上门招商，推动项目考察洽谈、签约落户，协助绵阳科技城新区直管区经合局策划实施各类境内外专题招商活动。会上，陈长志、熊建新等5位招商大使为新区直管区与启迪科技、华腾新材料等15个项目牵线搭桥，其中长虹新网等3个项目签约落地。

【第一季度重大项目集中开工仪式在科技城新区举行】 2022年1月4日，绵阳市2022年第一季度重大项目集中开工在科技城新区高技术产业园项目现场举行。共集中开工项目59个，总投资280.37亿元。此次集中开工中，绵阳科技城新区有高技术产业园、新型显示产业园C区等20个重点项目，总投资113.07亿元。其中，产业项目13个，总投资66.87亿元，占比59.14%；基础设施建设项目1个，总投资4.23亿元，占比3.74%；民生及社会事业项目3个，总投资20.84亿元，占比18.43%；其他项目3个，总投资21.13亿元，占比18.69%。

【市政府与蜀道集团战略合作协议签约暨绵阳科技城新区重点项目签约开工仪式】 2022年6月28日，市政府与蜀道集团战略合作协议签约暨绵阳科技城新区重点项目签约开工仪式举行，新区签约重点招商引资集中签约项目36个，其中科研院所类项目5个、金融类项目6个、机器人项目12个、其他类项目13个，协议引资金额202亿元。开工项目4个，总投资165亿元。其

图20　2022年6月28日，绵阳市人民政府与蜀道集团战略合作协议签约暨绵阳科技城新区重点项目签约开工仪式举行（科技城新区提供）

中绵阳科技城新区科技创新产业集群及基础设施统筹建设项目投资134亿元，包含6.9千米创业大道西延线东段、26千米市政道路等市政基础设施，以及面积93万平方米的创新中心、科技服务中心等科技创新产业集群。

【中国（绵阳）科技城·国际企业产业合作对接会科技城新区分会场】 2022年8月18日，中国（绵阳）科技城·国际企业产业合作对接会在北京举办，科技城新区作为分会场同步开展此次活动，新区党工委委员、管委会副主任刘建华参加此次会议并在会上进行投资推介。会上，新区与德国Roborev公司、嘉威德公司等企业进行线上对接交流，双方就中德人才引进机制、联合培养机制、Roborev公司工业机器人控制模块研发和建设项目达成初步合作意向。

（何　菲）

特色产业园

【概况】 2022年，科技城开展“园区提质”“企业满园”行动，召开园区高质量发展大会，公布《首批绵阳市特色（专业）园区名单和培育名单的通知》，为绵阳市京东方新型显示产业园、精细化工产业园、惠科新型显示产业园、激光技术应用产业园、特钢产业园、健康食品产业园、专用服装产业园首批特色（专业）园区授牌。加快推动园区主导产业集群成链，8个特色园区、216家重点企业实现主营业务收入1854.74亿元，招引产业项目132个，总投资1346.52亿元。绵阳惠科、六合特材、绵阳京东方光电科技、福欣食品等一批“镇园之宝”企业发展良好。新型显示、无人机、核技术应用3个产业集群入选全省战略性新兴产业集群。

2022年绵阳市第一批特色（专业）园区一览表

表3

序号	名单	所属区域	序号	名单	所属区域
1	绵阳市京东方新型显示产业园	绵阳高新区	5	绵阳市特钢产业园	江油市
2	绵阳市精细化工产业园	绵阳经开区	6	绵阳市健康食品产业园	梓潼县
3	绵阳市惠科新型显示产业园	涪城区	7	绵阳市专用服装产业园	三台县
4	绵阳市激光技术应用产业园	游仙区	8	绵阳市健康食品产业园	三台县

2022年绵阳市第一批特色（专业）园区培育一览表

表4

序号	名单	所属区域	序号	名单	所属区域
1	绵阳市集成电路产业园	绵阳高新区	5	绵阳市移柯物联网设备产业园	游仙区
2	绵阳市电子元器件产业园	绵阳经开区	6	绵阳数字能源产业园	安州区
3	绵阳市机器人智能制造产业园	科技城新区	7	绵阳市新能源和化工产业园	盐亭县
4	绵阳市 5G 产业园	涪城区	8	绵阳市通航产业园	北川羌族自治县

图21　2022年，绵阳京东方（视觉绵阳提供）

【绵阳市京东方新型显示产业园】　绵阳市京东方新型显示产业园位于绵阳科技城直管区（高新区），2022年6月由市政府命名。园区规划面积7.7平方千米，有标准厂房82.6万平方米。园区聚焦OLED、高端新型显示材料等领域，有绵阳京东方、杉金光电、谷欣电子等新型显示类企业20余家，有长虹、绵阳京东方、液化空气、东旭腾达、欣富瑞等规模以上工业企业7家，京东方配套规模以上工业企业4家，主要产品包括模切产品、电子气体、光学胶、散热膜等。有长虹企业技术中心、京东方企业技术中心等国家、省级创新平台25个。2022年，产业园加快引进实施示润智慧显示终端智能制造总部基地等项目，加速培育惠科光电等百亿元级“镇园之宝”企业，园区新型显示产业链9家企业实现主营业务收入183亿元，招引产业项目25个、总投资234.06亿元。绵阳京东方光电科技有限公司入选四川省“贡嘎培优”企业，产值突破185亿元。

【绵阳市精细化工产业园】　绵阳市精细化工产业园位于绵阳经开区，2022年6月挂牌成立。园区规划面积230公顷，聚焦农用精细化学、循环经济产业等领域，有利尔化学、美丰科技、禾大西普德国重点龙头企业20余家，四川省功能杂环化合物工程技术研究中心等国家、省级创新平台7个。2022年，产业园引进实施利尔化学循环经济产业园等项目，培育利尔化学成为百亿元级“镇园之宝”企业，加快培育美丰科技成为50亿元级企业。园区精细化工产业链22家规模以上企业实现主营业务收入103.61亿元，招引产业项目14个，总投资156.8亿元。有绵阳新型农药生产装置及配套设施项目特色园区重点项目，是国内最大草铵膦生产项目，项目建筑面积10万平方米，计划投资20亿元，完成投资11.9亿元。

【绵阳市惠科新型显示产业园】 绵阳市惠科新型显示产业园位于四川绵阳工业园区东区，2022年6月由市政府命名。园区规划面积6平方千米，有标准厂房80万平方米，园区聚焦新型显示领域，有绵阳惠科、龙华薄膜、宏波光电等重点龙头企业9家。其中，惠科显示模组生产线项目2022年1月4日正式开工建设；联东U谷国际企业港总建筑面积21.5万平方米，用于引进新型显示配套企业入驻，项目一期入驻12家企业；示润智慧显示终端智能制造总部基地项目预计2023年4月底投产。2022年，产业园引进实施示润智慧显示终端智能制造总部基地等项目，加速培育惠科光电等百亿元级“镇园之宝”企业。园区新型显示产业链9家企业实现主营业务收入183亿元，招引产业项目25个，总投资234.06亿元。

【绵阳市激光技术应用产业园】 绵阳市激光技术应用产业园位于绵阳市游仙高新技术产业园区，园区规划面积100公顷，一期建设面积34.53公顷，建筑面积34.4万平方米，总投资约23.2亿元。激光产业园依托中国工程物理研究院、中国久远集团等院所企业，在激光材料等领域具有技术优势，入驻中国久远集团、久远大光等重点企业5家，研发基地1个。2022年12月17日，游仙区政府、中国工程物理研究院激光聚变研究中心签署合作协议，正式挂牌成立绵阳科技城光子技术研究院。全年激光技术应用产业链中久大光、中久光电、久利科技3家企业实现主营业务收入5.6亿元，园区招引产业项目14个，总投资69.59亿元。

【绵阳市特钢产业园】 绵阳市特钢产业园位于江油高新区东区，2022年6月由市政府命名。园

图22 2022年，惠科产业园（视觉绵阳提供）

图23　绵阳市健康食品产业园（梓潼县委党研室提供）

区规划面积404.7万平方米，有标准厂房31.51万平方米，园区聚焦发展高温合金钢、高品质模具钢、超高强钢、高性能钛/钛合金等材料领域。有攀长钢、六合特材、长祥特钢等重点龙头企业35家，实现营业收入175亿元。有海洋备用金属材料及应用国家重点实验室、汽轮机用材研发基地等国省级创新平台20个。引进实施跃洋长特高端精密金属及医用新材料深加工、长祥特钢年产3万吨高端模具钢生产线、攀长特产线技改升级等项目22个。产业延链企业集中为装备制造企业，拥有皇龙破碎、汇通能源、远方装备、陆亨能源等规模以上工业企业31家。加速培育攀长钢、六合特材等50亿元及以上“镇园之宝”企业。

【绵阳市健康食品产业园（梓潼县）】　绵阳市健康食品产业园（梓潼县）位于四川梓潼经开区，2022年6月经市政府批准成立，为绵阳市首批特色（专业）园区。9月，被四川省食品饮料产业协会、四川省农村发展促进会评为四川省健康食品产业园。园区规划面积200公顷，有标准厂房18.4万平方米。园区聚焦川味调料、预制菜、粮油加工等领域，有福欣食品、圣迪乐村生态食品、莱仕顿精酿啤酒等重点龙头企业47家，实现主营业务收入50.23亿元。形成以长林食品为代表的肉制品加工类，以福欣食品、蜀风先后农业为代表的腌制酿造食品类，以圣迪乐为代表的蛋制品类，以莱仕顿啤酒、贵斐紫酒业为代表的酒水饮料类，以领海油脂、妙香食品为代表的食用油类，以星星米业为代表的粮食类，以均益农业、魔小玉食品为代表的保健食品类，以首膳食品为代表的预制菜类，以及以正大饲料、华西动药等为代表的农产品生产辅助类共9大产业集群。有冯光德实验室、航天级营养联合实验室、四川竹笋食品加工技术研究中心等国省级创新平台7个。

【绵阳市专用服装产业园】　绵阳市专用服装产业园位于四川三台工业园区，2022年6月由市政府命名。园区规划面积2.65平方千米，有标准厂

图24　绵阳市专用服装产业园（三台县委党研室提供）

房24.9万平方米。重点发展纺织、印染、服装生产加工等产业，入驻佳联佳禧、鸿星尔克、翰彬霖、宜乐纺织、安吉纳、锦鑫泰等企业60余家，有产业工人7000余人，形成“纺纱—织布—印染—服装”专用服装产业链条。有中国驰名商标1个，四川省著名商标2个，有省级技术中心5个，工程技术中心1个，公共服务平台1个，纺织服装专利73项，国家级、省级科技进步奖7项。园区纺织鞋服产业链13家规模以上企业实现主营业务收入60.7亿元。2022年，产业园加快引进实施安吉纳体育（三台）数字化产业园、雄兴制鞋产业园等项目，加速培育佳联、翰彬霖等10亿元级“镇园之宝”企业。

【绵阳市健康食品产业园（三台县）】　绵阳市健康食品产业园（三台县）位于四川三台工业园区，于2022年10月由市政府命名。园区规划面积4.92平方千米，现有标准厂房7.5万平方米，园区聚焦肉制品加工、调味品制造、麦冬制品等农产品精深加工以及休闲方便食品等领域，有铁骑力士、上海梅林、领旗食品等重点龙头企业7家，中国食品企业名牌产品3家、省级著名商标2个，国家级企业技术中心1个，省级企业技术中心2个，省级工程实验室1个、高新技术企业4个，省级工程技术中心1个，众创空间1个。2022年，产业园加快引进实施铁骑力士（绿溪）优食谷国际食品产业城、盈好家园蔬菜制品酱腌菜生产等项目，加速培育铁骑力士、上海梅林等10亿元级“镇园之宝”企业，打造从田间到餐桌、从粮头到食尾的“产、购、储、加、销”一体化健康食品全产业链。全年园区健康食品产业链25家规模以上企业实现主营业务收入53.4亿元。

组织保障
Organizational Guarantee

绵阳科技城建设部际协调小组

【概况】 绵阳科技城建设部际协调小组成立于2000年9月。最初的成员单位有10个，在科技城的发展过程中，到2022年，成员单位增至19个，即科技部、国家发改委、工信部、财政部、教育部、民政部、自然资源部、住建部、商务部、国家卫健委、中国人民银行、国务院国资委、海关总署、文旅部、中国科学院、中国证监会、国家国防科工局、军委装备发展部、军委科技委。其中科技部为组长单位，国家发改委、工信部、财政部为副组长单位。

【部际协调小组主要职责】 绵阳科技城建设部际协调小组主要职责是协调解决绵阳科技城建设中的重大问题，支持其基础设施建设；营造有利于高新技术产业发展的政策环境；深化教育、科技体制改革；集中力量发展一批两用高技术并实现产业化；督促检查绵阳科技城建设的进展情况；完成国务院领导交办的有关事宜。

【部际协调小组支持绵阳科技城建设】 2022年，绵阳科技城建设部际协调小组成员单位给予绵阳科技城建设多方面支持。1月6日，科技部发布《关于支持新一批城市开展创新型城市建设的通知》（以下简称《通知》），支持25个城市开展创新型城市建设，绵阳位列其中。《通知》要求有关城市要围绕实施创新驱动发展战略，加快推进建设方案重点任务落实，持续深化体制机制改革，优化创新创业生态，打造人才高地，扩大开放合作，增强自主创新能力，提供高质量科技供给，促进科技成果转化，培育壮大新产业新业态新模式，为建设现代化经济体系、提升人民生活品质、贯彻新发展理念、构建新发展格局、推动高质量发展提供支撑；各有关地方科技管理部门要继续加强对创新型城市建设的指导和支持；各城市要以创新型城市作为实施创新驱动发展战略的抓手，进一步强化顶层设计与规划布局，加强组织领导，完善工作机制，加快提升城市科技创新能力和高质量发展水平。

（吴雨泽）

四川省建设绵阳科技城领导小组

【概况】 2000年9月，四川省成立以省委副书记、省长为组长，相关省直部门为成员单位的四川省建设绵阳科技城领导小组，领导小组办公室设在省科技厅。领导小组主要职责是指导绵阳科技城建设工作，协调科技城建设过程中的重大问题。原则上领导小组会议每年召开1次，专题研究部署绵阳科技城建设相关工作。2019年4月，四川省对省建设科技城领导小组成员进行调整，调整后的成员单位有20个，包括省委融合办、省发改委、省经信厅、省教育厅、省科技厅、省民政厅、省财政厅、省人社厅、省自然资源厅、省住建厅、省商务厅、省文旅厅、省卫健委、省国资委、省知识产权中心、成都海关、人行成都分行、四川省证监局、中科院成都分院和绵阳市。2022年，科技厅组织召开四川省建设绵阳科技城领导小组成员单位联络员会议。会议强调要进一步完善成员单位联络员会议制度，建立常态化衔接机制，加强部门间横向沟通，定期召开联络员会议，研判进度、总结成果，促进信息共享、成果共进。至2022年，四川省建设科技城领导小组共召开22次会议。

【王晓晖调研科技城建设】 2022年5月23日，省委书记王晓晖到绵阳调研，在中国（绵阳）科技城创新馆，王晓晖听取科技城规划建设情况汇报，参观创新历程、创新平台和战略科技创新展区，对绵阳坚持科技立市、推进创新驱动引领高质量发展的做法成效给予肯定。在四川九洲集团企业创新展示中心，王晓晖结合观看产品展示，详细询问企业生产经营、科研创新和产业创新发展等情况，鼓励企业继续瞄准行业技术前沿，聚焦主责主业，增强自主创新能力，在推进协同创新中持续巩固提升产品核心竞争力。在绵阳京东方光电科技公司、绵阳惠科光电科技公司，王晓晖在生产车间、项目建设现场，调研了解新型显示产业发展、省重点产业项目建设等情况。

【四川省建设绵阳科技城领导小组成员单位联络员会议召开】 2022年10月14日，四川省建设绵阳科技城领导小组成员单位联络员会议召开。科技厅副厅长景世刚主持会议并讲话。会议指出建设绵阳科技城是党中央赋予四川的重大历史使命和政治任务，省委、省政府高度重视绵阳科技城建设。领导小组各成员单位深入贯彻落实省委、省政府决策部署，共同加快研究制定支持绵阳科技城建设的政策举措。要进一步完善成员单位联络员会议制度，建立常态化衔接机制，加强部门间横向沟通，定期召开联络员会议，研判进度、总结成果，促进信息共享、成果共进，为科技城建设提供坚实保障。 （吴雨泽）

科技城党工委和管委会

【概况】 科技城党工委、管委会于2007年经省委、省政府批准组建。2021年12月，经中央编办、省委编委同意，设立新的绵阳科技城党工委、管委会，作为省委、省政府派出的正厅级机构，党工委与管委会合署办公，加挂中共绵阳高新技术产业开发区工作委员会、绵阳高新技术产业开发区管理委员会牌子，委托绵阳市管理。2022年11月30日，绵阳科技城党工委、管委会在绵阳高新区揭牌。其主要职责是在省委、省政府和省建设绵阳科技城领导小组的领导下，根据市委、市政府的授权和委托，直接管理绵阳高新区，统筹管理绵阳科技城新区，统筹负责主城区园区的产业发展规划和重大项目布局、科技城建设重大政策的执行与落实，负责统筹科技城范围内各园区的统计与目标绩效考核。全年科技城党工委、管委会围绕中央、省关于绵阳科技城建设各项决策部署，结合落实《中国（绵阳）科技城创新发展三年行动方案（2021—2023年）》，组织实施省级层面印发的《2022年绵阳科技城建设工作要点》，印发《中国（绵阳）科技城创新发展2022年工作要点》，持续培育创新主体、营造创新生态、激发创新活力、发展创新产业、拓展开放合作、优化发展环境，高效率推动科技城突破性发展，加快建设国家科技创新先行区，全力推动科技城建设各项任务落地见效。

【《中国（绵阳）科技城创新发展2022年工作要点》发布】 2022年3月7日，绵阳市发布《中国（绵阳）科技城创新发展2022年工作要点》（以下简称《工作要点》）。《工作要点》从培育建强创新主体、营造创新生态、激发创新活力、发展创新产业、推进开放合作、优化发展环境6个方面提出强化企业创新主体地位、提升高校科技创新能力、提升科技服务业发展质量等18条举措，旨在高效率推动科技城突破性发展，加快建设国家科技创新先行示范区。

【绵阳科技城建设工作座谈会召开】 2022年9月27日，绵阳科技城建设工作座谈会召开，省科技厅副厅长景世刚参加会议并讲话。市委副书记王华蓉，市委常委、科技城党工委副书记、管委会常务副主任、市国资委党委书记黄朝阳等市领导出席。会上，绵阳市相关负责人就绵阳创建国家农业高新技术产业示范区，办好第十届中国（绵阳）科技城国际科技博览会，以及省科技厅与绵阳市实施厅市会商制度等事项的推进情况、下一步工作打算进行汇报，与省科技厅相关负责人交流意见建议并达成共识。（吴雨泽）

人大代表视察调研与监督

【概况】 2022年，市人大常委会为推动党中央大政方针和省委、市委决策部署落地落实，组织市人大代表先后到12个国家级、省级开发区（园区）、市级工业园区专题调研“园区提质”“企业满园”行动开展情况；到利尔化学股份有限公司、四川虹科创新科技有限公司等企业，调研企业科技创新与创新创业情况；到科技城新区科技城医院、综合管廊、直管区西片区、安州区中南高科—绵阳安州擎动未来产业园、绵商返乡双创产业园等，调研省、市重点项目推进情况。市人大常委会围绕“五市战略”实施，坚持重点监督、问题监督、过程监督、结果监督相结合，拓展市县两级人大全流程上下联动监督，聚焦成渝地区双城经济圈建设、科技城建设、经济高质量发展等，实行正确监督、有效监督、依法监督。年内，市八届人大常委会第九次会议听取和审议市人民政府关于开展“园区提质”“企业满园”行动情况的报告，市八届人大常委会第十次会议听取和审议市人民政府关于科技城新区重点项目推进情况的报告、关于“绵碚”推动成渝地区双城经济圈建设合作三年行动计划2022年度任务推进落实情况的报告、关于科技型中小企业培育情况的报告。

【省市重点项目建设调研】 2022年4月21日，市人大常委会副主任经大忠带队前往安州区中南高科—绵阳安州擎动未来产业园、绵商返乡双创产业园，调研省市重点项目推进情况。5月25日，市人大常委会主任付康带队前往三台县五里梁梓州产城新区、潼川镇潘家坝城市商业综合体项目、成双食品（三台）智慧104冷链物流及速冻食品加工产业园建设项目现场，调研省、市重点项目推进情况。7月22日，市人大常委会主任付康带队前往江油市政务服务中心、太平镇明月华庭项目、江油高新区法官工作站、四川陆亨能源科技有限公司，调研政务服务事项整合、破产审判府院统一协调机制运行、企业发展和助企纾困政策落实情况。7月25—26日，市人大常委会副主任经大忠带队到平武县政务服务中心、县人民法院、通力通州公司、绿野科技开发公司，调研政务服务事项整合、服务保障法治化营商环境、企业发展情况和助企纾困政策措施落实情况。

【“园区提质”“企业满园”行动调研】 2022年9月20日，市人大常委会主任付康带领联动调研组前往高新发展智能制造产业园（二期）工程项目和四川经纬达科技集团有限公司、四川碧朗科技有限公司、四川长晏科技有限公司等企业，调研“园区提质”“企业满园”行动情况。9月20日，市人大常委会副主任经大忠带队到安州高新区麦思威尔、久信科技、久远智能、中油九洲北斗等企业，联动调研开展“园区提质”“企业满园”行动情况。市人大常委会副主任代顺兴带队前往涪城区科技智谷科普教育基地、绵阳天仪空间科技有限公司、四川九华光子有限公司、硅基智能（全球）数字科技总部以及绵阳富临精工股份有限公司、惠科模组项目现场，调研开展“园区提质”“企业满园”行动情况。9月22日，市人大常委会副主任李川萍带队到三台县中国西部食品包装产业园、四川宏梓瑞食品加工有限公司、四川安吉纳体育用品有限公司，经开区四川瑞可达连接系统有限公司、四川虹科创新科技有限公司、利尔化学股份有限公司等企业和项目现场，调研开展“园区提质”“企业满园”行动情况。市人大常委会副主任李京平带队前往梓潼县的绵阳市健康食品产业园企业服务中心、四川福欣食品有限公司、绵阳三香汇生物科技有限公司、四川金正康生物技术有限公司，调研开展“园区提质”“企业满园”行动情况。市人大常委会副主任李作虎带队前往江油市国能天明公司、江油高新区天宜上佳、融通高科等重点项目现场，调研开展“园区提质”“企业满园”行动情况。9月28日，市人大常委会副主任周涛带队前往游仙区激光技术应用产业园、四川特锐祥科技股份有限公司、四川移柯智创通信技术有限公司、盐亭县格润中天环保科技有限公司、新华康生物科技有限公司、绵阳锂源新能源有限公司，调研开展“园区提质”“企业满园”行动情况。

【科技型中小企业培育与人才培养调研】 2022年11月3日，市人大常委会副主任李川萍带领部分市人大代表科技专业小组成员前往三台县台沃科技集团和绵阳明兴农业科技开发有限公司、高新区中国(绵阳)科技城科创基金小镇、科技城新区四川碧朗科技有限公司和中国（绵阳）科技城创新馆等地，调研科技型中小企业培育工作开展情况，并重点督办“推动科技企业孵化器高质量发展”的代表建议办理落实情况。12月6日，市人大常委会副主任李京平带队前往西科大、金家林等地，调研绵阳市外事侨务工作服务中国科技城建设情况。调研组一行实地调研西科大拉美研究中心，了解人才培养、科研成果等情况；到金家林的市侨商联合会调研绵阳侨商侨企及留学归国人员创业情况。

【科技立市战略实施监督】 2022年，市人大常委会聚焦推动实施科技立市战略，组织对有关决议执行情况开展跟踪监督，持续推动国家科技创新先行区建设重点任务落地见效。到绵阳高新区、绵阳经开区等重大项目建设现场和科技型重点企业调研，听取和审议科技城新区重点项目推进情况的报告，督促解决项目建设中存在的突出问题。组织对科技型中小企业培育工作开展专项监督，督促有关方面落实国省市助企纾困政策，解决企业融资、用工等方面存在的问题。专题调研外事侨务工作服务科技城建设情况，督促有关方面做好凝聚侨心、维护侨益等工作。

【产业强市战略实施监督】 2022年，市人大常委会聚焦推动实施产业强市战略，对“园区提质”“企业满园”行动开展情况实施市县两级人大全流程上下联动监督，组建7个联合调研组到12

个国家级、省级开发区（园区）、市级工业园区进行全覆盖调研，听取和审议专项工作报告，推动落实“园区十条”，推动企业入园满园、产业集聚集群、园区提质增效。听取和审议现代服务业发展情况的报告，督促落实促进服务业高质量发展的政策措施，优化产业结构、开发消费市场、培育市场主体，推动现代服务业提档升级。连续4年对优化营商环境工作开展市、县两级人大全流程上下联动监督，设计并发放优化营商环境满意度调查问卷1157份，收集各类市场主体、在企人大代表等有关方面的意见建议，听取和审议市“一府两院”关于优化营商环境工作情况的报告，找准并推动解决全市营商环境建设存在的突出问题，有效助力全市营商环境持续保持全省前列。

【开放活市战略实施监督】 2022年，市人大常务委员会聚焦推动实施开放活市战略，组织对招商引资工作开展专项监督，推动落实“招商十条”，提升招商引资质效；听取和审议新一轮交通攻坚大会战推进情况的报告，推动重点交通项目加快建设，构建现代化高质量综合立体交通网。围绕贯彻落实市委以项目为中心组织经济工作的部署要求，连续3年对项目投资工作开展专项监督，督促做好项目建设、招引、储备和要素保障等工作，助力全市项目投资稳步回升、投资结构持续优化。（罗雨禾）

政协委员调研与建议

【概况】 2022年，市政协会同省政协联动开展绵阳科技城建设、高校院所科技创新优势作用发挥调研，争取到省政协党组向省委专题报送《关于助推绵阳科技城建设中国特色社会主义科技创新先行区建议的报告》。围绕“加快推动制造业数字化转型，建设川渝地区产业数字化新高地”召开专题议政性常委会会议，针对梯次推进企业转型、加强平台建设等提出建议，持续助推“创新链、产业链、价值链、生态链”四链融合高质量发展，为加快建成成渝副中心、集成“成渝绵”创新金三角建言献策。围绕“园区提质”“企业满园”行动，常委会开展专题协商议政，针对强化统筹调度、管理提质创新等提出意见建议。针对中国（绵阳）科技城核医疗健康产业园、安州区新能源与智能网联汽车加速器等重点产业项目开展视察调研，为培育壮大“新赛道”产业献计献策。围绕推动绵阳综合保税区和跨境电商综合试验区高质量发展等开展对口协商、专题调研，为培育开放发展新动能、拓展开放合作空间献计献策。围绕完善创业服务体系组织专题调研，针对服务职能与创业需求协同性、服务力量与创业新形势匹配性、服务措施与创业新形态契合度、服务环境与创业新要求等关键环节，有针对性地提出意见建议。组织全市新侨创新创业情况专题视察，主动为招商引资、招才引智牵线搭桥，建言云上大学城、云上科技城、人才发展集团等产才融合路径，助力高水平打造“近悦远来”人才生态发展。

【实施“园区提质”“企业满园”行动专题协商】 2022年4月19—20日，市政协副主席周琳带领市政协经济委、部分市政协委员及市级相关部门负责人，前往绵阳经开区、游仙区、安州区、涪城区开展调研。通过实地走访、听取汇报、现场交流等方式，详细了解当地“园区提质、企业满园”行动推进情况，并就园区发展、产业布局、项目建设、招商引资、企业发展等情况进行交流，提出意见建议。

【中国（绵阳）科技城核医疗健康产业园建设推进情况视察监督】 2022年5月12日，市政协副主席周琳带领由部分市政协委员及市直有关部门相关负责人组成的视察组，对中国（绵阳）科技城核医疗健康产业园项目推进情况进行视察监督。视察组到产业园施工现场，对项目建设推进情况进行实地了解，随后召开座谈会，听取推进情况及存在困难汇报。

【建设川渝地区产业数字化新高地专题协商】 2022年9月22日，市政协召开第八届委员会常务委员会第五次会议，围绕“加快推动制造业数字化转型，建设川渝地区产业数字化新高地”主题协商议政。市政协教科卫体委通报关于“加快推动制造业数字化转型，建设川渝地区产业数字化新高地”的调研报告。7位常委、委员分别从建设数字化智能制造示范园区、激发小企业数字化转型内生动力等方面作专题发言。与会人员围绕协商主题分组开展讨论，建言献策。会议指出，要充分认识加快推动制造业数字化转型的重要意义，突破制造业数字化转型中的重点环节，加快数字基础设施建设、深化数字赋能应用、支持企业发展壮大、加强创新人才引育；要围绕推动制造业数字化转型双向发力，开展视察考察、专题调研、协商议政活动；发挥好民主监督职能，跟踪了解政策落实情况；充分发挥政协“直通车”优势，围绕加快推动制造业数字化转型，争取国家和省委、省政府支持。

【关于进一步提升开放合作水平的建议】 2022年，九三学社绵阳市委在市政协八届二次会议上提出《关于进一步提升开放合作水平的建设》的提案（第83号）。该提案建议：增强企业竞争力。增强创新能力，引导创新要素，建立以企业为主体、市场为导向、产学研结合的技术创新体系。建立企业主导产业技术研发创新的体制机制，支持有条件的企业牵头组织实施产业目标明确的重大科技、重大产学研合作项目，提升绵阳品牌美誉度、知名度。强化载体建设。提升口岸开放能级；做优做强经贸对接平台；加强国际友好城市建设。提高招引质量。进一步健全投资促进工作特别是重点项目引进和落地工作机制；大力清理整治“散弱荒”园区，加快形成主导产业明确、专业分工合理、特色发展鲜明的现代产业功能区；抓好要素保障。全力做好水、电、气等生产要素的协调和供给；加强与长三角、粤港澳大湾区等地区的对接联系，提升合作水平和层次。推动区域协调发展，优化外贸布局，统筹区域外贸错位发展；与成渝各行业企业抱团开拓新兴国际市场。让更多企业融入共建“一带一路”国家及RCEP成员国市场，改变部分企业市场单一的现状。

【关于在绵阳建设产业集中配套化工园区，提升绵阳市化工企业招商引资能力的建议】 2022年，九三学社绵阳市委在市政协八届二次会议上提出《关于在绵阳建设产业集中配套化工园区，提升绵阳市化工企业招商引资能力的建议》的提案（第91号）。该提案建议：采取集中规划、集中治理、集约发展的思路建设专业园区，建设标准化厂房、标准化管廊、全流程在线监测系统、检测中心、公共物流、公共仓储、物料集中配送中心等高标准配置，促进化工园区长远、健康、有序发展。同时、尽量靠近与之配套的相关企业和工业集聚区，减少物流运输成本，提高产品竞争力，逐步健全、提升绵阳市重点产业集群配套能力。

（缑志明）

研发创新平台

Research and Development Innovation Platform

概　述

【概况】　2022年，科技城加强研发创新平台建设，有国家级企业技术中心9家，新增省级企业技术中心17家，有国家地方联合工程研究中心（工程实验室）2家，国家级、省级工程技术中心37家（国家级工程技术中心5家、省级工程技术中心32家），省级工程实验室（研究中心）22家。有国家高新技术企业709家，科技企业孵化器53个，科技型中小企业（科技部评价入库科技型中小企业）2141家。

【“云上科技城”建设】　“云上科技城”是绵阳科技城整体智慧化升级，通过运用VR/AR技术展示“云上科技城”整体设计概念，囊括科技城大市场、仪器共享、科技金融、知识产权、数字服务、云上招引和政策大厅等板块，运用大数

图25　“云上科技城”网站截图（编辑部提供）

据平台汇聚分析各板块的数据。2022年，“云上科技城”依托28名在绵阳的“两院”院士、18家国家级科研院所、15所高等院校、超200家国家级和省级创新平台、上万家创新型企业等创新资源在云上集聚，链接全国乃至全球，打造立足绵阳、服务四川、辐射西南、连通国际的科技资源集聚中心和科技服务创新平台，实施更高效更便捷的招院引所、招商引资、招才引智。通过“云上科技城”，突破技术需求，转化科研成果，挖掘创新人才。通过“云端”，打破仪器、成果、人才等信息壁垒，实现资源互通共享，建成多维度科技创新数据库。

【“创新金三角·智汇科技城”品牌打造】 2022年，科技城围绕解决区域产学研协同创新渠道不畅的问题，极力打造“创新金三角·智汇科技城”品牌建设。分别围绕绵阳硬核科技“核技术应用”、成渝合作典范“绵碚合作”、科技变革关键“数字经济”、招院引所平台“云上大学城”、川北专场“融合创新·科技赋能”等主题，举办“创新金三角·智汇科技城”系列活动5场，邀请知名科研院所、高校的专家出席，面向全国发布绵阳市等地以及中科院、清华、浙大等科研院所、高校科技成果400余项，牵线开展洽谈100余项，实现成果转化近20项，技术需求对接30项。 （刘　欣）

【科技城先进技术研究院建设】 中国（绵阳）科技城先进技术研究院（以下简称先进技术研究院）于2021年12月29日在科技城新区揭牌成立，2022年3月15日注册，是绵阳市人民政府和四川久远投资控股集团有限公司推动中国（绵阳）科技城创新发展共同发起成立的新型研发机构，实行企业化管理的事业单位。先进技术研究院实行理事会领导下的院长负责制，理事会成员单位由中物院相关研究所、长虹集团、九洲集团、西南科技大学等在绵阳的科研院所、高校、大中型科技型企业。先进技术研究院主要从事科

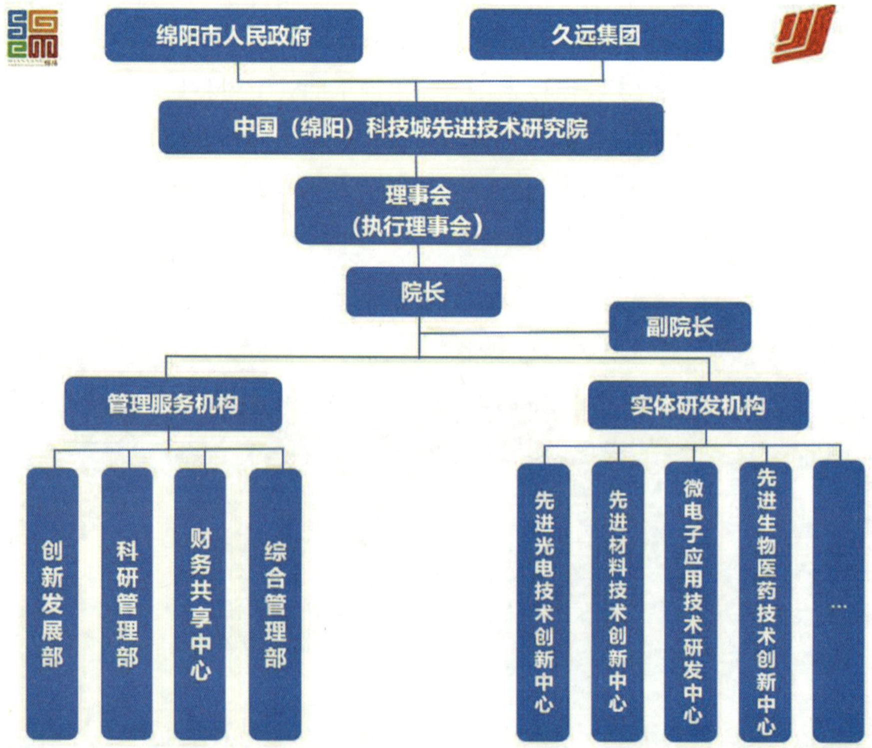

图26　科技城先进技术研究院组织机构图（研究院网站截图）

技成果的二次开发，依托科研单位，汇聚优势资源，聚焦优势领域，瞄准“卡脖子”、国产替代以及专精特新等关键技术，致力于实验室技术到产业化技术的科技赋能，打通创新链到产业链的核心环节，持续培育和输出高科技的技术成果和项目。全年协办中物院科技成果发布专场活动，与重庆平伟实业股份有限公司举行联合研发中心签约暨揭牌仪式，与江油高新区、绵阳交发集团等开展座谈。

【市级工程实验室建设】 2022年，科技城依托绵阳市重点企业、科研院所大力推进工程实验室建设。至年底，科技城有市级工程实验室25家。通过认定市级工程实验室，强化关键共性技术研究，并逐步梯次培育申报成为省级、国家级工程技术研究中心（工程实验室），支持企业、高校、科研院所在相应的领域实现从应用基础研究成果向工程技术的转化，推动产业技术自主创新，提升产业持续发展的能力。（唐　庆）

2022 年市级工程实验室一览表

表5

序号	工程实验室名称	依托单位
1	绵阳柔性AMOLED显示技术工程实验室	绵阳京东方光电科技有限公司
2	绵阳市网络通讯磁性器件工程实验室	四川经纬达科技集团有限公司
3	绵阳市高速光器件光电集成封装技术工程实验室	四川九州光电子技术有限公司
4	绵阳市5G高速光收发模块工程实验室	绵阳市光联科技有限公司
5	绵阳市水性纳米及石墨烯涂料绵阳市工程实验室	绵阳麦思威尔科技有限公司
6	绵阳市优质生猪育种繁育工程实验室	四川铁骑力士实业有限公司
7	绵阳市光纤及电连接器工程实验室	四川永贵科技有限公司
8	绵阳市超高清音视频信源技术工程实验室	四川九州电子科技股份有限公司
9	绵阳市稳相射频电缆设计与制造工程实验室	四川九洲线缆有限责任公司
10	绵阳市绿色家电仿真技术应用工程实验室	四川长虹空调有限公司
11	绵阳市智能医疗系统工程实验室	西南科技大学
12	绵阳市软磁材料研发和检测工程实验室	绵阳开元磁性材料有限公司
13	绵阳市高端盖板玻璃工程实验室	四川旭虹光电科技有限公司
14	绵阳市特种丙烯酸酯橡胶绵阳市工程实验室	四川中物材料股份有限公司
15	绵阳市核废物处理与环境安全工程实验室	西南科技大学
16	绵阳市医用射频技术工程实验室	绵阳立德电子股份有限公司
17	绵阳市新能源汽车动力传输系统及智能热管理集控系统技术工程实验室	绵阳富临精工股份有限公司
18	绵阳市北斗应急通信与应用工程实验室	四川九洲北斗导航与位置服务有限公司
19	绵阳市TFT-LCD新型显示器件研发工程实验室	绵阳惠科光电科技有限公司
20	绵阳市5G光模块研发工程实验室	四川华拓光通信股份有限公司

续表5

序号	工程实验室名称	依托单位
21	绵阳市高功率光分路器1×N+WDM光模块工程实验室	四川光发科技有限公司
22	绵阳市高效变频双缸空调压缩机工程实验室	绵阳海立电器有限公司
23	绵阳市液晶显示面板专用电子化学品工程实验室	绵阳艾萨斯电子材料有限公司
24	绵阳市金属新材料马氏体钢工程实验室	四川远方高新装备零部件股份有限公司
25	绵阳市智能交通大数据融合分析工程实验室	四川九洲视讯科技有限责任公司

企业技术中心

【概况】 2022年，科技城有四川长虹电子控股集团有限公司技术中心等9家国家企业技术中心。据国家发改委发布的国家企业技术中心2021年评价结果，四川九洲电器集团有限责任公司企业技术中心排名第21位，获评为优秀。九洲电器、长虹集团、东材科技分别获得省预算内投资2022年度国家企业技术中心研发投入奖励300万元。新增绵阳京东方、惠科等17家省级企业技术中心，科技城省级企业技术中心总数达120家。新增省级企业技术中心主要涉及电子信息、先进材料、核技术应用等产业领域。新增市级企业技术中心47家，市级企业技术中心总数达182家。

【四川长虹电子控股集团有限公司企业技术中心】 四川长虹电子控股集团有限公司企业技术中心于1995年获国家有关部委批复认定。该企业技术中心通过建立灯塔实验室，重点在AI、新能源材料、信息安全等领域寻求建立核心能力；聚焦高画质音频、复合传感器、精准变频、工业互联网等产业关键技术创新应用及产品开发，构建竞争力实验室；依托企业产品、技术、数据、创新孵化平台等构建长虹技术生态。该企业技术中心开展面向物联网的数字化转型，发展以智能家电、核心部件以及IT综合服务为主的核心产业板块，以新能源、半导体产业、计算存储、智能制造、医疗装备为主的新兴产业。2022年，该企业技术中心研发投入超32亿元，扣除贸易业务后研发投入占比5.41%，申请专利1567件，有效专利累计9595件。

【四川九洲电器集团有限责任公司企业技术中心】 四川九洲电器集团有限责任公司企业技术中心于2001年获国家有关部委批复认定。九洲公司依托该企业技术中心，建立以绵阳为中心，北京、深圳、成都、重庆分中心为支撑的自主创新体系。在机制建设方面，相继制定出台“科技创新新政十条”“全员全面创新机制”“科技创新专项资金”等刚性投入机制；开展创新、质量、市场及服务、交付、盈利、信息化和协同等七大能力建设。2022年，该企业技术中心研发投入超9亿元，研发投入占比18%，申请专利115件，有效专利累计645件。

2022年科技城企业技术中心一览表

表6

序号	级别	属地(区县)	企业名称	认定时间
1	国家级企业技术中心	绵阳高新区	四川长虹电子控股集团有限公司	—
2		科技城新区	四川九洲电器集团有限责任公司	—
3		绵阳经开区	四川东材科技集团股份有限公司	—
4		绵阳高新区	绵阳新晨动力机械有限公司	—
5		绵阳经开区	利尔化学股份有限公司	—
6		绵阳高新区	四川铁骑力士实业有限公司	—
7		安州区	四川省银河化学股份有限公司	2014年
8		安州区	好医生药业集团有限公司	2014年
9		涪城区	绵阳富临精工机械股份有限公司	2019年
1	省级企业技术中心	涪城区	四川华丰科技股份有限公司	2011年
2		江油市	四川矿山机器(集团)有限公司	2011年
3		绵阳经开区	禾大西普化学(四川)有限公司	2011年
4		绵阳高新区	四川省绵阳市丰谷酒业有限责任公司	2011年
5		三台县	绵阳佳禧印染有限责任公司	2011年
6		涪城区	四川绵阳三力股份有限公司	2011年
7		绵阳高新区	四川长虹模塑科技有限公司	2011年
8		绵阳高新区	四川长虹器件科技有限公司	2011年
9		科技城新区	四川科瑞软件有限责任公司	2011年
10		绵阳高新区	四川光友薯业有限公司	2011年
11		三台县	绵阳佳联印染有限责任公司	2011年
12		游仙区	绵阳开元磁性材料有限公司	2011年
13		涪城区	四川龙华光电薄膜股份有限公司	2011年
14		绵阳高新区	四川长虹新能源科技股份有限公司	2011年
15		三台县	四川三台力达泵业有限公司	2016年
16		科技城新区	四川九洲光电科技股份有限公司	2011年
17		三台县	四川省三台县固锐实业有限责任公司	2011年
18		绵阳高新区	际华三五三六实业有限公司	2011年
19		绵阳高新区	四川灵通电讯设备有限公司	2011年

续表6

序号	级别	属地(区县)	企业名称	认定时间
20	省级企业技术中心	绵阳高新区	四川长虹包装印务有限公司	2011年
21		三台县	四川三台剑门泵业有限公司	2011年
22		三台县	鸿凯双泰(四川)零部件有限公司	2011年
23		江油市	四川六合特种金属材料股份有限公司	2011年
24		科技城新区	四川九州电子科技股份有限公司	2011年
25		绵阳高新区	绵阳华瑞汽车有限公司	2011年
26		游仙区	四川兴事发门窗有限责任公司	2011年
27		三台县	台沃科技集团股份有限公司	2011年
28		游仙区	雅化集团绵阳实业有限公司	2012年
29		游仙区	四川湖山电器股份有限公司	2012年
30		绵阳高新区	四川九洲线缆有限责任公司	2012年
31		梓潼县	四川圣迪乐村生态食品股份有限公司	2012年
32		江油市	四川皇龙智能破碎技术股份有限公司	2012年
33		科技城新区	四川九洲空管科技有限责任公司	2013年
34		盐亭县	四川金和新型建材有限公司	2013年
35		科技城新区	四川久远环境技术有限公司	2012年
36		绵阳高新区	绵阳西磁磁电有限公司	2013年
37		游仙区	四川科莱电梯股份有限公司	2013年
38		绵阳高新区	新希望六和股份有限公司	2015年
39		绵阳经开区	四川雪宝乳业集团有限公司	2011年
40		涪城区	四川海瑞尔包装集团有限公司	2015年
41		绵阳高新区	绵阳高新区恒奥电子科技有限公司	2015年
42		绵阳高新区	四川长虹技佳精工有限公司	2011年
43		游仙区	中国核工业二四建设有限公司	2015年
44		江油市	四川清香园调味品股份有限公司	2015年
45		江油市	江油市长祥特殊钢制造有限公司	2011年
46		涪城区	四川永贵科技有限公司	2015年
47		绵阳经开区	绵阳华晨瑞安汽车零部件有限公司	2011年

续表6

序号	级别	属地(区县)	企业名称	认定时间
48	省级企业技术中心	游仙区	绵阳市维博电子有限责任公司	2015年
49		绵阳经开区	四川绵阳好圣汽车零部件制造有限公司	2015年
50		游仙区	太极集团四川绵阳制药有限公司	2015年
51		绵阳高新区	四川九州光电子技术有限公司	2016年
52		绵阳经开区	四川旭虹光电科技有限公司	2016年
53		绵阳高新区	绵阳高新区天力机械有限责任公司	2016年
54		绵阳高新区	四川经纬达科技集团有限公司	2016年
55		绵阳经开区	四川长虹电源有限责任公司	2017年
56		江油市	攀钢集团江油长城特殊钢有限公司	2017年
57		绵阳高新区	四川安和精密电子电器有限公司	2017年
58		涪城区	中九建工集团有限公司	2017年
59		绵阳高新区	四川绵阳德鑫机械有限公司	2017年
60		绵阳高新区	四川隆盛科发实业有限公司	2017年
61		绵阳高新区	绵阳惠利电子材料有限公司	2018年
62		平武县	四川中物材料股份有限公司	2018年
63		绵阳经开区	绵阳海立电器有限公司	2018年
64		江油市	四川鑫鼎新材料有限公司	2018年
65		绵阳经开区	四川同舟化工科技有限公司	2018年
66		绵阳经开区	四川瑞可达连接系统有限公司	2018年
67		科技城新区	四川九洲北斗导航与位置服务有限公司	2018年
68		涪城区	四川利尔作物科学有限公司	2018年
69		绵阳经开区	四川长虹教育科技有限公司	2019年
70		科技城新区	四川奇石缘科技股份有限公司	2019年
71		盐亭县	绵阳迪澳药业有限公司	2019年
72		三台县	四川代代为本农业科技有限公司	2019年
73		游仙区	四川海格恒通专网科技有限公司	2019年
74		科技城新区	四川九洲防控科技有限责任公司	2019年
75		安州区	四川爱联科技有限公司	2019年

续表6

序号	级别	属地(区县)	企业名称	认定时间
76	省级企业技术中心	科技城新区	绵阳美能材料科技有限公司	2019年
77		安州区	绵阳新华内燃机股份有限公司	2019年
78		游仙区	四川东方绝缘材料股份有限公司	2020年
79		科技城新区	四川长虹网络科技有限责任公司	2020年
80		江油市	四川德华皮革制造有限公司	2020年
81		绵阳经开区	绵阳禾本生物工程有限公司	2020年
82		平武县	四川泰虹科技有限公司	2020年
83		绵阳高新区	四川精上缝纫机有限公司	2020年
84		游仙区	四川高达科技有限公司	2020年
85		梓潼县	四川梓潼林江苎麻纺织有限责任公司	2020年
86		涪城区	四川华拓光通信股份有限公司	2020年
87		江油市	四川远方高新装备零部件股份有限公司	2020年
88		科技城新区	四川恒泰环境技术有限责任公司	2020年
89		平武县	华核电气股份有限公司	2021年
90		绵阳经开区	绵阳艾萨斯电子材料有限公司	2021年
91		绵阳经开区	绵阳市鑫科源环保科技有限公司	2021年
92		绵阳经开区	四川长虹空调有限公司	2021年
93		梓潼县	绵阳一康制药有限公司	2021年
94		安州区	四川天雄药业有限公司	2021年
95		安州区	绵阳辉达粮油有限公司	2021年
96		科技城新区	四川西科农业集团股份有限公司	2021年
97		科技城新区	绵阳立德电子股份有限公司	2021年
98		涪城区	四川九强通信科技有限公司	2021年
99		江油市	四川陆亨能源科技有限公司	2021年
100		安州区	绵阳麦思威尔科技有限公司	2021年
101		安州区	四川新一美生物科技有限公司	2021年
102		科技城新区	四川九洲视讯科技有限责任公司	2021年
103		江油市	四川新金鑫照明科技有限公司	2021年

续表6

序号	级别	属地(区县)	企业名称	认定时间
104	省级企业技术中心	江油市	江油星联电子科技有限公司	2022年
105		绵阳高新区	绵阳高新区资江电子元件有限公司	2022年
106		涪城区	绵阳惠科光电科技有限公司	2022年
107		三台县	绵阳佳利德纺织科技有限公司	2022年
108		绵阳高新区	绵阳京东方光电科技有限公司	2022年
109		涪城区	绵阳流能粉体设备有限公司	2022年
110		三台县	绵阳中研磨具有限责任公司	2022年
111		安州区	四川爱创科技有限公司	2022年
112		游仙区	四川奥格莱能源科技有限公司	2022年
113		江油市	四川超声印制板有限公司	2022年
114		绵阳高新区	四川虹锐电工有限责任公司	2022年
115		涪城区	四川互慧软件有限公司	2022年
116		安州区	四川久远智能消防设备有限责任公司	2022年
117		涪城区	四川欣富瑞科技发展有限公司	2022年
118		江油市	四川新为橡塑有限公司	2022年
119		安州区	四川鑫元瑞科技有限公司	2022年
120		涪城区	四川振通检测股份有限公司	2022年

国家级和省级工程技术中心

【概况】 2022年，科技城有国家级工程技术中心5家；新增四川省先进磁性器件及应用工程技术研究中心、四川省空中目标探测与识别工程技术研究中心、四川省先进全固态激光工程技术研究中心等省级工程技术研究中心7家，省级工程技术中心总数达32家。

【7家省级工程技术研究中心通过验收】 2022年11月15—21日，四川省科技厅公示2022年度省级工程技术研究中心验收结果和评估结果，科技城有四川省先进磁性器件及应用工程技术研究中心、四川省空中目标探测与识别工程技术研究中心、四川省先进全固态激光工程技术研究中心等7家省级工程技术研究中心通过验收，涉及电子信息、新能源与节能环保、现代农业等多个技术领域，通过数量居全省第2位。

2022年科技城通过验收的省级工程技术研究中心一览表

表7

序号	工程技术研究中心名称	依托单位
1	四川省先进磁性器件及应用工程技术研究中心	西南应用磁学研究所
2	四川省空中目标探测与识别工程技术研究中心	四川九洲空管科技有限责任公司
3	四川省先进全固态激光工程技术研究中心	中物院应用电子学研究所
4	四川省北斗应用工程技术研究中心	四川九洲北斗导航与位置服务有限公司
5	四川省工业自主可控人工智能工程技术研究中心	西南科技大学
6	四川省氢能源与多能互补微电网工程技术研究中心	四川帝威能源技术有限公司
7	四川省蛋鸡产业工程技术研究中心	四川圣迪乐生态食品股份有限公司

【四川省蛋鸡产业工程技术研究中心】 四川省蛋鸡产业工程技术研究中心于2020年由四川圣迪乐村生态食品股份有限公司联合四川大学、四川农业大学共同组建。该中心主要围绕蛋鸡“良种繁育—饲料营养—标准化养殖—疫病防控—精深加工—粪污资源化利用”全产业链开展关键技术研究、集成示范和行业服务。2022年，该中心成为省级工程技术研究中心，开展蛋鸡超长产蛋生产技术、蛋壳质量改善技术、蛋鸡多元化精准日粮与玉米豆粕提效减量技术、肝病防控技术、风味鸡蛋开发、数字化能力提升科研项目6个，申请专利3件、参与标准制订5个，技术成果“优质安全鸡蛋高效生产的营养调控关键技术”获四川省科技进步奖一等奖。

【四川省氢能源与多能互补微电网工程技术研究中心】 四川省氢能源与多能互补微电网工程技术研究中心于2020年12月由四川帝威能源技术有限公司联合西南科技大学、绵阳职业技术学院及重庆大学组建。2022年，该中心成为省级工程技术研究中心，研发成果“高可靠性锂电池管理系统和安全监测关键技术研发与应用”获四川省科技进步奖三等奖、“强适应性电池复合建模与多时间尺度状态参量协同预估研究”获CAA自然科学奖二等奖、“适于复杂工况的高可靠锂电池实时安全监测关键技术研发与应用”获中国发明协会创新奖二等奖。共获授权发明专利12项，授权实用新型专利5项，授权软件著作权6项，承担或参与省级科研项目6项，制修订地方标准1项、企业标准1项。

【四川省空中目标探测与识别工程技术研究中心】 四川省空中目标探测与识别工程技术研究中心于2020年12月以四川九洲空管科技有限责任公司为依托单位，联合电子科技大学、西南石油大学共同组建。2022年，该中心成为省级工程技术研究中心。该中心聚焦目标探测与识别领域，重点围绕主动电磁探测、基于多基站的被动电磁探测、协同探测、光学探测、目标识别等方向，针对行业发展所需开展重大关键共性技术的系统化、工程化研究。该中心研制的新型某识别模拟系统、综合询问应答系统等，累计交付用户150余套。获中国电子学会2022年度科技进步奖二等奖1项；新申请并受理专利13项，新授权知识产权19项，其中发明专利17项、软件著作权登记1项，发表论文13篇；参与修订国家标准1项，承担省级重要技术标准研究项目2项。

【四川省北斗应用工程技术研究中心】 四川省北斗应用工程技术研究中心于2020年12月以四川九洲北斗导航与位置服务有限公司为依托单位，获省科技厅批建。2022年，该中心成为省级工程技术研究中心。该中心拥有科研办公场地2200平方米，北斗终端及软件测试、试验场地400平方米，各类北斗专业研发、测试设备100余台（套）。全年该中心建设总投入579.82万元，主要用于研发经费投入、仪器设备购置、研发办公资料购置、研发场地租赁等。其中，研发经费投入562.67万元，主要用于“北斗+智慧应急”“北斗+智能交通”等行业应用相关北斗终端、软件研发测试所需的材料费、劳务费、测试费等。新添置高清图像服务器、多功能监测设备、数据存储管理软件等仪器设备12台（套）。该中心获发明专利授权2项、实用新型专利授权2项、外观设计专利授权3项；申请（受理）发明专利5项；取得计算机软件著作权等级证书6项。参与国家标准《北斗导航综合监测系统工程技术标准》的起草工作。获得卫星导航定位科学技术奖（银奖）1项。在安全监测、应急管理等领域开展科技成果转化和市场推广，完成技术合同登记额1100万元。

【四川省工业自主可控人工智能工程技术研究中心】 四川省工业自主可控人工智能工程技术研究中心于2020年12月以西南科技大学为依托单位，联合中物院成科中心、四川长虹电器股份有限公司、西南自动化研究所建设。2022年，省级工程技术研究中心研发的某型高速数据链通信模块采用全套自主可控硬软件，突破高频高速通信下可靠性、安全性与强环境适应性等难题，关键技术指标达国际先进水平；研发基于机器视觉的压缩机在线非接触质量检测系统，并应用于长虹美菱的压缩机工厂。全年获授权发明专利18项，发表论文34篇，成功申报国家级项目6项、省部级项目12项，获四川省科技进步奖一等奖1项、三等奖1项。

2022年绵阳市国家级、省级工程技术研究中心一览表

表8

序号	工程技术研究中心名称	序号	工程技术研究中心名称
国家级工程技术研究中心			
1	国家烟气脱硫工程技术研究中心	4	国家绝缘材料工程技术研究中心
2	国家核技术工业应用工程技术研究中心	5	国家空管监视与通信系统工程技术研究中心
3	国家城市污水处理及资源化工程技术研究中心	—	—
省级工程技术研究中心			
1	四川省磁性材料工程技术研究中心	8	四川省氢同位素工程技术研究中心
2	四川省马铃薯工程技术研究中心	9	四川省杂交水稻商业化育种工程技术研究中心
3	四川省生物质资源利用与改性工程技术研究中心	10	四川省精密超精密加工工程技术研究中心
4	四川省风能工程技术研究中心	11	四川省燃气轮机燃烧工程技术研究中心
5	四川省功能杂环化合物工程技术研究中心	12	四川省特种工装印染工程技术研究中心
6	四川省家电产品绿色制造工程技术研究中心	13	四川省新能源汽车驱动系统工程技术研究中心
7	四川省数字内容保护工程技术研究中心	14	四川省特种门窗工程技术研究中心

续表8

序号	工程技术研究中心名称	序号	工程技术研究中心名称
省级工程技术研究中心			
15	四川省工业控制系统安全工程技术研究中心	24	四川省先进磁性器件及应用工程技术研究中心
16	四川省大数据与智能系统工程技术研究中心	25	四川省空中目标探测与识别工程技术研究中心
17	四川省光学偏光薄膜材料工程技术研究中心	26	四川省缓控释专用生态肥工程技术研究中心
18	航空发动机及燃气轮机叶轮机械工程技术研究中心	27	四川省光通信器件智能制造与测试工程技术研究中心
19	四川省北斗应用工程技术研究中心	28	四川省特种线缆及组件工程技术研究中心
20	四川省工业自主可控人工智能工程技术研究中心	29	四川省智能交通大数据融合分析与决策工程技术研究中心
21	四川省蛋鸡产业工程技术研究中心	30	四川省宽带网络工程技术研究中心
22	四川省氢能源与多能互补微电网工程技术研究中心	31	四川省航空发动机与燃气轮机先进测试工程技术研究中心
23	四川省先进全固态激光工程技术研究中心	32	四川省铬铁矿资源高值化利用工程技术研究中心

国家地方联合工程研究中心（实验室）

【概况】 2022年，科技城有国家地方联合工程研究中心（实验室）2家，分别为四川东材科技集团股份有限公司组建的四川省发电与输变电设备绝缘材料国家地方联合工程研究中心和四川九洲电器集团有限责任公司组建的四川省基于北斗的多模式位置感知及服务国家地方联合工程实验室。

【四川省发电与输变电设备绝缘材料国家地方联合工程研究中心】 四川省发电与输变电设备绝缘材料国家地方联合工程研究中心于2017年12月由国家发改委批复建设，依托单位为四川东材科技集团股份有限公司。该工程研究中心致力于研究特高压输电系统设备绝缘材料、特高压输变电、柔性输变电设备绝缘材料及核电、太阳能、风能等清洁能源发电设备绝缘材料的研发，开展发电与输变电设备绝缘材料核心技术的攻关和关键工艺的试验研究、产业化技术开发及产业结构优化升级的战略性前瞻性技术研发。2022年，该工程研究中心自主研发新产品400伏油冷驱动电机槽绝缘纸、聚氨酯保护膜、H级高强度环氧绝缘结构件、DOPO-HQ覆铜板用高Tg无卤阻燃环氧树脂、本色绝缘聚丙烯薄膜及片材、高导电高散热铜箔胶带、玻璃布增强硅橡胶压敏胶带等创新产品11项；主持（参加）编制国家标准数项3项，申请发明专利7项，获得授权6项；申请实用新型专利7项、外观设计7项；参与项目获得省部级以上科学技术奖励2项，其中环氧浇注干式电力设备老化无损评估与绝缘性能提升关键技术及应用获得天津市科技进步奖二等奖，超特高压装备用纤维增强绝缘结构部件研制及国产化应用获得北京市科学技术奖二等奖。全年为TUV欧联检测技术服务有限公司、四川芯智热控技术有限公司、绵阳天泰机械有限公司、黑龙江省科学院石油化学研究院等单位提供检测服务33次，主要测试项目包括表面电阻率、体积电阻率、介电损耗、介电常数、弯曲强度、冲击强度、红外光谱、热失重、阻燃性及氧指数等。

【四川省基于北斗的多模式位置感知及服务国家地方联合工程实验室】　四川省基于北斗的多模式位置感知及服务国家地方联合工程实验室于2016年由国家发改委批复建设，依托单位为四川九洲电器集团有限责任公司。该实验室针对多种模式位置感知及工程化应用，研究服务平台架构、定位终端融合技术、位置服务技术等，突破工程化应用核心技术，创新应用模式，发展位置应用。打造位置服务体系架构研究平台、终端技术研究平台、位置计算与服务技术研究平台、测试验证平台共4个子平台。致力于北斗导航关键核心技术攻关，突破云位置服务体系架构设计技术、组合导航、三维激光及多源信息感知、北斗三号短报文芯片等多项关键核心技术；推动北斗应用、研究室内、室外定位服务体系，建立面向行业和公众的位置信息服务系统，形成自主可控的位置服务能力。2022年，该实验室针对应急通信指挥、安全监测、智能车联等领域对北斗技术应用的具体需求，在设备、软件与应用系统的基础上，立项开展北斗短报文服务平台、北斗差分解算服务平台、大数据中台、应急管理综合信息应用平台等项目，突破基于专家评估和联邦学习的地质灾害危险性评估、基于北斗时空基准的数字孪生系统建立方法等关键技术，形成应急管理综合信息应用平台、基于北斗高精度定位导航与数字孪生的车辆指挥调度平台、基于天地一体智能化的灾害监测服务平台、5G北斗边缘计算时空服务网关等“北斗+”行业应用软件系统产品，并在地质灾害监测、桥梁监测、人防应急领域进行推广应用。　（唐　庆）

国家级和省级重点实验室

【概况】　2022年，科技城有高校重点实验室21个，其中国家级2个、部委级3个、省级4个、地厅级12个；高校工程实验室3个，高校工程研究中心4个（部委级1个、地厅级3个），高校实验室2个。

【厅市共建省级重点实验室建设】　2022年1月，绵阳市首家厅市共建省重点实验室——厅市共建作物特色资源创制及利用四川省重点实验室经省科技厅批准。该实验室依托绵阳市农业科学研究院，由中国工程院院士赵振东任实验室学术委员会主任，绵阳市农业科学研究院副院长、研究员任勇任实验室主任。有固定人员28人，其中四川省学术和技术带头人后备人选5人，正高12人，博士10人，外聘客座研究人员8人。实验室面积3000余平方米，拥有国家小麦改良绵阳分中心、国家博士后科研工作站、四川省国际科技合作基地等科研平台12个。有试验基地26.67公顷，常年在三台、中江、江油等地建有成果转化示范基地20余个，核心区面积333.33公顷。实验室按照“加强基础、突出创新、强化应用、拓展领域”的建设思路，围绕杂交小麦和高芥酸油菜等粮油作物特色遗传资源创新研究前沿，结合四川现代农业“10+3”产业体系建设战略，从粮油作物特色遗传资源鉴定与创新、杂种优势利用研究、绿色高产优质专用品种选育、配套关键技术研究四大方向开展研究，目标是建成四川省重要的集粮油作物特色资源创新利用、成果转化应用和农业人才培养于一体的高水平区域农业科技创新中心。

2022年科技城部分国家级和省级重点实验室一览表

表9

序号	科研平台名称	批准部门	批准时间
	国家级		
1	省部共建环境友好能源材料国家重点实验室	科技部 四川省人民政府	2018年
2	四川省非金属复合与功能材料重点实验室——省部共建国家重点实验室培育基地	科技部	2010年
	部委级		
1	核废物与环境安全国防重点学科实验室	国防科工委	2007年
2	固体废物处理与资源化教育部重点实验室	教育部	2007年
3	制造过程测试技术教育部重点实验室	教育部	2010年
4	生物质材料教育部工程研究中心	教育部	2009年
	省级		
1	先进建筑材料四川省重点实验室	四川省科技厅	2003年
2	特殊环境机器人技术四川省重点实验室	四川省科技厅	2012年
3	工程材料与结构冲击振动四川省重点实验室	四川省科技厅	2016年
4	四川省互联网健康服务融合工程实验室	四川省发改委	2015年
5	四川省水泥基绿色建筑材料工程实验室	四川省发改委	2016年
6	四川省非金属矿粉体改性与高质化利用技术工程实验室	四川省发改委	2017年
7	生态安全与保护四川省重点实验室(师范学院)	四川省科技厅	2011年
	地厅级		
1	控制技术四川省高等学校重点实验室	四川省教育厅	1999年
2	环境工程自控技术四川省高等学校重点实验室	四川省教育厅	2001年
3	机器人技术及应用四川省高等学校重点实验室	四川省教育厅	2001年
4	生物质化学衍生物四川省高等学校重点实验室	四川省教育厅	2006年
5	智能电器与智能系统四川省高等学校重点实验室	四川省教育厅	2006年
6	反求工程与快速制造四川省高等学校重点实验室	四川省教育厅	2006年
7	工程结构与材料动载特性四川省高等学校重点实验室	四川省教育厅	2010年
8	核辐射生物学效应及应用四川省高等学校重点实验室	四川省教育厅	2010年
9	非金属矿产地质及其开发利用四川省高等学校重点实验室	四川省教育厅	2010年
10	非煤矿山安全技术四川省高等学校重点实验室	四川省教育厅	2010年

续表9

序号	科研平台名称	批准部门	批准时间
	地厅级		
11	川西北乡村人居环境建设工程研究中心	四川省教育厅	2019年
12	四川生猪重大疫病监测与防控工程研究中心	四川省教育厅	2019年
13	森林与草原防灾减灾工程研究中心	四川省教育厅	2019年
14	大熊猫国家公园岷山生物多样性监测分析实验室	四川省教育厅	2019年
15	物联网安全实验室	四川省教育厅	2019年

省级工程实验室（研究中心）

【概况】 2022年，科技城新增四川省广域物联网模组技术开发及应用工程研究中心、四川省智能汽车精密电磁阀技术工程研究中心省级工程实验室2家，省级工程实验室总数达22家。全年22家省级工程实验室研发费用支出4.53亿元，有专职研发人员1641人，有享受国务院政府特殊津贴和省政府特殊津贴专家17人，全部有效发明专利672件。获受理的发明专利申请321件，发表论文587篇，获国家级科技奖励6项，获省部级科技奖励21项。

【四川省广域物联网模组开发及应用工程研究中心】 四川省广域物联网模组开发及应用工程研究中心建设单位为四川爱联科技股份有限公司，总投资1800万元。该研究中心围绕广域物联网模组基于国产芯片平台的广域物联网模组封装尺寸偏大与市场需求的小型化不匹配、散热难、信号干扰等问题，开展天线及射频前端电路简化设计、射频器件和电路布局、小型化模组SMT及生产测试方案、发热控制策略及链路损耗、散热材料技术和工程技术、模组射频测试散热方案、干扰信号抑制方案、自动化测试系统、模组接口标准化等技术攻关，搭建广域物联网模组研发创新平台，形成涵盖广域物联网模组研发设计、试验、中试等环节的关键能力，并促进工程研究中心科技成果向现实生产力转化。2022年，研究中心有研发场地2600余平方米，购置主要研发试验仪器设备28台（套）。建成广域物联网模组封装小型化、广域物联网模组发热问题和散热技术、广域物联网模组抗干扰技术、广域物联网模组智能制造工艺及在线检测技术等研究室4个，有试验检测中心1个、产品中试线1个。申请国家发明（实用新型专利）20项，开发新产品5项，完成成果转化3项，参与制订国家（行业、企业）标准规范3项。

【四川省智能汽车精密电磁阀技术工程研究中心】 四川省智能汽车精密电磁阀技术工程研究中心建设单位为绵阳富临精工股份有限公司，总投资2000万元。聚焦精密电磁阀产业市场需要和未来技术发展趋势，通过关键核心技术攻关，突破制约车用精密电磁阀发展的仿真分析、结构设计、模具设计制造、检验检测等技术问题。围绕新能源与智能汽车精密电磁阀产业发展中的专利壁垒强、匹配效率低、合格率不高、测试能力不足等问题，突破高精度电磁阀仿真分析、高压力低流阻电磁阀结构设计、高磁导率材料及热处理研发及控制、低泄漏电磁阀结构设计、高精密电磁阀零部件制造等技术。2022年，该技术研究中心对研发及辅助设施（建筑面积4350平方米）进行适应性改造，购置主要仪器设备及软件

11台（套），建设高精度仿真分析研究室、高压电磁阀结构研究室、高精密工艺制造研发室及试验检测中心、样件中试中心各1个。突破高精度减振器和电磁阀的匹配仿真分析技术、高响应CDC电磁阀柱塞式先导结构及低摩擦副设计、高精密冲压塑压模具设计制造等技术瓶颈。主持或参与制（修）订国家（行业）标准1项，申请发明专利4项，推动技术成果转化1项。

（唐　庆）

2022年科技城省级工程实验室（研究中心）一览表

表10

序号	省级工程实验室(研究中心)名称	依托单位
1	四川省计算机网络及应用工程实验室	中国工程物理研究院
2	四川省激光增材制造工程实验室	四川三阳激光增材制造技术有限公司
3	四川省互联网健康服务融合工程实验室	西南科技大学
4	四川省杂环农药工程实验室	利尔化学股份有限公司
5	四川省农作物专用配方肥工程实验室	台沃科技集团股份有限公司
6	四川省数字音响应用技术工程实验室	四川湖山电器股份有限公司
7	四川省水泥基绿色建筑材料工程实验室	西南科技大学
8	四川省平板电视智能制造工程实验室	四川长虹电器股份有限公司
9	四川省光波导分路器集成技术工程实验室	四川思迈科技有限公司
10	电子标识芯片技术与应用工程实验室	四川凯路威电子有限公司
11	四川省特种装备数字化制造技术工程实验室	西南自动化研究所
12	四川省非金属矿粉体改性与高质化利用技术工程实验室	西南科技大学
13	四川省特种计算机嵌入式控制技术工程实验室	西南自动化研究所
14	四川省轨道交通列车用蓄电池系统技术工程实验室	四川长虹电源有限责任公司
15	四川省氘氚燃料循环工程实验室	中国工程物理研究院
16	四川省航电系统产品轻量化设计与制造工程实验室	四川九洲电器集团有限责任公司
17	四川省卫星互联网通信应用技术工程实验室	四川九洲电器集团有限责任公司
18	四川省光学偏光薄膜材料工程实验室	四川龙华光电薄膜股份有限公司
19	四川省高速连接器工程研究中心	四川华丰科技股份有限公司
20	四川省辐射环境数智装备技术工程研究中心	西南科技大学
21	四川省广域物联网模组技术开发及应用工程研究中心	四川爱联科技股份有限公司
22	四川省智能汽车精密电磁阀技术工程研究中心	绵阳富临精工股份有限公司

国家两用技术交易中心

【概况】 国家两用技术交易中心（以下简称交易中心）由科技部授牌，是全国唯一的两用技术交易平台，于2016年5月26日揭牌运营。交易中心按照“政府引导、企业主体、市场化运营”的模式，由绵阳科技城工创科技有限公司负责运营管理。建成河北、山东、广东、福建泉州、四川成都、重庆、陕西7个分中心和四川遂宁、四川郫都、河北张家口、泉州丰泽4个工作站。交易中心以推进科技成果、科技资源进行交易和转移转化为目标，构建线上平台1个、核心数据库7个、融合服务平台7个，主要面向全国科技型企业等开展技术供需对接、科技评估、技术展示与交易，创新创业、科技政务等服务；制定技术交易服务规则，启动全国技术交易服务体系建设，通过各类活动活跃技术交易市场氛围。

【2021年度技术转移转化研讨座谈会召开】 2022年1月12日，交易中心组织召开2021年度技术转移转化研讨座谈会。座谈会以“打造技术交易服务高标准平台·赋能科技城新区高质量发展”为主题展开研讨，由国家两用技术交易中心运营公司董事长丁爱华主持。会议邀请来自中国工程物理研究院、中国航发四川燃气涡轮研究院、西南自动化研究所有限公司、中国电子科技集团公司第九研究所、中国电子科技集团公司第十研究所、西南交通大学、西南科技大学以及成绵地区相关技术转移服务机构等单位的20余名嘉宾参与研讨。与会嘉宾结合自身工作经验，就进一步有效联动各科技创新主体提升交易中心资源整合能力和服务水平，助推交易中心打造高标准服务平台；发挥交易中心的科技成果转化和技术交易服务平台枢纽作用，联合各创新主体参与破解绵阳“大科技小产业”难题，实现优势技术外溢转化，打造绵阳经济发展的优势产业，赋能绵阳科技城新区高质量发展等问题进行探讨。

【“戎易汇”技术交易系列活动第一期举行】 2022年4月28日，由国家两用技术交易中心联合四川中医药高等专科学校共同举办的2022年

图27　2022年“戎易汇”技术交易系列活动第一期——生物与新医药领域线成果转化专题发布会（科技局提供）

"戎易汇"技术交易系列活动第一期——生物与新医药领域线上专场活动举行。本次活动围绕生物与新医药领域展开，四川中医药高等专科学校、西南科技大学生命科学与工程学院以及在绵阳生物与新医药行业相关企业发布一批具有地域代表性的技术成果，科技助理代表部分企业发布生物与新医药相关技术需求。

【"戎易汇"技术交易系列活动第二期举行】 2022年5月23日，2022年"戎易汇"技术交易系列活动第二期——绵阳科技成果"云对接"科技助理专场发布会活动在国家两用技术交易中心举行。本次活动由中国工程物理研究院、西南自动化研究所、西南科技大学土木工程与建筑学院等单位的科技助理发布一批具有行业代表性的可转化成果和技术创新需求。

【国家两用技术交易中心陕西分中心成立】 2022年5月30日，国家两用技术交易中心陕西分中心在泾河新城挂牌成立，陕西分中心通过整合政府、企业、科技、金融等体系资源，与陕西省建设国家科技工业创新示范基地、秦创原创新驱动平台建设等紧密结合，以"搭建技术交易平台、育成高新技术企业、助推深度融合"为使命，致力于促进科技成果双向转移转化，构建"技术交易+科技创新+资本赋能+园区运营"的两用技术产业发展生态体系，打造"1个中心+N个园区"的"一站式"两用技术创新综合服务平台。交易中心在秦创原创新驱动总平台基础上，以市场需求为牵引，技术交易为基础，引领科技创新，推动高新技术成果交易和转化，着力构建"创新+创业+创投+创服"的"四创体系"。（刘　欣）

中国(绵阳)科技城工业技术研究院

【概况】 中国（绵阳）科技城工业技术研究院（以下简称工研院）于2012年11月成立，是中国（绵阳）科技城管理委员会管理的事业单位，由政府引导、产学研结合、面向市场，集应用技术开发、技术成果转化、公共技术服务、新兴企业孵化、创新人才集聚功能"五位一体"的新型研发机构，是国家中小企业公共服务示范平台、四川省技术转移示范机构、四川省专家服务基地、四川省科技成果评价服务联盟副理事长单位、四川省级服务型示范平台，并享有国家科技创新进口免税资格。2022年，工研院举行成果发布会12场，12家企业发布新成果，发布新技术新成果18项，发布产品涉及电子信息、新材料、新能源、工业自动化技术等领域。

【《培育创新型企业八条措施》出台】 2022年，工研院出台《培育创新型企业八条措施》（以下简称八条措施），支持创新型优质企业培育。八条措施具体包括：激活创新型企业培育中心，以平台催生项目。实施两用技术再研发，以资金牵引项目。组织院所、园区、资本三方对接，促合作实现共赢。筹建面向成都、重庆、绵阳的专精特新"小巨人"企业加速服务平台，为专精特新中小企业提供成长培训、线上线下展示和省级培育服务。提升科工产业园承载能力，促进企业成长。组织沿海发达地区机构和企业到绵阳考察，推动东西部协作互补发展。发挥两个控股公司的作用，尝试工业园区运营。加大育成企业的宣传推广，树立可持续发展的新典范。

【"专精特新·百企行"专项服务活动】 "专精特新·百企行"专项服务活动于2021年9月启动，2022年6月结束，完成入企诊断、服务赋能任务。活动采用"政府＋专家+服务人员"工作专班模式，由政府产业管理部门工作人员、行业专家、科技服务人员组成，根据企业实际情况动态配置专家资源和服务资源。服务过程中，重点围绕企业主业发展、市场开拓、发展谋划、持续创新、特色挖掘、资源缺陷等方面，根据国家专

图28　2022年3月14日，“专精特新百企行”专项服务活动中，专家组到九洲视讯指导服务（工研院提供）

精特新引导重点，梳理企业专精特新发展方向，结合企业实际提出建议和发展重点，指导企业制定技术路线、提升附加值、信息化改造、商业模式创新等，帮助企业解决发展面临的困惑，帮助企业转型升级发展。采用分析挖掘不足、平台跟进服务、推进资源赋能的做法，围绕企业的发展需求，分析企业资源缺项，挖掘企业能力不足，帮助企业对接资源，促进企业协同发展。梳理、宣讲技术创新、产业发展、融资赋能等扶持政策，促进企业深入了解国家引导、政府扶持重点，帮助企业享受政策红利。活动期间，先后组织专家40余人和服务人员20余人，累计服务企业550余次，为103家企业提供专家建议320条，对接服务资源约100项，收集企业需求和问题218项。

（胥若曦）

概　述

【概况】　2022年，科技城持续营造创新创业环境，加强创新创业人才激励，实施“人才兴市”战略，发布“人才十条”新政，兑现人才政策资金，采取“带岗上门、带编进校”等方式赴外招才引智，制定《市属科研院所及高校实行年薪制的经办规程》《绵阳市支持事业单位科研人员创新创业经办规程》，完善事业单位绩效工资结构；推动创新创业平台服务升级，有国家级、省级孵化载体53个，市级以上小微型创新创业示范基地1家。搭建创新创业平台，举办“创新金三角·智汇科技城”活动5场，举办“国家科技计划成果路演行动——绵阳科技城专场”。举办第五届创业明星创业能手争创活动，评选创业明星、创业能手和优秀创业导师。结合“绵品出川”开展网络创业直播大赛暨城市邀请赛。培育创建“绵帮帮”等3个首批“绵字号”特色劳务品牌，2人获全国新星劳务品牌形象代言人。优化创新创业发展环境。绵阳市获批建设国家创新型城市，排名中国城市科技创新百强榜第20位，较2021年上升21位，是进位最快的城市。

【创新创业平台建设】　2022年，科技城有国家级、省级孵化载体53个（孵化器、众创空间），累计毕业企业1240家。在科技城新区、绵阳高新区、涪城区率先探索打造“创业苗圃（众创空间）+孵化器+加速器（产业园区）”的全链条孵化平台。推动大众创业万众创新示范基地创新能力建设，有国家级、省级基地3家。长虹双创示范基地累计培育内外部创新团队298个，申请专利1780项。有市级以上小型微型创业创新示范基地41家，其中省级21家、国家级2家。全年开展服务活动951场、服务企业3612家次，开展创业辅导活动751次。推进新型研发机构建设，组建中国（绵阳）科技城先进技术研究院，创新团队签约入驻。组建运营科技城航空动力创新中心，累计引入创新团队22个，实现成果转化7项。培育省级新型研发机构3家，组织申报省工程技术研究中心10个，申报市重点实验室、工程技术研究中心42个。以“云上大学城”“云上科技城”

为平台，推动科技型中小企业与国内高校、院所创新团队合作。深化与厦门、东莞、苏州、宁波等创新先进城市的科技合作，推动厦门大学国家大学科技园（绵阳）创新港、厦绵科技协同创新港加快落地建设。深度参与成渝地区双城经济圈建设，联合重庆、成都共建西部科学城，组建绵碚及川北区域科技成果转化联盟。

【创新主体培育】 2022年，绵阳市实施“雁阵培育”行动，摸排科技型企业8000余家，开展辅导培训50余场次，建成涵盖1100余家企业的创新主体培育库，建成涵盖335家企业的金融支持科创企业库。组织376家企业申报国家高新技术企业；高新技术企业净增180家，总数达709家。组织申报省“瞪羚”企业11家，完成科技型中小企业入库2141家。

【创新创业服务升级】 2022年，科技城实施科技型中小企业提质增效工程，组织企业参加高新技术企业认定培训，引导和支持做好R&D统计，鼓励企业加大研发投入。推进科技领域“放管服”改革，持续深化职务科技成果混合所有制改革，支持赋予更多科研人员职务科技成果所有权或长期使用权；举办“创新金三角·智汇科技城”活动5场，发布成果400余项，推动对接200余项；举办“国家科技计划成果路演行动——绵阳科技城专场”，并评选出60项优质成果进行现场路演，活动初步达成科技成果落地意向30余项，推动科技投融资4000万元。设立2.5亿元的贷款风险补偿基金，在全省率先推出“成果贷”。至年底，科技贷款余额453亿元，“设备仪器贷”累计放贷超过1.5亿元。100多家企业获得“天府科创贷”支持，贷款额度超5亿元。搭建线上线下融合的投融资对接平台，开展科创企业投融资对接会。优化科技保险试点工作内容，增加险种和合作保险公司。

【“融创绵阳”区域品牌打造】 2022年，科技城以“融创绵阳”区域品牌为统揽，持续开展创新创业活动。组织开展2022中国创新挑战赛（绵阳科技城），组织企业参与中国创新创业大赛并承担四川赛区决赛。2022年“双创”活动周期间，通过线上线下相结合的方式，组织开展成果推介、平台介绍、人才招聘等“双创”活动20余场次，企业、中介机构、高校、媒体等代表1万余人参加，辐射人群10万余人。组织导师深入企业，持续开展创业导师门诊、导师巡诊、导师“一对一”跟踪辅导、导师公益培训等活动，开展“五进校园”系列宣讲活动，提高大学生、返乡农民工等城乡新成长劳动力的创业技巧。

【国家创新型城市建设】 2022年1月6日，科学技术部发布《关于支持新一批城市开展创新型城市建设的通知》，支持绵阳等全国25个城市开展国家创新型城市建设。绵阳市坚持以科技创新为核心，加大创新主体培育、集聚创新资源、强化科技成果转化、优化创新生态、加大科技投入、推动协同融合创新。至年底，全市研究与试验发展（R&D）经费支出占地区生产总值比重保持在全国城市前列，达到7.15%，创新能级大幅提升，为建设创新型城市奠定坚实基础。

【首个科技创新服务平台启用】 2023年5月18日，“游仙科技创新服务平台（科创通）”微信小程序上线仪式举行，这是科技城首个科技创新服务平台。游仙科技创新服务平台分为政策查询、公示公告、行业动态、人才之家、项目申报、供需对接、协同创新、科普园地8个板块。平台旨在整合全区科技创新资源，搭建科技大数据，按照整合、共享、互联、服务的平台建设方针，为游仙区科技创新战略和数字化政府建设提供科技资源保障。

图29　2022年5月18日，游仙科技创新服务平台（科创通）微信小程序上线启用（视觉绵阳提供）

【国家高新技术创业服务中心建设】　国家高新技术创业服务中心——绵阳高新区创业服务中心（以下简称创服中心）成立于1998年10月，2000年10月被科技部认定为国家高新技术创业服务中心。2002年5月创服中心正式挂牌省市共建的绵阳留学人员创业园。2010年2月被科技部批准加挂大学生科技创业见习基地牌子。2016年10月中国欧美同学会和绵阳市人民政府授牌欧美同学会（中国留学人员联谊会）留学报国基地。创服中心先后获评全国先进科技孵化机构、火炬计划实施十五周年先进高新技术创业服务中心、四川省科技孵化载体服务联盟先进集体等。2022年，创服中心有孵化面积1.3万平方米，在孵企业90家，其中高新技术企业19家。创服中心搭建起创新创业综合服务、智能制造、工业设计、技术转移、科技金融等信息化服务平台，基本形成“平台+孵化”特色孵化模式。

【“中国创翼”创业创新大赛绵阳赛区选拔赛】　2022年6月9日，第五届“中国创翼”创业创新大赛绵阳赛区选拔赛举行。大赛启动以来全市共有142个创业项目报名参赛，经过初赛、视频路演复赛、线下决赛，38个项目进入市级选拔。此次赛事由主体赛和专项赛两部分组成。主体赛分为制造业项目组、服务业项目组；专项赛分为青年创意专项赛、劳务品牌专项赛和乡村振兴专项赛。经过路演比赛，选拔出制造业、服务业、青年创意专项赛和乡村振兴专项赛的前三名，12个项目代表绵阳参加四川赛区选拔赛。比赛通过“微赞”平台直播，吸引7.5万人次在线观看。

【第十一届中国创新创业大赛（四川赛区）新一代信息技术和高端装备制造产业决赛启动仪式举行】　2022年8月24日，2022第十一届中国创新创业大赛（四川赛区）新一代信息技术和高端装备制造产业决赛启动仪式在涪城区举行。市委常委、科技城党工委副书记、管委会常务副主任、市国资委党委书记黄朝阳，四川省自然资源科学研究院（四川省生产力促进中心）党委书记邹若力，四川振兴集团党委委员、副总经理杨旭等出席并共同启动仪式。第十一届中国创新创业大赛（四川赛区）于2022年5月启动，共有1150家符合条件的企业参赛。经过初赛、半决赛的角逐，共有240家企业晋级决赛。决赛按照新一代信息技术、生物医药、高端装备制造、新材料、新能源、新能源汽车、节能环保等七大产业领域，分8个组在成都、绵阳、遂宁和达州设4个赛场举行。其中118家企业在涪城区参加新一代信息技术产业和高端装备制造产业决赛。

【全国“双创”活动周绵阳分会场启动仪式举行】 2023年9月13日，全国“双创”活动周绵阳分会场启动仪式在绵阳·中关村信息谷创新中心举行。活动由绵阳市人民政府主办，市科技局、涪城区人民政府承办。市科学技术局二级调研员张科主持，市科学技术局党组成员、副局长陈光明出席并致辞，市人社局党组成员、市就业创业促进中心主任汤云春出席活动。启动仪式上，为获得省级资质的科技企业孵化器、众创空间、创业示范基地授牌，对中国创新挑战赛赛事进行介绍及需求发布，对绵阳中关村信息谷、创业黑马科创基地等特色双创服务平台进行推介。各县（市、区）、园区相关单位负责人等近50人参加现场活动。

【首批“绵字号”特色劳务品牌出炉】 2022年10月21日，“绵帮帮”“安洲车务汇”“缘为民”3个特色劳务品牌经市农民工领导小组认定为首批“绵字号”特色劳务品牌。“绵帮帮”劳务品牌由四川忠盛仁联科技有限责任公司创建，业务包括人力资源、劳务派遣、职业技能培训、家政服务、健康管理等，是涪城区劳务零工市场运营方、绵阳市家政培训、就业及服务龙头企业和涪城区家政服务业会长单位，与58到家等合作，常年为北京、上海、广州等一线城市提供劳务输出。“安洲车务汇”劳务品牌由绵阳安洲实业集团有限公司创建，以安州职业培训学校为运营主体，有驾驶员、汽车修理工、摩托车维修工、养老护理员、服装设计定制工等工种。“缘为民”劳务品牌由四川为民安防集团有限公司创建，拥有人防、技防、消防、劳务派遣、职业培训资质。旗下有绵阳地区唯一的大型综合报警平台——江油市城市联防联网报警中心，建成江油市为民大数据中心、大型城市报警综合平台、对讲机中继站。

【第五届创业明星和创业能手争创活动线上决赛举行】 2022年11月30日，绵阳市人民政府主办，市人社局、市科技局、市退役军人事务局、市市场监督管理局、人行绵阳中心支行、市总工会、团市委、市妇联、市残联、市就业创业促进中心共同承办的绵阳市第五届创业明星和创业能手争创活动线上决赛举行。决赛邀请5位省级、市级创业导师和指导专家开展评审工作，通过采取1分钟辅导重现、5分钟项目路演、3分钟评委提问的“1+5+3”线上路演模式，综合评选产生“创业明星”和“创业能手”。40名选手通过路演，展示创业经历、团队优势、项目商业模式、市场前景等。经评比，郝贵生、欧阳曼娘等10名选手获“创业明星”，苏美英、刘胜等30名选手获“创业能手”。绵阳市创业明星和创业能手争创活动每3年举行一届，是科技城最具影响力的创客盛会和创业赛事品牌。活动旨在通过争创活动，选树宣传优秀创业典型，激发大众创业激情，增强全社会创业创新活力，推动更高质量和更充分就业。本届大赛于2022年10月启动。经线上复赛，产生40名创业者晋级决赛。由10名创业导师与40名创业者互选，组成战队，通过导师辅导，备战决赛。

第五届创业明星一览表

表11

第一创始人（负责人）	企业（项目）名称
郝贵生	四川伟博震源科技有限公司
欧阳曼娘	“衣旧是宝 文创助残300计划”
阎凌翔	四川亦锦生物科技有限公司
杨　勇	四川义德智慧科技有限公司
罗　麟	绵阳市安州区高大上种植专业合作社
李康宁	绵阳市丰升水启农业科技有限公司　生态五黑鸭养殖与AI人工智能项目
胥金龙	四川昊宇龙星科技有限公司
吴平峰	四川中拓农业有限公司
夏雪莲	四川夏禹林生态农业有限公司　创新开发园艺绿植
穆俊儒	四川胡梦科技有限公司

第五届创业能手一览表

表12

序号	第一创始人（负责人）	企业（项目）名称	序号	第一创始人（负责人）	企业（项目）名称
1	苏美英	绵阳市游仙区马鸣寺家庭农场	16	田林生	四川金正康生物科技有限公司
2	刘　胜	绵阳帮胜人力资源服务有限公司	17	朱云秀	四川东涛食品有限公司
3	邓洋洋	蜀瑞康养殖专业合作社	18	王德金	江油市鑫生附子中药材种植专业合作社
4	孙瑜辰	四川琨鹏鸿途企业管理咨询服务有限公司	19	卢　飞	绵阳市游仙区忠粮农业服务有限公司
5	李连秀	四川云朵羌狼户外拓展有限责任公司	20	欧阳乐	绵阳市游仙区花溪农畔家庭农场
6	范承弼	绵阳麦迪威科技有限公司	21	季开志	四川撸花撸草生态农业科技有限公司
7	倪　贵	四川杰玮农业科技有限公司	22	严政伟	四川椒奥食品科技有限公司及绵阳众腾农业发展有限公司
8	吴玉辉	四川省翰瑞祥鞋业有限责任公司	23	陈劲杰	绵阳市遇见栖心旅游开发有限公司
9	任　义	四川绵州巧姐妹家政服务有限公司	24	杨长安	四川米辣科技有限公司
10	敬雪梅	绵阳市游仙区艺佳农场	25	邓巧玉	四川金智图服科技有限公司
11	陈雨豪	四川艾晨科技有限责任公司	26	何京涛	绵阳橙橙科技有限公司
12	唐　龙	四川奕诺颜科技有限公司	27	周思雄	江油市清木林蜂业有限公司
13	肖禹成	中国本草——中医药B2B电商	28	段成君	绵阳双辉金属科技有限公司
14	陈　浩	四川希科光电科技有限公司	29	李海龙	四川莱仕顿精酿啤酒有限公司
15	文　尧	四川想到科技有限公司	30	鲜学华	绵阳七朵小金花营销师培训中心

【科技城创业项目签约金额6.1亿元】 2022年12月5日，科技城2个返乡入乡创业项目——三台县油基岩屑资源化综合利用项目、梓潼县休闲餐饮食品及预制食品加工项目参加四川省2022年农民工和企业家返乡入乡创业项目推介暨集中签约活动，分别签约1亿元和5.1亿元，总金额6.1亿元，占此次全省签约总金额的18.4%。三台县油基岩屑资源化综合利用项目建设地址为三台县青东坝工业园，由四川巨星通庆再生资源综合利用有限公司负责实施，总投资约1亿元，规划总建筑面积3980.94平方米，建设2条年产能5万吨资源化处置设备生产线，形成年处置量为10万吨规模的油基岩屑资源化综合利用项目。梓潼县休闲餐饮食品及预制食品加工项目位于梓潼县经济开发区，主要进行鸡脚、猪皮等畜禽类休闲餐饮食品加工及预制肉制品、预制菜等预制食品加工，总投资5.1亿元。达产后可实现年产值6亿元以上，年上缴税收150万元以上，可提供400余个就业岗位。

【网络直播创业创新大赛暨城市邀请赛进决赛举行】 2022年12月14日，绵阳市就业创业促进中心主办的绵阳市2022年网络直播创业创新大赛暨城市邀请赛进决赛举行。市人社局党组成员、市就促中心主任汤云春，浙江省衢州市人社局党委委员、就业和人才管理中心主任陈志军，成都市就业局、遂宁市就业局相关负责人参加活动。来自浙江衢州，重庆北碚，四川成都、遂宁、绵阳的24位创业者或创业团队通过网络直播展示创业创新能力。经路演、“绵品创意”、评委提问等环节，产生绵阳市十大网络直播创业达人、邀请城市“网络直播创业之星”4人、优秀奖10人。

【第七届中国创新挑战赛（绵阳）技术融合专题赛现场挑战赛举行】 2022年12月29日，2022年科技城人才峰会——第七届中国创新挑战赛（绵阳）技术融合专题赛现场挑战赛在高新区举行。挑战赛由科技部指导，科技部火炬中心、四川省科学技术厅、绵阳市人民政府、绵阳科技城管委会、绵阳高新区管委会共同承办。科技城党工委委员、管委会副主任董泓等出席。挑战赛采用“线上+线下”相结合的方式进行。来自中国科学院合肥物质科学研究院固体物理研究所、东南大学、西南电磁兼容与安全研究院等单位的9个团队作为问题解决方，现场挑战“高性能金属吸波磁粉制备”“UHF RFID近场天线设计”“拟解决变压器、滤波器、连接器等电子元器件网络参数多通道自动测试问题”3项重点技术创新需求。经专家、企业评审共同评选，深圳市吉频科技有限公司获得优胜奖第一名，摘得10万元大奖；电子功能材料与器件团队、计算机控制技术科研团队分获优胜奖二、三名，绵阳师范学院信息工程学院教研团队等6个团队获优秀奖。挑战赛现场还对前期对接合作成功的5个优秀项目进行签约并颁发项目合作奖。（刘　欣　向　帆）

资料链接： 第七届中国创新挑战赛（绵阳）技术融合专题赛于2022年5月开赛，按照“专家带队与服务机构跟进、重点对接与实地走访结合”的模式，邀请来自中国工程物理研究院、西南科技大学等单位的专家组成专家工作组，到企业上门挖掘技术创新需求，累计走访调研企业210家，挖掘技术创新需求82项，通过专家诊断分析对外发布需求54项，进行线下、线上技术需求对接超过30余次，面向中国科学院、天津大学等单位征集有效解决方案125项，促成技术合作20余项，合作金额达3460万元。（科技局刘欣、人社局杨万东、高新区向帆）

“创新金三角·智汇科技城”

【概况】 2022年，科技城推动关键核心技术协同攻关和科技成果快速转化，先后举办“创新金三角·智汇科技城”专场活动5场。活动采用“1＋1＋1”［“1个月＋1个县（市、区）及园区＋1个行业领域”］的模式，聚焦绵阳硬核科技“核技术应用”、成渝合作典范“绵碚合作”、科技变革关键“数字经济”、招院引所平台“云上大学城”、川北专场“融合创新·科技赋能”等主题，邀请友邻城市龙头企业、创新平台、创投机构代表等参与活动，以主题圆桌论坛、揭榜挂帅、现场路演、集中展览、线上推介等形式，促进技术协同攻关和科技成果转移转化。活动现场共发布电子信息、先进材料、装备制造、核技术应用、现代农业与生物医药等10余个领域、300余项新产品、新技术、新成果；共邀请8家科研院所、13所高等院校的专家学者，8家龙头企业与金融机构主要负责人出席现场活动，围绕科技领域热点话题发表主旨演讲，交流前沿科技成果。活动期间，面向全国发布科技城及中科院、清华、浙大等院校科技成果及需求400余项，推动对接200余项，实现落地转化30项。

【“创新金三角·智汇科技城”首场活动举行】 2022年6月23日，“创新金三角·智汇科技城”首场活动由四川省科技厅、重庆市科技局、绵阳市人民政府主办，成都市科技局、绵阳市科技局、游仙区人民政府承办，在绵阳举行。本次活动通过线上线下同步的方式举办，线下主会场设在绵阳，另设北京、深圳、厦门3个分会场同步直播。省委常委、市委书记曹立军，中国工程物理研究院副院长王洋出席启动仪式并致辞。中国空气动力研究与发展中心副主任莫俊，中国工程院院士、中国工程物理研究院专家委员会委员范国滨等专家出席。活动中，市政府与中国科学技术大学、华中科技大学、哈尔滨工业大学、中南大学、电子科技大学等9所高校签约，共建“云上大学城”；有关方面分别就区域合作及“招院引所”项目、创新平台、“核技术应用创新联合体”组建等签约。范国滨作“核技术医疗产业发展方兴未艾”主题报告；科技部战略研究院副院长孙福全在北京分会场作“加快建设中国（绵阳）科技城国家科技创新先行示范区”主题报告；西南财经大学西财智库CEO、首席研究科学家、西南财经大学教授、博士生导师汤继强作“成渝双城经济圈建设发展报告”。活动期间，举办“创新金三角·智汇科技城”圆桌论坛，中国科学技术大学党委副书记、党委宣传部部长傅尧，国防科技大学计算机学院院长卢凯，四川大学副校长褚良银，西南交通大学党委常委、副校长刘长军，西南科技大学党委书记、校长董发勤等专家，围绕“使命担当·自立自强”主题，聚焦高校科技创新、成果转化、人才培养等展开交流对话。同时，举办创新成果发布暨技术需求对接会和创新资源市（州）行绵阳专场活动，通过线上渠道面向全国进行科技成果、技术需求发布与推介。

【“创新金三角·智汇科技城”第二场活动举行】 2022年7月21日，“创新金三角·智汇科技城”系列活动第二场——绵碚科技合作专场活动由绵阳市科技局、重庆市北碚区科技局主办，国家军民两用技术交易中心、国家军民两用技术交易中心重庆分中心承办，在重庆北碚举行。活动中，绵阳市科技助理、北碚区科技特派员同台路演，筛选出“中兵句芒平台”“数字磁罗盘”“占星者5G边缘计算器预测性维护应用”等6项具备产业化前景、成熟度较高且符合两地产业发展方向的重点技术成果，提炼出“仿生照明系统研制与推广需求”“高纯锗谱仪国产化技术研发”等4个关键核心技术需求。活动还通过国家两用技术交易中心线上发布与交易系统——“戎

e网”“戎e宝”小程序等向全国同步发布科技成果100项、技术需求30项。绵碚两地科技型企业、创新平台、创投机构代表共50余人现场参加活动。腾讯视频会议同步直播。

【“创新金三角·智汇科技城”第三场活动举行】 2022年8月26日，“创新金三角·智汇科技城”活动第三场——融入数字经济、拥抱数字活动由绵阳市科技局、绵阳科技城新区管理委员会主办，四川九洲投资控股集团有限公司、绵阳科技城新区科技创新局承办，在绵阳科技城新区举行。活动中，科技城新区管委会副主任田媛作新区直管区科技创新情况推介。九洲集团副总经理黄异嵘、西南科技大学计算机科学与技术学院副院长黄晓芳分别围绕“数字经济与产业发展”“数字化转型与数字经济的探索与思考”作专题报告。九洲空管、科瑞软件等企业现场发布“多普勒甚高频全向信标（DVOR）技术”“面向多场景的高效超高精度三维重建技术”等6项成果和需求。同时，国家两用技术交易中心线上发布与交易系统向全国发布科技成果120项、技术需求33项。

【“创新金三角·智汇科技城”第四场活动举行】 2022年9月23日，“云上大学城”技术合作需求揭榜挂帅发布会暨“创新金三角·智汇科技城”第四场活动由绵阳市科技局主办，绵阳市科技局承办，在绵阳举行。本次活动线上线下同步举行。“云上大学城”入驻高校通过线上参会。活动向“云上大学城”入驻高校发布技术需求108项、“揭榜挂帅”项目15项。其中15个“揭榜挂帅”项目来自西科大、长虹、九洲、中航发涡轮院等11所高校、企业和院所，主要集中在电子信息、先进材料、装备制造3个领域。项目负责人以PPT路演的形式发布技术合作需求，介绍项目背景、需求目标、市场前景等。

【“创新金三角·智汇科技城”第五场（川北专场）活动举行】 2022年10月31日，“创新金三角·智汇科技城”第五场（川北专场）活动由西南科技大学、绵阳市科技局、广元市科技局、遂宁市科技局、绵阳市涪城区人民政府主办，绵阳市涪城区科技局承办，在绵阳举行。活动旨在加快建设川北省域经济副中心，构建川北区域协同创新体系。绵阳市科技局、广元市科技局、遂宁市科技局、阿坝藏族羌族自治州科技局及涪城区委、区政府有关负责人出席活动。活动中，涪城区作融合创新情况推介。刘勇、唐永建等专家分别围绕“机器视觉技术在仪器装备中的应用”“加快构建科技创新示范平台，推动融合型企业高质量发展”作专题报告。广元瑞峰新材料、四川永贵科技等企业现场发布9项技术和需求。活动还通过科技成果、技术需求汇编手册发布科技成果54项、技术需求87项。 （张峻方）

科技城孵化器

【概况】 2022年，科技城按照“专业化、市场化、国际化”发展理念，围绕绵阳主要产业发展特色推进“创业苗圃（众创空间、星创天地）+专业孵化器+特色加速器+科技园区”链条建设，完善孵化平台。有国、省孵化载体53个（含孵化器、众创空间），累计毕业企业1240家。修订《绵阳市孵化机构备案管理办法》，明确孵化器、众创空间、加速器、孵化链、星创天地的备案条件及服务模式，引导孵化机构规范化运营，促进孵化企业加速成长。新备案市级孵化器2个、众创空间3个，孵化链3个，备案省级孵化器1个、众创空间3个。新增阿拉丁跨境电商孵化基地、四川中医药高等专科学校麦壳众创空间、蜂创加速工场、四川汇农达企业管理有限公司4家省级孵化机构，在涪城区、高新区、科技城新区探索打造“众创空间（创业苗圃）+孵化器+加速器+产业园区”孵化服务体系。整合孵化资源，形成集聚发展、完善互补功能的规模效益；推动孵化器建设向市场化、专业化、集成化、网络化发展，鼓励建立创新型、专业化孵化器；推动孵化器建设向市场化倾斜、向民营化转移，提高民营孵化器占有比例，形成四川汇农达企业管理有限公司等一批民营孵化企业，引导民营孵化器规范服务业务、提升服务功能。

【四川汇农达企业管理有限公司】 四川汇农达企业管理有限公司主要围绕电子信息、能源化工、装备制造等产业领域，重点孵化数字信息、检验检测、大数据等企业，形成协同融合创新孵化发展新模式。公司营运场地有两部分，分别位于科技城新区和涪城区，共有可用孵化面积5676平方米。有在孵企业38家，在孵企业场地（公共服务）使用率88%；运营管理团队有9人，大专以上学历占比88%，其中接受孵化专业培训人员6人。公司设立100万元种子资金，与多家中介服务机构签订合作协议。2022年，公司累计培育毕业企业5家，开展各类创业活动30余场次。

【阿拉丁跨境电商孵化基地】 阿拉丁跨境电商孵化基地（以下简称孵化基地）位于绵阳高新区跨境电商产业园，有办公场地652.86平方米，绵阳集货仓178平方米，同时合作建设深圳集货仓1000平方米、澳大利亚海外仓1500平方米。该基地定位电子商务、移动互联网两大产业，依托绵阳高新区跨境电商产业园跨境电商平台资源，建设资源孵化、投资孵化、技术孵化“三位一体”的创新型孵化基地。阿拉丁跨境电商孵化基地以“资源孵化”（资本资源+技术资源+行业资源）为理念，打造一站式跨境电商孵化平台，为跨境电商企业及创业团队提供Amazon、Ebay、TikTok等多种跨境电商平台运营服务。该基地与四川农业大学、西南科技大学等高校建立战略合作关系，共同打造绵阳跨境电商从业人才库。2022年，孵化基地整合优秀创新创业导师专家库，有创业导师15人，其中省级导师3人、市级导师7人、优秀企业家5人。

【四川中医药高等专科学校麦壳众创空间】 四川中医药高等专科学校麦壳众创空间是集产、学、研、智、创于一体的互助、共享、共进、共赢的高校生态型创业服务平台，是绵阳市中小微企业创新创业示范基地。建筑面积2000余平方米，可容纳80余家初创企业和创业项目同时入驻，建有全省首家就业创业直播学院、药食同源饮品创业实践基地、针灸推拿创业实践基地，累计培训大学生创新创业1万余人次，逐步建立起以政策扶持、科研成果转化、产业对接、企业人才“双孵化”和投融资服务为主的五大功能体系。2022年，四川中医药高等专科学校麦壳众创空间孵化科技型中小企业10余家，组织大学生参加国家部委、省级部门等主办的创新创业大赛，获奖50余项，其中国家级奖项6项、省级金奖3项。

【蜂创加速工场】 蜂创加速工场是一家依托于政策+资金+服务三位一体的先行服务模式，培育、引进科技型中小企业和高新技术企业，为企业提供创新创业政策咨询服务、工商财税服务、知识产权服务、法律咨询服务、人才招聘服务、投融资对接服务的创新创业服务平台，建设面积3000余平方米，有全职服务人员8人，合作聘请的创业导师14人。2017年12月被市人社局认定为“市级创业孵化基地”、2020年被认定为“绵阳市众创空间”。至2022年年底，蜂创加速工场累计孵化、培育企业130余家，其中科技型中小企业73家、高新技术企业5家；在孵企业拥有知识产权146项，其中发明专利11项、实用新型41项、软件著作权94项。 （刘　欣）

2022年度科技城各类孵化器、众创空间一览表

表13

序号	平台名称	资质认定	所在区域
1	绵阳高新区创业服务中心	国家级孵化器	绵阳高新区
2	绵阳高新区生物医药孵化器有限公司		绵阳高新区
3	绵阳市科技城科教创业园区创业服务中心		科技城新区
4	绵阳西南科技大学国家大学科技园有限公司		涪城区
5	绵阳市金家林总部经济试验区投资服务中心		涪城区
6	绵阳市游仙区创梦中小企业孵化管理有限公司		游仙区
7	首战大学生创客空间	国家众创空间	绵阳高新区
8	1522文化创意产业园		绵阳高新区
9	1716苗圃空间		科技城新区
10	创享空间		科技城新区
11	中国(绵阳)科技城融合创客空间		科技城新区
12	同心众创空间		科技城新区
13	智汇谷众创空间(绵阳)		绵阳经开区
14	创兴孵化器众创空间		涪城区
15	富乐绵阳大学生众创空间		游仙区
16	四川网赢孵化器管理有限公司	省级孵化器	绵阳高新区
17	绵阳驽宇科技服务有限责任公司		绵阳高新区
18	绵阳融鑫孵化器管理有限公司		绵阳高新区
19	绵阳护航者孵化器管理有限公司		绵阳高新区
20	中国(绵阳)科技城工业技术研究院		科技城新区
21	绵阳市科创孵化器管理有限责任公司		科技城新区
22	绵阳市科创电子商务服务有限公司		科技城新区
23	绵阳市科技城科源科技有限公司		科技城新区
24	四川小宇宙孵化器管理有限公司		科技城新区
25	绵阳市经开区积家工业园投资有限公司		绵阳经开区
26	绵阳聚星科技企业孵化管理有限公司		绵阳经开区
27	绵阳容创科技服务有限公司		绵阳经开区
28	绵阳燕景堂科技孵化器管理有限公司		涪城区
29	绵阳昶信企业孵化管理股份有限公司		涪城区
30	四川自胜联创企业孵化管理有限公司		涪城区

续表13

序号	平台名称	资质认定	所在区域
31	四川雄邦企业孵化管理股份有限公司	省级孵化器	游仙区
32	绵阳职业技术学院(大学科技园)		游仙区
33	绵阳市安州区创业服务中心		安州区
34	江油高新技术产业园区招商服务中心		江油市
35	三台县同鼎商务服务有限责任公司		三台县
36	四川飞马科技孵化器管理有限公司		盐亭县
37	四川四海大禹孵化器管理有限公司		梓潼县
38	四川天鑫科技有限公司		平武县
39	北川羌创孵化器管理有限公司		北川羌族自治县
40	四川汇农达企业管理有限公司		科技城新区
41	麦迪跨境电商	省级众创空间	绵阳高新区
42	优创联盟众创空间		绵阳高新区
43	绵阳知商谷众创空间		科技城新区
44	126文化创意园		涪城区
45	想到创客空间		涪城区
46	西城大学生创新创业园		游仙区
47	高能孵化器		游仙区
48	梓州智谷众创空间		三台县
49	优食谷(三台)产业孵化器园		三台县
50	北川电商产业港		北川羌族自治县
51	阿拉丁跨境电商孵化基地		绵阳高新区
52	四川中医药高等专科学校麦壳众创空间		绵阳高新区
53	蜂创加速工厂		科技城新区

科技城创新中心

【概况】 科技城创新中心（以下简称创新中心）总建筑面积约42万平方米，总投资约25亿元。创新中心致力于推进创新创业，激发创新创业潜力，营造“双创”氛围。落实绵阳市“涌泉计划”、绵阳科技城新区直管区《加快推动园区高质量发展七条措施》政策。建成政务服务中心，推进“最多跑一次”改革；为企业提供集群注册登记服务，推进企业登记便利化改革；成立科技城科技服务公司，提供一站式服务，开展“一对一”创业帮扶。2022年，入驻载体企业实现营收84亿元，纳税总额达1.2亿元，有高新技术企业48家、“四上”企业60家。

【创新孵化服务】 2022年，创新中心加大苗圃企业支持力度，集聚创孵企业1028家（包括远程孵化）。推动国家两用技术交易中心市场化运营，提升四川融合大型仪器共享平台专业化服务能力，打通融合成果转化通道；建成国内首家人力资源服务产业园，引进培育创新创业人才；推出“科创贷”“仪器贷”等金融创新产品，设立每年1000万元的“双创孵化基金”；加快推进知识产权运营平台建设，发展科技中介服务。

【创新平台建设】 2022年，创新中心汇聚高校创新资源，建成高校产学研基地，推动高校科技成果转移转化；加强与科研院所对接合作，建立各类成果转化平台，推动科研院所科技成果转移转化。引进长虹、九洲等骨干企业旗下多家创新型公司，鼓励中小企业建立企业技术中心，支持科瑞达电子、赛邦科技等高成长型企业技改扩能。

【创新主体培育】 2022年，创新中心加强企业创新主体培育，分行业、分领域打造中小微领军企业。发展以立德电子、互慧软件为代表的电子信息产业，以恒泰环境、汇邦环保为代表的节能环保产业，以沃达检测、凯乐检测为代表的检测服务产业，以中国科技城融合大数据中心、北斗导航产业园为代表的下一代信息技术产业。

【中国（绵阳）科技城创新馆投运】 中国（绵阳）科技城创新馆位于科技城创新中心二期2号楼，2021年11月开工，2022年4月建成投运，总建筑面积约1.08万平方米，总投资1亿元。场馆共两层，第一层有序厅、创新历程展区、创新平台展区、战略科技创新展区4个功能展区，第二层为产业技术创新展区、创新体验展区，集中展示绵阳电子信息、先进材料、装备制造、北斗卫星应用等7个创新产业板块的代表性企业和产品。展品286件，运用裸眼3D、体感手势互动、幻影成像等现代展陈技术，回顾绵阳创新发展历程和科技城建设成就，呈现绵阳“两院”院士、人才智囊推动科技创新发展的实践，展示绵阳在创新技术、创新产品、创新企业、创新平台等方面的成果。

图30 创新中心全景（科技城新区提供）

【创新中心三期建成投运】 2022年年底，创新中心三期建成投运，建筑面积约20万平方米，主体建筑4栋，有入驻企业30余家。创新中心三期围绕科技城新区主导产业，着力开展招院引所，重点引进培育软件与信息技术、科技服务业等，推动形成科研院所、总部经济、现代金融、数字经济等集聚区。入驻“云上科技城”“云上大学城”、科技城先进技术研究院等成果转化机构，互慧软件等代表企业。 （何 菲）

国家生物医药孵化器

【概况】 绵阳有国家生物医药专业孵化器——绵阳高新区生物医药孵化器（以下简称孵化器）于2001年立项，2005年投入使用，占地面积1.6公顷，孵化场地面积达1万余平方米，总投资5000万余元。旨在培育生物技术（疫苗、酶制剂和基因工程药物）、中医药、医疗器械、医疗电子、生态农业等领域项目的研发及中试生产提供技术支持和孵化服务。2022年，孵化器引进金检生物科技、牧寒生物等科技型中小企业10家，新增高新技术企业1家。有在孵企业46家，其中大学生创业企业15家、国家级科技型中小企业18家。在孵企业实现营业总额6106.8万元，实现研发投入484.8万元。全年孵化毕业企业2家，累计毕业企业66家，其中高新技术企业10家、专精特新企业1家、挂牌上市企业7家。带动405人创业就业。组织企业申报四川省、绵阳市和高新区各级专项项目资助3项，获得财政资助额296万元。在孵企业获得投融资2项。在孵企业新增知识产权34项，累计拥有有效知识产权80项，其中发明专利6项。

【公共技术服务平台建设】 2022年，孵化器持续优化公共技术平台建设。生物医药孵化器平台占地面积1.6公顷，孵化场地面积达1万余平方米，总投资5000万余元。孵化器配置价值690余万元实验分析仪器设备及价值180万余元的净化空调系统等设备设施。中试服务平台由1万级净化实验室、独立实验室、专项实验室以及中药中试平台组成，满足50家创业企业实验需要。开展针对性专项培训，完善仪器设备的管理与维护保养工作，组织仪器设备线上线下培训12次，仪器设备共享平台累计服务企业80余家。利用社会资源，对接大型仪器设备共享平台、“融创绵阳”创新创业综合服务平台、“税鑫融”财税资综合智能服务平台、知识产权运营平台等公共服务平台的优势资源，为科技创业企业提供创业环境和发展条件。

【创新创业服务】 2022年，孵化器开展“中医药专业大学生创新创业大赛”“科技领域稳增长政策宣讲培训会”“组织企业赴北川晟氏科技考察学习”“太极集团新配方研发”等活动12场次，在孵企业参与培训500人次。加强工商财务服务、法律咨询、专利申请、融资对接等方面的咨询和跟踪服务。累计签约专业中介服务机构12家，为在孵企业提供更多专业增值服务。强化从业人员培训，建立专业化服务团队。完善导师服务体系，推进创业导师服务工作，15名创业导师共对接服务45家企业。 （向 帆）

大学生创新创业

【概况】 2022年，科技城依托春风送岗位、县（市、区）政策宣讲等线上线下就业活动宣传创业政策，结合“六进校园”活动、离校未就业高校毕业生服务攻坚等专项行动，落实创业补贴及贷款担保政策，促进大学生创新创业。全年为大学生等重点创业群体落实创业担保贷款1.99亿元，落实大学生创业补贴57万元。开展每3年一届的创业导师志愿团换届工作，评选出50名创业导师组成第三届创业导师志愿团。

【创新创业平台建设】　2022年，科技城开展市级创业孵化基地申报和复核工作，共19家创业孵化机构通过市级创业孵化基地复核，4家孵化基地通过市级创业孵化基地认定，科技城市级创业孵化基地总数达23家。组织5家省级创业孵化基地参加全省“延伸创业服务体系 推动创业促进就业”“天府微创园”建设研讨线上会议。发挥全省首家就业创业直播学院的辐射带动作用，服务大学生就业创业能力提升计划，通过常态化开展大学生就业创业指导、直播技能培训、直播带岗等活动，打造大学生创业直播品牌。

【绵阳高校大学生创新创业】　2022年，西南科技大学团队获批四川省“天府青城计划”1个，4名教师进入四川省首届高校就业创业指导大赛决赛，2篇论文获评第四届全国大学生创新创业实践联盟年会优秀论文，2项成果获评优秀案例。四川文化艺术学院探索就业、创业导师制度，聘请企业精英、行业专家等32人担任就业创业指导教师。举办就业创业导师系列讲座3期，近600名师生参加；开展以“大学生互联网+创新创业大赛”为主题的就业创业能力大赛，“指尖玩物集”项目获得“建行杯”第八届四川省国际“互联网+”大学生创新创业大赛高教主赛道本科生创意组铜奖。西南财大天府学院设置“创业与就业指导”课程，组织教师参加2022年四川省高校就业创业指导金课建设评选活动及四川省首届高校就业创业指导大赛，荣获优秀奖；组织学生参与“互联网+”大学生创新创业大赛，获得省赛银奖5项、省赛铜奖9项，在挑战杯——四川省大学生创业计划竞赛中获省赛铜奖4项，在大学生电子商务“创新、创意及创业”挑战赛中获省一等奖5项、省二等奖10项、省三等奖12项。绵阳职业技术学院组织学生参加“互联网+”大赛，获得优秀组织奖和国赛铜奖1项，省赛金奖1项，银奖、铜奖共11项；获得全国技能大赛国家级二等奖1项、三等奖3项；获中华职业教育创业创新大赛省级奖项3个；获批省级创新创业教育实践基地、市级创业园区。四川幼儿师范高等专科学校举办“大学生创新创业实务”讲座，培训学员300人次；立项“省级大学生创新创业训练计划项目”139个；“青艺传媒科技有限公司”等4个创新创业项目落地发展；学生作品《时间银行》获2022年“挑战杯”中国农业银行四川省大学生创业计划竞赛铜奖。四川电子机械职业技术学院在第十二届全国大学生电子商务“创新、创意及创业”挑战赛省赛中获三等奖2项；有28个参赛项目入围“互联网+”大学生创新创业大赛职教赛道省级比赛。

【第八届中国科技城大学生毕业设计大赛决赛】2022年6月1日，第八届中国科技城大学生毕业设计大赛决赛在科技城创新中心举行。本次大赛以“放飞梦想 有为青春”为主题，旨在提高在校大学生创新创业能力，支持高校毕业生就业创业。大赛于2022年1月启动，收到在绵阳高校参赛作品107项，参赛作品涵盖电子信息、材料化工、计算机、制造装备、医疗健康等多个学科和领域。通过前期评审，18件作品入围决赛，通过线上对决，来自西南科技大学的学生陈子昊、奉欣的参赛作品《多功能石墨烯SPR可调谐太赫兹吸波器的设计》获得一等奖，其余参赛作品获得二等奖2项、三等奖5项、优秀奖10项。此外还有10部未入围决赛的优秀作品获得创意奖。

（廖莉莎）

西南科技大学国家大学科技园创业孵化

【概况】　西南科技大学国家大学科技园（以下简称大学科技园）于2001年经科技部、教育部批准筹建。大学科技园有可自主使用场地面积2.32万平方米，孵化场地1.97万平方米，有大学科技园青义园区和城南园区2个园区。是国家级科技企业孵化器、国家技术转移示范机构、国家级高校学生科技创业实习基地、国家小型微型企业创新示范基地，首批四川省大学生创新创业示范俱乐部、省级大学生创新创业园区（孵化基地）、省级小企业创业示范基地。大学科技园与涪城区青义镇党委合作建设“环西科大组团创新创业党建联盟”。推动中国（绵阳）科技城西科数字经济创新中心投入运营，协调西南科技大学院士工作站、国家遥感中心绵阳科技城分部等4家科研平台和企业入驻。

【企业孵化】 2022年，大学科技园整体搬迁至双创大楼，园区新入驻绵阳格非科技有限公司、绵阳吉埃智能科技有限公司、四川新智绿能测控技术有限公司等11家企业。四川青软信息科技有限公司、绵阳紫蝶科技有限公司、四川爆米微纳科技有限公司、绵阳川琦生物科技有限公司、四川蓝领巾教育科技有限公司等园区企业毕业。开展创业导师问诊、入园企业见面会等专题活动十余次。组织科技型中小企业评价和高新技术企业认定等工作，四川烯时代新材料有限公司成为高新技术企业。

【园区创新创业】 2022年，大学科技园建成大学生创业苗圃办公场地15个、入驻大学生创业企业13家。开展双创文化活动，组织举办双创活动大赛4次，参与大学生300余人；组织开展双创沙龙活动14次，参与学员400余人次。完成2022届“筑梦青春创业先锋实践班”教育教学，培育创业先锋25人。接纳大学生创业咨询100余人次。全年共接收大学实习实训200余人次。新聘任校内外双创导师20人，指导大赛和创业200余人次。 （张子明）

科技型中小企业

【概况】 2022年，科技城实施科技企业雁阵培育计划，面向科技型中小企业开展政策培育，会同科技服务机构对入库企业开展“一对一”重点辅导，新增科技型中小企业488家，评价入库科技型中小企业总数达2141家。

【科技型中小企业培育平台】 2022年，科技城按照“专业化、市场化、社会化、体系化”的发展理念，围绕“众创空间（星创天地）+专业孵化器+特色孵化器+特色园区”链条，结合各地发展特色和主要产业推进创新创业平台建设。持续引导孵化机构专业化、市场化、体系化、信息化能力建设，共有国家级、省级孵化载体（孵化器、众创空间）53个，新备案市级孵化器2个、众创空间3个，孵化链3个，备案省级孵化器1个、众创空间3个。

【科技型中小企业创新发展平台】 2022年，绵阳市探索利用科技资源优势，推进新型研发机构建设，组建中国（绵阳）科技城先进技术研究院，签约入驻高水平创新团队。组建运营科技城航空动力创新中心，累计引入创新团队22个，实现成果转化7项。培育省级新型研发机构3家，组织申报省工程技术研究中心10个，申报市重点实验室、工程技术研究中心42个，持续为科技型中小企业吸纳创新成果提供转化平台。

【科技型中小企业服务保障】 2022年，绵阳市发布“人才十条”新政，将人才专项资金从1000万元提高至10亿元，首次提出为引进优秀人才发放最高50万元安居补助、明确设立博士后引进培养专项经费、打通科研院所和地方人才在职称评审方面的体制机制障碍。 （刘　欣）

科技城新区创新基地

【概况】 科技城新区创新基地（以下简称创新基地）是协同创新科技成果转化及产业化关键环

图31　科技城新区创新基地（视觉绵阳提供）

节的重要载体，是绵阳科技城新区着力打造机器人产业园、数字经济产业园、融合创新产业园等产业集群的启动区。创新基地位于绵阳科技城新区直管区，2016年6月启动建设，2021年9月建成，用地面积11.4公顷，建筑面积27万平方米，总投资12.39亿元。创新基地由机器人产业园启动区、院所成果转化区、融合创新总部区、检验检测产业园构成。截至2022年年底，创新基地入驻企业66家，产值约14亿元，税收约6000万元。新增高新技术企业2家，累计培育14家；新增“四上”企业9家，累计培育20家；累计培育国家级科企24家，市级科企30家，国家级专精特新“小巨人”企业2家，省级专精特新企业8家，省级创新型中小企业5家。

【机器人产业园启动区】　机器人产业园启动区位于创新基地3、4、5、6幢，主要引进机器人行业本体结构技术，感知系统与感知技术，决策与规划、调度、控制技术，执行技术及面向应用场景的集成创新技术五大技术领域的优质项目落地，承载其团队组建、市场拓展、人才培训、研发中试等业务环节，为绵阳科技城新区直管区建设机器人智能制造产业园储备项目。截至2022年年底，以它人机器人、乐聚机器人为代表的15项机器人项目落地，为绵阳科技城新区直管区建设机器人智能制造产业园储备项目做好服务。

【院所成果转化区】　院所成果转化区位于创新基地1、2、9、10、11幢，主要引进中物院关联的信息技术、光学成像技术、机械加工工艺等领域的项目落地，承载其产品研发、装配、测试等业务环节，为绵阳科技城新区直管区建设高技术产业园、高端装备制造产业园、融合创新产业园储备项目。入驻以四川伟博震源科技有限公司为代表的地质勘探类企业，以四川思创硕远智能控制系统有限公司为代表的智慧工厂高技术服务类企业，以四川恒泰环境技术有限责任公司为代表的环保类企业。

【融合创新总部区】　融合创新总部区位于创新基地7、8、12、14幢，聚集科研院所关联的成熟产业化项目，承载其行政办公、市场拓展、新产品研发、封装测试等业务环节，并探索引进产业基金总部项目落地，为绵阳科技城新区直管区建设高技术产业园、融合创新产业园、高端装备制造产业园、生物材料及医疗器械产业园储备项目。入驻以四川碧朗科技有限公司为代表的环境监测类企业，以四川喀斯玛融通科技有限公司为代表的电子商贸服务类企业，以绵阳立德电子股份有限公司为代表的医用设备研发类企业，以四川帝威能源技术有限公司为代表的新能源汽车电源研发类企业。

【检验检测产业园】 检验检测产业园位于创新基地13幢，依托在绵阳的院所、高校、企业的检验检测能力，引进关联项目入驻，提供计量、标准、认证认可、检验检测、质量、品牌等专业化科技服务，加速催化绵阳科技城新区科技成果转化及产业化，形成良性循环，进而打造辐射西南地区的国家级检验检测认证公共服务平台示范区。入驻以四川良测检测技术有限公司为代表的检验检测类企业。

【绵阳科技城新区机器人产业园首家企业入驻暨开工仪式举行】 2022年8月24日，它人机器人公司滑板底盘技术研发中心及制造基地在绵阳科技城新区直管区机器人产业园入驻并举行开工仪式。这是绵阳科技城新区直管区机器人产业园首家入驻企业。该项目总投资3.5亿元，办公场地面积1.3万平方米，首期为3000平方米。投产后具备年产约10万台清洁、消毒、配送等机器人及低速无人驾驶底盘的产能。它人机器人与浙江大学智能系统与控制研究所签约共同推进企业与学校的全面技术合作，进行面向环卫保洁无人驾驶机器人方案及其关键技术攻关。 （何　菲）

图32　2022年8月24日，科技城新区机器人产业园首家入驻企业暨开工仪式举行（科技城新区提供）

概　述

【概况】　2022年，科技城贯彻落实“科技兴市”战略，坚持“创新发展”，系统谋划和前瞻布局。开展关键核心技术攻关，梳理形成446项关键核心技术需求库，通过“揭榜挂帅”等方式，吸引科研单位开展联合攻关。创新实施科技助理制度，助力技术对接，促成科研单位技术转化，科技助理制度相关经验被《人民日报》《科技日报》等报道推广。打造“创新金三角·智汇科技城”品牌，举办系列活动5场，实现成果转化近20项，技术需求对接近30项。科技城聚集国、省技术转移示范机构11家，备案省级科技成果转移转化示范企业102家，获批建设省级科技成果转移转化示范区2个，培育高新技术企业704家。累计收录各类成果4.7万余项，相关企业1.36万家；征集企业技术创新需求3200余次，实现成果转化项目120余项；技术合同认定登记额41.06亿元，居全省第2位；全市R&D经费投入占比达7.15%。科技城获得2021年度四川省科学技术奖28项。其中，一等奖4项（牵头1项、参与3项），二等奖12项（牵头4项、参与8项），三等奖12项（牵头9项、参与3项）。

【天府科技云建设】　2022年，天府科技云市、县两级云服务中心争取运营经费270万元，配齐线下服务中心队伍11个，新增注册科技工作者7204人、企事业单位612家、第三方机构18个，科创工作室1477个，新增科技供给、需求发布项目7307项，科技服务交易352单，实施保姆式服务订单8838单。至年底，天府科技云注册科技工作者9.8万余人，注册企事业单位1.7万家，开设科创工作室1.8万余个、第三方服务机构34个，发布“科技所能”2.5万余项、科技需求2.5万余项，有科技服务成交量3203笔。科技成果1421项，成交量17笔；科研项目承接169项，成交量20笔。

【保姆式科技服务】　2022年，科技城科服保姆走访中小企业1000余次，梳理科技成果200余项、技术瓶颈3000余条，实施“线上发布+线下推介”成果转化，云平台线上发布科技成果1200余项。在四川省首届科创会上发布中物院

“FLASH放射治疗装置”等科技成果，并实施保姆式“一对一”跟踪服务。在全省首届科创会上收集的绵阳天捷能源公司“含油废水的收集净化处理的科学研究”、龙华光电薄膜公司“高分子功能薄膜研究材料攻关”技术难题分别得到四川前成科技公司、成都万道生物科技公司等院企专家团队解决。“线上、线下和科创会”三重合力解决佳联佳禧公司“印染前处理高浓退浆废水物处理”、银河化学“铬盐清洁化生产技术开发”等一大批企业急需的技术难题。至年底，科技城有科服保姆93人，累计提供保姆服务近1.7万单，完成保姆服务近1.1万单。

【科技助理制度实施】 2022年，绵阳市选派两批科技助理共53人，在基金小镇挂牌成立科技助理工作站，向重点企业发放需求调查表，累计收集创新主体技术创新和成果转化等需求715项、完成技术对接283项，推动技术突破30余个，组织开展各类交流培训活动20余场、解决实际问题100余项。招引院所高校及其团队到绵阳建立分支机构（创新平台）6个，帮助科技企业获得贷款5649.91万元。

【“招院引所”工作】 2022年，绵阳市围绕解决创新要素集聚不充分的问题，创新开展“招院引所”工作，共招引北京大学、复旦大学、中科院等14家高校、院所、龙头企业等研发团队落地绵阳。推进“云上大学城”“云上科技城”建设，制定“云上大学城”十件大事，推进线上平台建设和线下合作项目落地，举办“云上大学城”联席工作会，就“校与校、校与地、校与产、校与企、校与园”合作进行交流，面向“云上大学城”高校发布技术需求108项，促成5个项目成功对接。

【科技成果转化平台建设】 2022年，绵阳市围绕解决科技成果市场化转化能力不强的问题，加速推进中国（绵阳）科技城先进技术研究院、中国（绵阳）科技城航空动力科创中心“两大平台”建设。中国（绵阳）科技城先进技术研究院实体化运行，会同先进研究院对接项目团队30余个，完成项目储备19项，签约入驻中物院创新团队、清华大学先进材料团队等团队5个，推动与中物院合作共建光电研发中心、与乌镇实验室共建先进材料中心，协调先进技术研究院与厦门产业技术研究院达成框架合作协议。中国（绵阳）科技城航空动力科创中心新引入浙江大学热管理团队、西安交大乔百杰教师团队等团队8个，累计入驻创新团队22个，实现科技成果转化7项。获批建设全国地级市首个核技术医学转化重点实验室，国家两用技术交易中心建成6个分中心和3个工作站，成德绵国家科技成果转移转化示范区通过验收。探索建设“云上大学城”“云上科技城”，厦门大学、中国科学技术大学、电子科技大学等20所高校先后入驻“云上大学城”，促成斯坦福大学博士曹笑之等与绵阳签订入驻“云上两城”意向协议。

【两用技术交易】 2022年，国家两用技术交易中心通过分中心、工作站等形式开展跨区域技术交易服务，通过资源共享、业务培训、合作交流等，推进技术交易和科技成果转移转化。开发“戎e宝”微信小程序，发布技术交易、创新创业等政策，展示推广项目、成果。与分支机构资源共享，全年实现技术交易43项、交易额2.99亿元，累计实现技术交易200项、技术交易额10.65亿元。继续加强与科研院所、高等院校合作，挖掘科技成果1.3万余项，筛选出可供交易的先进技术成果303项。

【29项成果获省科技进步奖】 2022年3月25日，四川省科学技术奖励大会公布2021年度四川省科学技术奖获奖名单。在绵阳的高校、科研院所、企业和个人共获得2021年度四川省科学

技术奖29项。其中，中国工程物理研究院院士胡思得获四川省科学技术杰出贡献奖。全市获科学技术奖励项目28项，其中一等奖4项（牵头1项、参与3项）、二等奖12项（牵头4项、参与8项）、三等奖12项（牵头9项、参与3项）。

2021年度科技城获得四川省科学技术奖一览表

表14

序号	等级	类别	项目名称	主要完成单位
1	一等奖	技术发明奖	航空发动机稳定性主动调控关键技术与应用	西华大学、北京航空航天大学、中国航发四川燃气涡轮研究院、北航（四川）西部国际创新港科技有限公司
2		科学技术进步奖	高超声速飞行器气动力热高精度数值模拟技术及应用	中国空气动力研究与发展中心计算空气动力研究所
3			ϕ600毫米大口径卧式双端口平面斐索干涉测试仪	成都太科光电技术有限责任公司、中国测试技术研究院、西南科技大学
4			优质安全鸡蛋高效生产的饲料营养调控关键技术研发与应用	四川农业大学、四川圣迪乐村生态食品股份有限公司、新希望六和股份有限公司、帝斯曼（中国）有限公司、四川厚全生态农业有限公司、重庆优宝生物技术股份有限公司
5	二等奖	自然科学奖	战略金属氧化矿高效浮选分离的化学调控机制	西南科技大学、中南大学
6		技术发明奖	多组分高分子复合材料强韧化、功能化关键技术及应用	西南交通大学、中物院成都科学技术发展中心、四川仁智新材料科技有限责任公司
7		科学技术进步奖	面向复杂试验环境的风洞高精度视觉测量关键技术及应用	中国空气动力研究与发展中心低速空气动力研究所、西华大学、成都通甲优博科技有限责任公司
8			航天高品质1Cr21Ni5Ti关键工艺技术研究及应用	攀钢集团江油长城特殊钢有限公司
9			共轴刚性旋翼风洞试验技术及关键气动问题研究	中国空气动力研究与发展中心低速空气动力研究所、南京航空航天大学、零八一电子集团四川力源电子有限公司
10			传统特色肉制品标准化加工关键技术与装备研发及应用	成都大学、四川高金实业集团股份有限公司、四川枫叶牧场食品有限公司、成都海科机械设备制造有限公司、四川张飞牛肉有限公司
11			四川省慢性病疾病负担及综合防控示范研究	四川省疾病预防控制中心、成都市青羊区疾病预防控制中心、成都市新津区疾病预防控制中心、汶川县疾病预防控制中心、三台县疾病预防控制中心
12			高品质附子（川乌）标准化生产技术体系构建与应用	四川省中医药科学院、成都大学、国药集团北京华邈药业有限公司、四川佳能达攀西药业有限公司、四川江油中坝附子科技发展有限公司

续表 14

序号	等级	类别	项目名称	主要完成单位
13	二等奖	科学技术进步奖	公共安全数据融合处理关键技术及应用	成都九洲电子信息系统股份有限公司、四川科瑞软件有限责任公司、电子科技大学、成都信息工程大学、四川九洲电器集团有限责任公司
14			规模化养鸡环境精准控制技术体系建立与应用	四川省畜牧科学研究院、西南科技大学、四川大学、中国农业大学、成都晟兴牧业机械有限公司
15			高品位茧丝蚕品种选育及配套技术集成推广	四川省南充蚕种场、四川省农业科学院蚕业研究所、四川省蚕业管理总站、绵阳天虹丝绸有限责任公司、西昌市茧丝绸总公司
16			突破性鲜食枣新品种选育及产业化应用	四川农业大学、德阳市罗江区林业产业站、三台县天然林保护工程管理中心、成都市龙泉驿区林业科学技术推广站、四川省林业科学研究院
17	三等奖	科学技术进步奖	基于压缩机绕组测温的智能状态检测关键技术研发及产业化	四川长虹空调有限公司、青岛三源泰科电子科技有限公司
18			5G 通讯测试仪器用 YIG 磁调谐器件技术	西南应用磁学研究所(中国电子科技集团公司第九研究所)
19			大尺寸智能电视超高清显示技术及应用	四川长虹电器股份有限公司
20			面向下一代的无线超宽带设备关键技术及应用	四川九州电子科技股份有限公司、西南科技大学、上海增信电子有限公司
21			四川甲基卡隐伏锂矿找矿关键技术及找矿突破	四川省地质调查院、中国地质科学院矿产资源研究所、西南科技大学
22			冷弯薄壁型钢房屋结构性能提升关键技术研究与应用	西南科技大学、北新房屋(成都)有限公司、四川三阳钢结构有限公司
23			超重力场多轴机器人研制及应用	中国工程物理研究院总体工程研究所
24			我国不同地域 $PM_{2.5}$ 对人体健康效应的影响及其分子调控机制研究	四川绵阳四〇四医院、西南科技大学、西南医科大学
25			民用起爆器材全生命周期安全性关键技术及应用	雅化集团绵阳实业有限公司、成都信息工程大学
26			优质特色菜豆和豇豆新品种选育及栽培技术集成与应用	四川农业大学、绵阳市农业科学研究院、四川省绵阳科兴种业有限公司
27			鸭病毒性肝炎诊断与防控关键技术开发及应用	西南民族大学、四川华西动物药业有限公司、山东信得科技股份有限公司
28			全球首堆“华龙一号”核电建造技术创新工程	中国核工业二四建设有限公司

【“智享绵阳”系列活动】 2022年5月21日，“智享绵阳”系列活动启动仪式暨首场交流会举行。市委副秘书长陈旭出席活动并致辞，市科技局党组书记、局长赵琳，中国电子科技集团公司第九研究所副所长闫欢，久远集团党委委员、董事、副总经理，中国（绵阳）科技城先进技术研究院工作组组长宋小沛出席。首场交流会以“科技薪火助燃材料创新引擎”为主题，来自中物院、四川大学的5位专家作专题报告，东材科技、利尔化学等6家企业代表交流发言。仁智新材料、麦斯威尔等9家企业与院所高校相关专家、金融机构开展对接，就技术需求、成果转化、融资等进行交流，4家达成初步合作意向。10月20日，以“科技联动加速激光创新聚变”为主题的“智享绵阳”系列活动之激光专场交流会举行。活动中，来自中物院、西南科技大学、四川中久大光科技有限公司等单位的5位专家分别围绕“先进激光技术研究及其应用情况”“直接雕刻制版应用中的高功率激光技术”“激光产业技术现状与展望”等作专题报告，四川中久光湾科技有限公司等代表围绕企业基本情况，主流产品、技术瓶颈探讨等交流发言。

【四川省科协天府科技云服务高质量发展推进会成都平原经济区专场在绵阳召开】 2022年6月9—10日，四川省科协天府科技云服务高质量发展推进会成都平原经济区专场在绵阳召开。省科协党组书记、副主席毛大付出席并讲话，省科协党组成员、副主席经戈，绵阳市人大常委会副主任李川萍参加相关活动。会上，成都、德阳、绵阳、资阳四地科协负责人就各地开展保姆式服务和“科创会”工作情况作汇报。西南科技大学环境友好能源材料国家重点实验室、绵阳科技城中科创新育成中心、绵阳天仪空间科技有限公司科技工作者代表作交流发言。

【首个科技助理工作站挂牌成立】 2022年10月28日，绵阳市首个科技助理工作站在中国（绵阳）科技城科创基金小镇正式挂牌成立。该工作站主要服务于“天府科创贷”绵阳分中心高质量运营，围绕“创新链、产业链、人才链、资金链”四链协同，以“1个科技助理+1个朋友圈+N个综合服务体系”的“1+1+N”的服务模式，开展征集企业投融资需求，组织科技成果路演，投融资供需精准对接，培训和政策宣讲，探索科技金融产品和服务创新，指导科技金融机构开发专属产品等工作，成为产学研用的桥梁纽带、成果转化的服务基地、科技创新的赋能平台、科技金融的助企载体。 （刘　欣）

科技成果发布

【概况】 2022年，科技城联合《中国工业报》采取线上直播方式开展成果推介工作，举行成果发布会12场，12家企业发布新成果，发布新技术新成果18项，累计超过53万人次在线收看。发布产品涉及电子信息、新材料、新能源、工业自动化技术等多个领域。

【太阳能热电联供系统成果发布】 2022年1月10日，四川蜀旺新能源股份有限公司研发的太阳能热电联供系统在工研院成果发布会上展示发布。该系统通过核心组件吸收太阳辐射光照产生电能，直流电通过逆变器转换成交流电供应设备用电，多余的电能并入国家电网，从而得到电费的收益。同时，通过对系统在发电的过程中组件表面产生的大量热量进行回收储存，热量通过地暖或风机盘管等方式进行散热用于取暖及供应生活热水。具有用途多、占地面积小的特点，年平均发电效率比传统太阳能电站提高15%，太阳能热效率达48%，综合利用效率达68%。

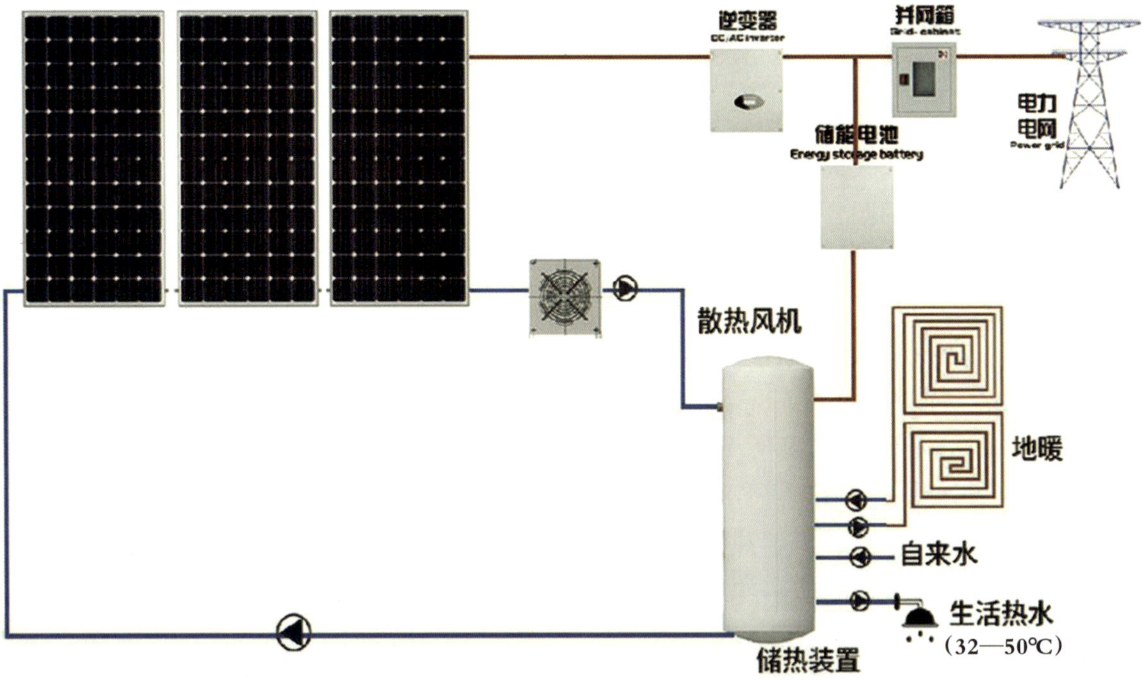

图33　太阳能热电联供系统示意图（工研院提供）

【超声波塑料管材在线测厚系统成果发布】　2022年2月15日，绵阳沃思测控技术有限公司自主研发的超声波塑料管材在线测厚系统在工研院成果发布会上展示发布。该系统是一套高可靠性的塑料管材品质实时监控系统。系统主要给予超声波应用，通过专用硬件和软件，可对塑料管材生产线进行自动测量、数据记录、过程控制等。本系统强大的数据分析和管理能力使得系统及时发现产品缺陷，降低产品质量风险和生产成本的同时，使生产管理简单有序。

【科技治超综合执法信息化管理系统成果发布】　2022年3月9日，四川奇石缘科技股份有限公司研发的科技治超综合执法信息化管理系统在工研院成果发布会上展示发布。该系统实现对辖区货运车辆和源头企业全天候、全领域的综合管控。该系统运行实现治理管理模式信息化、办公数字化，提供“事前—事中—事后”全流程、全要素的闭环监管的科技支撑，可节约在治理超限超载问题上人力、物力的长期投入，降低道路维护管理成本。该系统包含多个硬件子系统和软件平台，其中自主研发生产的核心部件——石英称重传感器取得多项专利技术和国际认证证书。

【高纯度、高活性羟基磷灰石成果发布】　2022年4月11日，四川绵阳兴合益新材料有限公司研发的高纯度、高活性羟基磷灰石在工研院成果发布会上展示发布。高纯度、高活性羟基磷灰石又称羟基磷酸钙，是人体骨骼的主要成分。人工合成的羟基磷灰石纯度更纯，含量高达99.6%，钙磷摩尔比为1.67，是一种无毒、无味、无腐蚀，安全可食用的白色无机粉末。粒径小，比表面积大，与蛋白质和色素有很强的结合能力，生物相容性强，抑制有害菌能力显著。具有良好的生物相容性和生物活性，对动物体人体无毒、无害、无致癌作用，可产业化生产并广泛应用于在化工、环境、生物、医用、滤芯材料、食品补钙、日化品填充等领域。

图34　羟基磷灰石（工研院提供）

【低能电子束装备成果发布】　2022年5月9日，四川智研科技有限公司自主研发的低能电子束装备在工研院成果发布会上展示发布。低能电子束装备是一种以人工方法使电子在真空中受磁场力、电场力加速而达到高能量的电磁装置。该系统装备包括MEB-160/200型桌面科研设备和CEB-200/500型工业化电子束装备，打破国外垄断，实现进口替代，突破制约国内电子束应用配套技术开发的瓶颈。完成轮胎辐射预硫化、高端包装薄膜、太阳能封装胶膜、印刷涂层固化、消毒灭菌等领域的工业化推广和应用。

【射频消融系统成果发布】　2022年6月9日，绵阳立德电子有限公司自主研发的射频消融系统在工研院成果发布会上展示发布。射频消融（Radiofrequency Ablation，RFA）是常用的物理消融治疗方法之一，被广泛应用于肝癌、肺癌、甲状腺结节等疾病的治疗，具有微创、安全、高效、绿色、精准等优点。本成果是一种靶向、微创肿瘤原位治疗的系统，采用独有射频能量发生专利，融合自适应脉冲控制技术，能够实现对人体多种病损的消融和凝血治疗。该技术在超声、内镜或CT等影像技术引导下，将消融电极针插入人体内直接或间接接触病灶，通过射频能量使病灶局部组织产生高温、干燥，最终凝固灭活组织及肿瘤，从而实现对实体肿瘤的靶向、微创治疗。

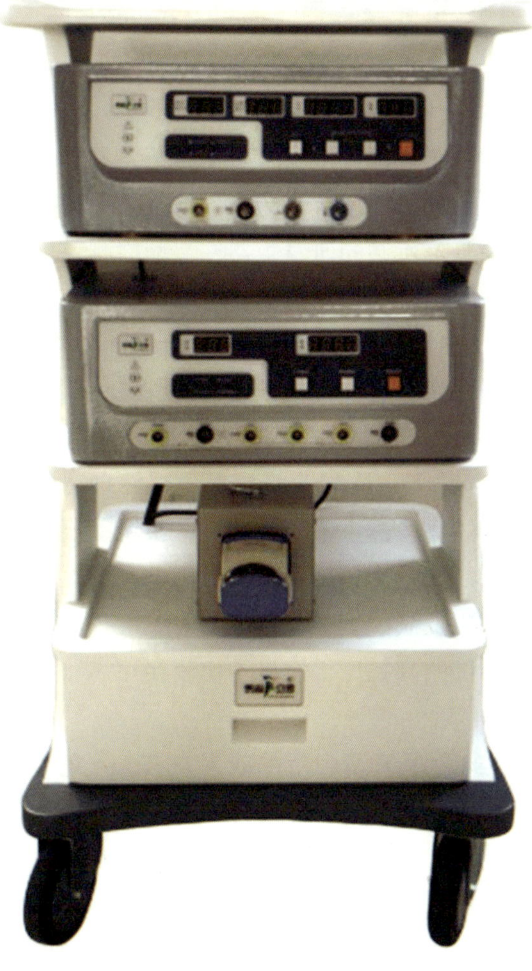

图35　LDRF-120S 射频消融系统（工研院提供）

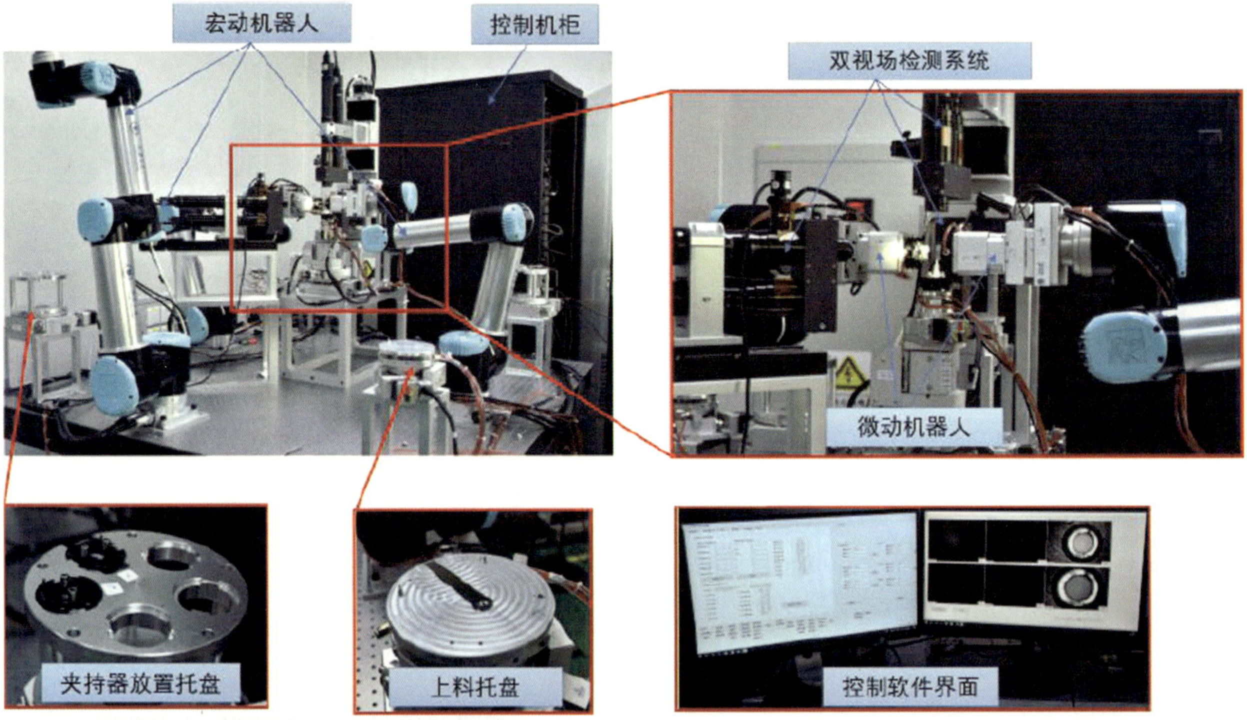

图36　复杂微器件高精度柔性装配检测一体化机器人系统（工研院提供）

【微器件装配检测一体化机器人成果发布】 2022年7月11日，四川省信捷迅科技有限公司联合高校和科研院所共同研发微器件装配检测一体化机器人在工研院成果发布会上展示发布。该产品精度高、兼容性强、可实现多器件并行协调装配，适用于复杂微器件制造，有三维复杂、高精度、不规则、易变性、多品种等特征。填补国内外“微米—毫米—厘米”跨尺度微零件自动化检测装配一体化机器人系统的空白。系统围绕对复杂微器件的高效高精度自动装配需求，突破位姿检测、伺服控制、智能工艺规划等关键技术，实现该类器件的高精度柔性自动化装配。

【交通安全反光系列产品成果发布】 2022年8月9日，绵阳光耀新材料有限责任公司发布的交通安全反光系列产品在工研院成果发布会上展示发布。该系列产品包括雨夜反光陶瓷珠、水性立面反光标记涂料。雨夜反光陶瓷珠作为雨夜反光标线的主要功能材料，由单一材质反光玻璃珠发展为多材质经光学设计集成的反光阵列，适用于道路标线三级、四级逆反射亮度要求，并赋予雨夜反光视认功能，应用于南方多雨省市的高等级公路，沿海、山区、旅游景区等多雨、潮湿天气环境下的道路，或设计要求道路标线必须具备潮湿状态或连续降雨状态下需要高亮度、长距离视认的场景。雨夜反光标线增强降雨、潮湿路面交通参与者对标线的视认性，提高机动车雨天行驶的安全性，减少交通事故的发生。水性立面反光标记涂料遵循《立面反光标记涂料》标准（JT／T 1327—2020），可完全替代反光膜、轮廓标等使用，达到干燥、潮湿状态均有反光效果的目的。具有环境友好、反光性佳、适用面广、施工方便的优势。广泛应用于道路立面轮廓需警示反光的位置，如隧道涵洞口弧形立面、高速收费站岛头、高架桥梁桥墩、道路路缘石、道路中间绿化带或护栏端头处、地下停车场引导标识及其他需要反光标识的场所，均能提供很好的反光视认效果。

【新型水化硅酸钙超早强剂成果发布】 2022年9月9日，四川同舟化工科技有限公司联合3家单位共同开发的一种新型晶种诱导合成法制备——新型水化硅酸钙超早强剂在工研院成果发布会上展示发布。该产品相较传统方法合成时间缩短60%，并且未使用强碱更加环保，在混凝土通过掺入少量新型水化硅酸钙超早强剂，即可缩短甚至免除混凝土构件的蒸汽养护时间，促进混凝土早期强度快速发展，提高构件的生产效率。具有合成周期短、产品绿色环保、增强作用明显的特点。

【BEW复杂水质监测系列仪器成果发布会】 2022年10月14日，四川碧朗科技有限公司研发的BEW复杂水质监测系列仪器在工研院成果发布会上展示发布。该成果包括BEW-PMI100型（ORP）高锰酸盐指数水质在线分析仪、BEW-AN100型（逐出法）氨氮水质在线分析仪和BEW-COD100型（高氯）化学需氧量水质在线分析仪。BEW-PMI100能准确地测量高浊度水体中的高锰酸盐指数，适用于生活饮用水、水源保护地、湖泊、河流断面、地下水等高浊度、色度水体中高锰酸盐指数的自动在线监测；BEW-AN100可适用于海水、高浊度、高色度、富离子、高盐度以及余氯环境的氨氮水质在线分析；BEW-COD100能避免高氯离子废水中的氯干扰，适用于地表水、生活污水、各种工业废水等高氯离子水质环境的化学需氧量检测。该系列仪器不受水体高浊度、高色度、高盐度等的影响，具有适用水体范围广、分析速度快、准确度高、配备有效废液处理装置、可远程掌握仪器状态、人机交互体验感优异等特点。

【HWX10高速视觉分选机成果发布会】 2022年11月10日，四川聚强创新科技有限公司研制的HWX10高速视觉分选机在工研院成果发布会上展示发布。该产品运用高清晰度全局高速工业相机，可对市面上通用电子元器进行筛选，满足企业院所生产试验的需求。具有体积小、重量轻、测试筛选种类多的特点，能够对0201到2525的电阻、电容、二极管等进行筛选；同步搭载全伺服方案，实现高速、高精度、高寿命应用；自研运动控制、视觉测量系统，实现高速定位与视觉分析测量、ARM+DSP方案，支持2轴高速插补，脉冲频率4M，像素精度可达0.02毫米。

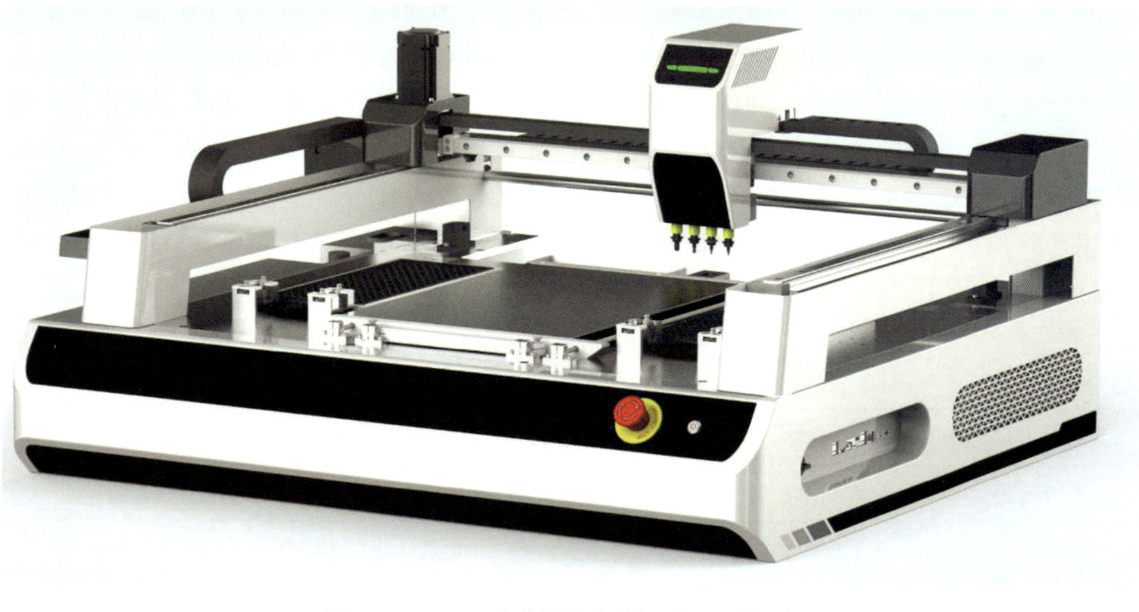

图37　HWX10高速视觉分选机（工研院提供）

【便携式移动电源与便携式气象探测设备成果发布】 2022年12月9日，四川特飞科技股份有限公司自主研发的便携式移动电源与便携式气象探测设备在工研院成果发布会上展示发布。便携式移动电源包括户外储能电源与啸狼野外便携直流电源，携带轻便、体积小、重量轻、高储能、多功能、使用安全，采用固态电芯，具备USB3.0、DC12V、AC220V等接口，能提供500瓦至2100瓦的额定功率输出，整体采用IP67/IP65级防雨设计，可在-25℃—60℃环境中正常使用。可满足户外郊游、矿井探测、应急救灾、公共抢险等应用场景下对电源的需求。便携式气象探测设备具有携带轻便、高精度、多功能等特点，采用全固态棒式设计，坚固耐用，集成温度、湿度、风速、风向、气压、图像等多要素测量，采用RS485、GPR(4G/5G)、北斗或超短波通信与IP65级防水设计，可在-40℃—85℃环境中正常使用。可满足防灾减灾、农业、林场气象监测、火场等环境监测的需求。 （胥若曦）

知识产权管理与服务

【概况】 2022年，科技城出台《绵阳市“十四五”知识产权保护和运用规划》《绵阳市建设国家知识产权强市建设示范城市工作方案（2022—2025年）》，印发《2022年绵阳市知识产权局工作要点》《贯彻落实市第八次党代会重要部署“深化知识产权示范城市建设，建设中国（绵阳）知识产权保护中心”部分责任分工任务清单》《贯彻落实省第十二次党代会重要部署“强化知识产权创造、保护、运用”责任分工任务清单》《2022—2023年贯彻落实绵阳市强化知识产权保护实施方案推进计划》等文件，安排部署知识产权强市建设、知识产权任务分工等工作。市财政局、市市场监督管理局修订完善《绵阳市专利专项资金管理办法》，出台《绵阳市专利商标专项资金管理办法》，并在全省率先全面取消专利授权资助，专项资金的支持重点向知识产权的运用保护延伸。新增专利授权9438件，发明专利授权量2761件，有效发明专利拥有量1.11万件，发明专利拥有量达3708件，万人发明专利拥有量突破22件；商标新申请1.14万件，有效注册量累计突破6.3万件；新增地理标志商标1件，地理标志商标总量16件，地理标志保护产品15件。国家知识产权示范和优势企业34家；国家级知识产权保护规范化市场2个；新增国家和省专利奖12项，国家和省专利奖累计46件。新增2家知识产权服务机构，知识产权服务机构总数32家。建立商业秘密保护联动协调机制，挂牌建立绵阳市商业秘密保护基地，规范商业秘密受侵害维权流程，增强企业自我保密意识。绵阳市被国家知识产权局确定为全国首批国家知识产权强市建设示范城市，游仙区被国家知识产权局确定为全国首批国家知识产权强县建设示范县。绵阳外国语学校被命名为“十四五”首批四川省中小学知识产权普及教育试点学校。绵阳市获批省级商业秘密保护创新试点城市，四川奇石缘科技股份有限公司获批省级商业秘密保护创新试点基地。

绵阳市知识产权服务业集聚区服务机构一览表

表15

序号	机构名称	序号	机构名称
1	中国工程物理研究院专利中心	4	北京中金浩资产评估有限责任公司
2	中国航天科技集团知识产权中心绵阳分中心	5	北京中济纬天专利代理有限公司
3	东鹏资产评估(北京)有限公司	6	北京集佳知识产权代理有限公司

续表15

序号	机构名称	序号	机构名称
7	四川力久律师事务所	20	成都金英专利代理事务所(普通合伙)
8	四川中科融创科技有限公司	21	成都虹桥专利事务所(普通合伙)
9	四川行之知识产权服务集团有限公司	22	成都蓉信三星专利事务所(普通合伙)
10	四川锦远知识产权服务有限公司	23	成都嘉企盾知识产权服务有限公司
11	西南科技大学技术与创新支持中心(TISC)	24	成都睿道专利代理事务所
12	成都九鼎天元知识产权代理有限公司(成都九鼎天元知识产权代理有限公司绵阳办事处)	25	成都慧聚知识产权代理有限公司
13	成都天嘉专利事务所(普通合伙)	26	绵阳市博图知识产权事务所
14	成都元信知识产权代理有限公司	27	绵阳弘毅融创知识产权运营服务有限公司
15	成都市天策商标专利事务所(有限合伙)	28	绵阳远卓弘睿知识产权代理事务所(普通合伙)
16	成都市鼎宏恒业知识产权代理事务所(特殊普通合伙)	29	绵阳勤德资产评估有限责任公司
17	成都华风专利事务所(普通合伙)	30	绵阳山之南专利代理事务所(普通合伙)
18	成都众恒智合专利代理事务所(普通合伙)	31	紫藤知识产权集团(深圳)有限公司
19	成都时誉知识产权代理事务所(普通合伙)	—	—

【知识产权服务载体建设】 2022年，科技城新引进东鹏知识产权评估机构、时誉知识产权代理事务所2家知识产权服务机构，知识产权服务机构累计32家，打造知识产权服务业集聚区。科技城持续建设国家知识产权局商标业务绵阳受理窗口，受理商标注册、续展等业务209件，接受商标业务咨询1500余次。科技城获批四川省“知识产权+蓉欧班列”绵阳基地，上线绵阳市知识产权综合管理系统，建设以知识产权全链条服务为基础，知识产权创造、保护和运用体系完善为目标的综合服务与保护平台。构建以知识产权大数据为基础的公共信息服务网络，支持西南科技大学建设技术与创新支持中心（TISC），先后在绵阳市图书馆、政务服务中心、创新中心二期、外国语学校等地设立专利信息服务网点6个。运行四川省知识产权保护中心绵阳分中心，发明专利审查周期由2—3年缩短至3个月左右，共完成专利申请预审76件、互检案件60件。

【知识产权运用】 2022年，科技城依托四川知识产权运营中心，在四川（绵阳）知识产权公共服务平台基础上，新建四川知识产权运营中心绵阳中心，平台累计促进知识产权转让和许可金额超9800万元。“江油附子”被国家知识产权局批准注册为地理标志证明商标。“江油附子”“涪城麦冬”“天宝蜜柚”“北川茶叶”“盐亭母猪壳”5个地理标志新增用标企业31家，地理标志用标企业总数达55家。设立商标品牌指导站14个，提升商标品牌的市场价值和社会效益。支持企业围绕关键技术开展专利导航，解决“卡脖子”问题，完成新材料、转型升级产业等专利分析报告8项，其中《液晶显示屏用光学膜防眩技术专利预警》围绕本地某企业被日本企业“卡脖子”35项专利技术自由进行专项分析。促进学校和科研院所知识产权运用能力提升，持续推动西南科技大学开展职务发明知识产权归属和利益分享制度改革试点，实现职务发明收益的80%归发明人所有，共有47项发明专利及植物新品种使用权获得转让，累计获得转让金额332.97万元。

【知识产权强企培育】 2022年，科技城实施知识产权强企定向培育计划，首批入库培育企业25家。长虹集团、九洲集团、富临精工、东材科技、好医生药业、四川龙华光电薄膜股份有限公司、四川长虹空调有限公司、绵阳惠科光电科技有限公司8家企业入选四川省知识产权强企培育企业。86家企业通过知识产权贯标认证。建成长虹、九洲、西南科技大学、铁骑力士、旭虹光电等高价值专利育成中心6个。组织开展2022年国家知识产权优势企业及示范企业申报和复核，新增国家知识产权示范企业2家和国家知识产权优势企业9家，国家知识产权优势、示范企业总数达34家。加强企业知识产权资助，组织专利专项资助资金申报工作，专利专项资金共资助499.321万元。组织2022年省级知识产权专项资金项目申报和省级知识产权项目申报，向上争取知识产权专项资金495万元。组织企业申报国、省专利奖，长虹电器、富临精工、中国空气动力研究与发展中心低速空气动力研究所的4项专利获中国专利优秀奖，麦思威尔、长虹空调等8家企事业单位获得四川省专利奖，其中中国空气动力研究与发展中心高速空气动力研究所的“一种带引射功能的暂冲式超声速风洞控制方法”专利获四川省专利奖特等奖。

【知识产权宣传】 2022年，市市场监管局与市广播电视台联合打造《市场监管在身边》《小家大市》特别栏目，推送知识产权保护工作动态。知识产权宣传周期间，开展走近绵阳知识产权电视直播、《2021年度绵阳市知识产权行政和司法保护典型案例》发布、联合执法、集中销毁等活动10余项。开展知识产权“五进”。开展“知识产权服务万里行”活动，统筹推进知识产权进企业、进单位、进社区、进学校、进网络的“五进”活动，举办知识产权网络竞答，共3000余人参与。开设“企业技术创新与知识产权保护”网络直播培训课，吸引3000余人参加相关培训。

【国家知识产权强市建设示范城市创建】 2022年1月，市场监管局牵头召开知识产权强国建设试点示范城市、县域申报专题会，研究知识产权现状调查摸底以及创建材料编制工作。2月18日，绵阳市向四川省市场监管局申请创建国家知识产权强市建设示范城市，并推荐游仙区争创国家知识产权强县建设示范县。经省市场监管局评定，推荐绵阳市申报国家知识产权强市建设示范城市，推荐游仙区争创国家知识产权强县建设示范县，并报请国家知识产权局核准。经国家知识产权材料审查、专家评审、材料补充等程序。8月4日，绵阳市被国家知识产权局确定为国家知识产权强市建设示范城市；同月24日，游仙区被确定为国家知识产权强县建设示范县。试点示范时限为2022年7月至2025年6月。

【“江油附子”被国家知识产权局批准注册为地理标志证明商标】 2022年7月14日，“江油附子”被国家知识产权局批准注册为地理标志证明商标。“江油附子”于2006年获批为地理标志保护产品，保护区范围为江油太平、青莲、三合、彰明、西屏5个乡镇。2019年5月，启动“江油附子”地理标志证明商标注册。2020年年底，因产品与自然因素关联的特异性指标挖掘不足，被国家知识产权局商标局驳回。2021年，再次启动申报。2022年4月13日，根据国家知识产权局商标局发布的第1787期《商标公告》，确定江油市中药材种植协会申请在第5类的“江油附子”地理标志证明商标获商标初审公告。江油自古出附子，据《江油县志》记载，江油培植附子有1900多年历史，素有“附子之乡”的称号。

【绵阳成为四川省“知识产权+蓉欧班列”基地】 2022年8月29日，四川省“知识产权+蓉欧班列”基地启动暨自主知识产权产品集中出海首列列车发车仪式在成都举行。在仪式上，绵阳市被国家知识产权局、四川省知识产权促进服务中心授予四川省“知识产权+蓉欧班列”基地。该基地主要职责为：提升全市企业产业海外知识产权风险防控能力，为“绵阳造”出川护航；指导企业开展海外知识产权布局；指导企业建立健全知识产权风险预警防控和应急机制建设；指导企业进行海外知识产权纠纷应对；开展知识产权涉外能力提升活动，培训培养知识产权国际化人才、国际贸易人才；指导企业开展知识产权海关保护备案、知识产权海外保险等。

【《绵阳市建设国家知识产权强市建设示范城市工作方案（2022—2025年）》出台】 2022年10月1日，绵阳市人民政府印发《绵阳市建设国家知识产权强市建设示范城市工作方案（2022—2025年）》（以下简称《方案》）。《方案》以“构建区域创新高地 打造知识产权强市”为主题，围绕绵阳创新驱动核心战略实施，提出“坚持知识产权战略，健全知识产权管理体制；坚持高质量导向，激发知识产权创造活力；坚持优化营商环境，强化知识产权保护体系；坚持价值导向，加快推进知识产权转化运用；坚持以人为本，完善知识产权公共服务体系”等五项主要任务，推进国家知识产权强市建设示范城市建设。

【四川知识产权运营中心绵阳中心揭牌成立】 2022年11月16日，四川知识产权运营中心绵阳中心在创新中心二期正式揭牌。绵阳中心在四川（绵阳）知识产权公共服务平台基础上建设，是四川省在地级市授牌成立的首个四川知识产权运营中心分中心，也是四川省加强知识产权转化运用的重要载体。绵阳中心主要有知识产权代理事务、数据检索、运营交易、维权保护、金融服务、人才培训六大服务功能，按照“线上展示、线下对接、公共服务、多方协同”的方式运营，促成发明专利审查周期由2—3年缩短至3个月左右。2022年，完成专利申请预审76件、互检案件60件。（兰　健）

知识产权保护

【概况】 2022年，科技城市场监管部门强化知识产权区域合作和部门协同，与德阳市签订区域监管执法协作框架协议、与阿坝藏族羌族自治州市场监督管理局签署绵阿知识产权战略合作协议、与市中级人民法院签订知识产权协同保护合作协议，与市人民检察院联合印发《关于强化知识产权协同保护的意见》，与重庆市北碚区市场监管局联合发布2021年度市场监管系统知识产权行政保护典型案例。科技城共受理审结各类知识产权案件532件，增长42%，其中受理知识产权民事案件526件、刑事案件6件。绵阳两级人民法院秉持加大侵权赔偿力度的有力保护司法理念，坚持知识产权侵权赔偿的市场价值导向，审结知识产权案件，其中绵阳高新区人民法院审结的四川绵阳“11·11”侵犯著作权案入选2022年度四川省知识产权保护十大典型案例，市中级人民法院一审审理的《红灯记》改编权纠纷案，经四川省高级人民法院二审维持原判，入选国际知识产权保护协会中国分会版权保护十大案件，公开审理的稻花香商标侵权案件庭审入选2022年度绵阳法院系统“十佳庭审”及四川省法院系统“优秀庭审”。

【知识产权保护能力提升】 2022年，科技城设立知识产权保护工作站31个、知识产权巡回法庭4个、知识产权保护检察工作站3个，构建知识产权纠纷多元化解决机制。设立维权援助工作站，诉前立案调解知识产权案件16件。推进专利侵权纠纷行政裁决示范建设试点工作，举办

"专利侵权纠纷行政裁决宣讲会"，印制商标专利申请及维权服务指南、绵阳市电子商务知识产权保护指引，办理专利侵权纠纷案293件。深化"蓝天"专项行动，规范服务机构代理行为，督导相关申请人撤回非正常专利申请924件。开展商标代理行业专项整治行动，发布关于征集商标代理行业违法线索的公告，摸排商标代理违法行为线索2条，查办商标代理机构恶意代理注册商标案1件，切实规范知识产权服务行业。科技城人民检察机关坚持"溯源追流"，推动违法犯罪全链条打击。通过立案监督、追诉追捕等监督手段，引导侦查机关向上溯源、向下追流，对侵害知识产权犯罪行为进行全链条打击。强化前端预防，助力企业建制堵漏。对办案中发现的受害企业在管理方面存在的隐患和漏洞，通过制发检察建议方式帮助企业防范风险、规范运营。强化末端治理，实现"办理一案、治理一片"。围绕司法办案，就案件反映的一般性、普遍性问题，向相关行政部门制发检察建议，进而实现"办理一案、治理一片"的工作目标。

【司法服务向基层前移】 2022年，在知识产权宣传周期间，市中级人民法院开展知识产权进校园、进企业系列活动，在西南科技大学举办"知识产权法官思维"主题讲座。与绵阳明道民营经济服务中心联合举办"以案说法，讲法助企"法律小讲堂活动。为重大项目、重点创新主体提供知识产权司法服务，实地调研园区科技型企业暨地理标志产品行业协会。针对绵阳地区中小微企业及小商品领域知识产权侵权案件高发的现状，在绵阳农资批发市场、知识产权保护中心、海关保税区、毅德商贸城共建立4个知识产权巡回审判点。其中，在毅德商贸城巡回审判点进行八益床垫商标侵权案件庭审。

【知识产权保护专项行动】 2022年，科技城人民检察机关发挥知识产权检察惩治侵权假冒、激励科技创新和维护公平竞争的职能作用，依法起诉9人。部署开展打击侵权假冒、医疗美容行业等专项行动，依法整治知识产权领域虚假诉讼、恶意诉讼、"碰瓷式维权"等不诚信诉讼行为，保障和促进市场主体诚信经营。联合相关部门开展打击网络侵权专项行动，办理1起23万余首歌曲版权被侵权案件，该案入选2022年全省知识产权保护十大典型案例和全省"扫黄打非"十大典型案例。开展"春雷"专项执法行动，严厉查处商标、专利、地理标志侵权等假冒违法行为，共查处知识产权违法案件81件，案值152.75万元，处罚款273.42万元。开展北京2022年冬奥会和冬残奥会奥林匹克标志知识产权保护专项行动，针对食品饮料、文体用品、服装鞋帽、冰雪装备器材等重点领域，特别是酒类、纪念品、玩具等重点商品类别开展检查，举办宣传活动16次，发现违法线索8件，立案调查4件，处罚款5万元。

【知识产权协同保护】 2022年，科技城人民检察机关召开知识产权协同保护座谈会，邀请长虹、九洲、京东方等7家重点企业，市市场监管局、市公安局等多家执法司法机关参加，共同围绕商业秘密与维权保护、知识产权风险规避及法律救济等问题展开交流讨论。依托驻市市场监管局检察工作室，推进知识产权行刑衔接合作工作，与市市场监管局会签强化知识产权协同保护15条意见，建立知识产权领域的行政执法和刑事司法衔接机制，加强信息互通、线索报送、案件协作、重大事项磋商等常态化合作，形成"严保护、大保护、快保护、同保护"工作格局。合力加大对个案的综合保护力度，在知识产权刑事案件办理过程中加强对权利人的司法、执法综合保护，在落实少捕、慎诉、慎押、刑事司法政策的同时，发挥检察机关在社会综合治理中的作用。

【检企联席协作】 2022年，市人民检察院在绵阳京东方光电科技有限公司、绵阳丰谷酒业有限责任公司、四川湖山音响有限公司等知识产权密集型企业设立工作站，选派知识产权工作团队检察官担任“驻点检察官”，对设点企业的相关诉求实行“线上+线下”24小时快速响应，畅通检企联络渠道，帮助企业精准、快速获取专业知识产权服务。开展企业大走访活动，与企业负责人直接交流，收集企业对检察工作的意见建议，为企业解决知识产权相关问题7个。开展知识产权集中法律培训3场，惠及中小微企业近50家。挖掘数据效能，创设开发“绵州·吾为之”知识产权检察保护微信小程序，提升知识产权保护的便捷性、及时性。

【专利侵权纠纷行政裁决示范建设试点工作】
2022年，科技城市场监管部门印制商标专利申请及维权服务指南、绵阳市电子商务知识产权保护指引，举办专利侵权纠纷行政裁决宣讲会，办理专利侵权纠纷案293件。建立商业秘密保护联动协调机制，挂牌建立绵阳市商业秘密保护基地，规范商业秘密受侵害维权流程。绵阳市获批省级商业秘密保护创新试点城市，四川奇石缘科技股份有限公司获批省级商业秘密保护创新试点基地。开展“蓝天”专项行动，规范专利服务机构代理，督导相关申请人撤回非正常专利申请924件。

【商标代理行业专项整治行动】 2022年，科技城市场监管部门发布关于征集商标代理行业违法线索的公告，摸排商标代理违法行为线索2条，查办商标代理机构恶意代理注册商标案1件。在第十届中国（绵阳）国际科技博览会设立知识产权保护站并开展联合执法检查，组织执法检查30余人次，现场纠正商标违法行为1起。指导绵阳毅德城、天泰剑南食品城2家市场通过国家级知识产权保护规范化市场延续审查。

【《绵阳市“十四五”知识产权保护和运用规划》出台】 2022年6月19日，绵阳市人民政府印发《绵阳市“十四五”知识产权保护和运用规划》（以下简称《规划》）。《规划》总结“十三五”时期知识产权发展成就，结合“十四五”时期知识产权面临的形势，实施知识产权强市战略，提出构建知识产权发展新格局、打造知识产权保护新高地、释放知识产权创造运用新动能、筑牢知识产权发展新基础四项重点任务，全面提升知识产权创造、运用、保护、管理和服务水平，为“十四五”时期知识产权工作指明方向和路径。

【“绵州·吾为之”知识产权检察保护平台启动】
2022年9月28日，“绵州·吾为之”知识产权检察保护平台启动仪式暨新闻发布会在绵阳高新区举行。在仪式上，市人民检察院检察长王红宣布平台启动。市公安局、市市场监管局、绵阳高新区相关领导出席仪式。绵阳京东方、长虹集团等企业代表参加。该平台由绵阳高新区人民检察院研发，可实现开展知识产权保护，受理知识产权侵权相关线索并推送到行政执行和司法部门，提供知识产权检企互动平台等功能。全年该平台共为企业提供知识产权保护服务10次；依托该平台加强全市知识产权保护的内容也被列入《绵阳市建设国家知识产权强市建设示范城市工作方案（2022—2025年）》。

【绵阳市获批省级商业秘密保护创新试点城市】
2022年，市市场监管局组织申报全国商业秘密保护创新试点城市，编制《绵阳市全国商业秘密保护创新试点工作方案》，明确以加快建成“行政引导、部门联动、社会参与、企业负责”的商业秘密保护新格局为目标，激发市场主体活力和创造力，推动绵阳市国家知识产权强国示范城市建设，打造商业秘密大保护、快保护、同保护、严保护的营商环境。11月21日，全省商业秘密保护创新试点工作推进会召开，公布绵阳市成为四川首批省级商业秘密保护创新试点城市，四川奇石缘科技股份有限公司获批成为全市首个省级商业秘密保护创新试点基地。

（洪　程　肖子熙　兰　健）

科技城质量建设

【概况】　2022年，科技城围绕“大市场、大质量、大监管”工作要求和经济社会发展大局，贯彻《绵阳市“十四五”质量发展规划》，完善质量服务体系，率先完成全省质量基础设施“一站式”服务试点验收；培育企业首席质量官22人，选树天府优秀首席质量官4人，选树数量排名全省第1。建成绵阳经开区、游仙区2个线下“一站式”质量服务站。开展塑料污染专项治理、车用汽柴油等产品质量专项监督抽查等专项行动，编制重点工业产品质量监督目录，将工业生产资料等重点产品纳入目录管理。全年科技城工业产品生产环节产品质量监督抽查合格率97.82%、流通环节产品质量监督抽查问题发现率10.56%。主要农产品部省级例行监测合格率达98%以上。住建工程项目监督到位率、重大工程一次验收合格率均达100%。增强标准化服务能力，建立绵阳市标准化协调推进联席会议制度。制定全省首个《质量提升评价规范》地方标准，建立重点示范项目25个。检定校准计量器具17万余台，对7400余家企事业单位实施优惠政策，减免费用560余万元。科技城真抓实干推进质量强国建设工作受到国务院督查激励。省政府出台推进质量强国建设成效突出地方配套政策，对绵阳市在“全国质量品牌提升示范区创建”等方面工作予以激励支持。绵阳市质量工作连续第5次被考核评定为省A级。绵阳科技城推进质量强国建设工作经验被省质量强省办推广。四川长虹入选2022年度国家智能制造标准应用试点名单。

【质量提升行动】　2022年，科技城制定并实施全省首个《质量提升评价规范》地方标准。围绕绿色低碳、电子电器、重点服务业等行业领域，建立质量提升重点示范项目25个，开展质量诊断、帮扶活动50余次，企业共投入研发（R&D）经费4.5亿元，实施技改项目147项，较上年度销售额增加62亿元。市市场监管局等7部门印发《关于充分发挥质量基础设施支撑引领作用推进民营企业提质增效的实施意见》，助推产业结构升级。开展专精特新企业标准化提升行动，新增国家级专精特新“小巨人”企业12家，长虹、九洲入围中国企业科技竞争力百强榜。举办“质量月”启动仪式暨质量工作现场推进会，组织开展“质量开放日”等系列质量主题宣传活动65个。

【质量基础设施服务】　2022年，科技城健全和完善质量基础设施“一站式”服务体系，总结推广“一站式”服务典型案例，接受全省首个质量基础设施“一站式”服务试点验收。宣传推广“川质通”“绵易检”平台，窗口业务服务增加到33项，质量基础设施资源配置进一步优化。建成绵阳经开区、游仙区2个线下质量基础设施一站式服务站点，形成多层次、多方式的“一站式”服务能力。窗口服务项目33项，服务站窗口服务企业3692家，解决企业问题3774个，接受咨询243件，减免中小微企业费用1136万元。建成全省唯一的国家技术标准创新基地区域中心，制修订国际标准11项、国家标准162项，开展重要技术标准项目研究42项。创建全省首个“国家检验检测认证公共服务平台示范区”，入驻检验检测机构、实验室47家。“绵易检”线上服务平台累计入驻机构211家，提供检测项目3638项，提供服务13.3万余次。

【产品质量监管】　2022年，科技城加大产品质量安全监管力度，全面实施证（全国工业产品生产许可证）后监督，开展获证企业例行检查、日常检查，对获证企业全面实行“一企一档”管理，督促获证企业按照申证范围组织生产，共对96家获证企业完成全覆盖检查，督促企业整改问题隐患245个。编制《绵阳市2022年重点工业产品质量监督目录》，将日用消费品、建筑装饰装修材料、工业生产资料等产品纳入目录管理，完成2022年市级监督抽查任务1113批次，配合开展国家级监督抽查、省级监督抽查工作，不合格产品处理工作完成率达100%。开展燃气器具产品质量安全专项整治，围绕“无熄火保护装置”“无3C认证”“三无产品”“假冒产品”等问题，开展“大排查”“大曝光”“大整治”，为1300余家经营企业开展“一对一”上门服务指导，发放燃气器具产品质量安全提示函4185份，督促企业下架问题灶具1874台，查扣不合格燃气器具73台，对不符合国家强制性标准燃气器具返厂处理900余台，处罚没5.46万元。

【质量安全风险管控】 2022年，科技城开展实施危化品、危化品包装物及容器生产企业风险评估工作，依托技术机构技术支持，对在产企业持续生产合格产品的能力进行综合风险评价，除2家企业因长期停产未进行现场检查外，对其余17家危险化学品企业实地完成风险评估工作，帮扶指导企业排除质量隐患75项，责令企业对在风险评估中发现的问题整改销账到位。排查安全隐患，排查重点工业产品市场主体2279户，督促企业整改质量安全风险；对重点产品开展排查，建立重点工业产品质量安全风险隐患周报，对学生用床上用品、医院酒店用床上用品进行上百批次的产品质量风险监测，共开展产品质量安全风险监测160批次。开展产品质量安全风险监测试点，探索构建“乡镇监测+专家评估+部门监管”的风险信息采集、甄别、分类、处置工作模式，对可量化的关键风险指标和不可量化的风险因素进行信息采集、监测、评估。

【质量品牌建设】 2022年，科技城推荐四川九洲电器集团有限责任公司、四川东材科技集团股份有限公司等8家企业（组织）和杨虹等3人申报评选2022年度“四川省天府质量奖”。帮助长虹电视等特色产品参与“天府名品”认证。支持绵阳经开区创建“全国质量品牌提升示范区”。启动第四届绵阳市政府质量奖申报评审工作。制定品牌梯次培育名单，加强中国质量奖、四川省天府质量奖、绵阳市政府质量奖等先进质量理念和质量管理方法的宣传推广工作。

【全省首个《质量提升评价规范》地方标准出台】 2022年3月24日，市市场监督管理局公布全省首个《质量提升评价规范》（DB5107/T 98—2022）地方标准，并于6月1日起实施。《质量提升评价规范》由市市场监管局、市农业农村局、市商务局、市生态环境局、市建设工程质量监督站、市标准化研究院等单位共同起草，主要包括范围、规范性引用文件、术语和定义、质量提升评价分类、区域质量提升评价要素、组织质量提升评价要素等六大方面内容。该规范是地区和企业质量提升的自我评价、外部评定和质量考核的技术规范和依据，旨在贯彻落实绵阳市委、市政府《绵阳市开展质量提升行动实施方案》精神，引导绵阳市相关区域、组织开展质量提升活动。

【绵阳市被列为推进质量强国建设工作成效突出地方】 2022年6月2日，国务院办公厅发布《关于对2021年落实有关重大政策措施真抓实干成效明显地方予以督查激励的通报》，对2021年深化“放管服”改革优化营商环境、推动创新驱动发展等有关重大政策措施真抓实干、取得明显成效的地方予以督查激励（市级89个），采取相应激励支持措施。绵阳市被列为推进质量强国建设工作成效突出地方，激励措施为2022年对全市质量工作改革创新试点示范、国家质量基础设施布局建设、质量提升行动重点帮扶、参与国际标准和国家标准制定等方面给予倾斜支持。

（兰　健）

开放合作
Open Cooperation

第十届中国（绵阳）科技城国际科技博览会

【概况】 2022年11月16—19日，第十届中国（绵阳）科技城国际科技博览会（以下简称第十届科博会）在绵阳举行。本届科博会以“科技引领·创新创业·合作共享”为主题，由阿根廷担任主宾国。开幕式上，全国人大常委会副委员长、民盟中央主席丁仲礼出席并宣布开幕，省委书记王晓晖、科技部副部长张广军致辞，阿根廷驻华大使牛望道宣读总统费尔南德斯的贺信，省委副书记、省长黄强主持。国家部委负责人，省

图38 2022年11月16日，第十届中国（绵阳）科技城国际博览会开幕式上的表演（市经合局提供）

委、省政府、省人大、省政协相关领导，军队代表，“两院”院士和专家学者代表、商界代表出席，参会嘉宾超过1500人。中国电子信息产业发展研究院（赛迪研究院）发布2022中国城市科技创新百强榜，绵阳市名列第20位。第十届博览会采取“线上云展览+线下举办科技成果展览”方式进行。线下展览由2个室内展馆和1个室外展场组成，面积达3万平方米，科技部专设国家“十三五”科技创新成果巡回展区，精雕五轴高速加工中心等40项最新成果集中亮相。中航工业、中国电科等9家央属企业，中科院、中物院等24家国家科研院所，清华大学、北京大学等16家知名高校，华为、大疆等379家科技型企业参会，展出包括TP500大型无人运输机、亚轨道运载火箭、医用回旋加速器等科技创新成果4150件。首次设立西部科学城展区，来自成都、重庆、绵阳三地的233家企业、600项展品参展，天府实验室等高能级创新平台的80项科技成果集中亮相。现场观众近3万人次，线上观众近2100万人次。科博会期间，举办“科技城人才日”系列活动、新型智能天线论坛等活动，还举办多项国家科技计划成果路演行动，现场路演发布重大科技成果60项，在线发布科技成果237项。集中签约科技合作项目13个、产业项目137个，签约金额1323.99亿元。其中，绵阳签约项目88个，签约金额1144.58亿元。

【中国城市科技创新百强榜发布】 2022年11月16日，赛迪研究院在第十届中国（绵阳）科技城国际科技博览会开幕式上发布2022中国城市科技创新百强榜，绵阳市排名第20名。赛迪研究院根据城市的创新投入、创新产出、创新环境和创新潜力四大评价体系，确定榜单。榜单前10名分别是深圳、广州、杭州、苏州、武汉、成都、南京、合肥、西安、宁波。从研发经费投入强度来看，绵阳2021年研究与试验发展（R&D）经费占地区生产总值的比重（R&D投入强度）为7.15%，研发投入强度（R&D）蝉联全国第1。

【科博会云展馆同步上线】 2022年11月16日，第十届科博会云展馆上线，云展馆由“云展览序厅”“国家科技创新主题馆”“中国西部科技创新主题馆”“产业科技创新成果馆”4个线上展馆组成，共有377家国内外企业参展，展出展品1320项。通过高精度模型、图文、视频、VR全景等技术手段呈现参展商品形象和最新科技成果。截至11月18日12时，现场观展超过1.5万人，累计线上观展超过1200万人次。

【“侨智精英科博行”高端医疗装备智造及新材料产业发展论坛举行】 2022年11月15日，第十届中国（绵阳）科技城国际博览会——“侨智精英科博行”高端医疗装备智造及新材料产业发展论坛举行。论坛由四川省侨联、绵阳市人民政府主办。论坛以“科技赋能医工 创新引领智造”为主题，邀请约10名业界专家共同探讨高端医疗装备智造及新材料产业发展趋势。上海联影、深圳迈瑞等32家医疗装备智造企业代表以及19家医院院长参会。上海联影、上海国创等行业高端企业与绵阳科技城新区、绵阳麦思威尔科技有限公司等现场签约。其间，奥泰医疗、上海微创2家高端医疗装备企业和1家投资基金与有关县（市、区）洽谈合作。

【四川省技术需求发布暨“揭榜挂帅”专场活动举行】 2022年11月16日，第十届中国（绵阳）科技城国际科技博览会四川省技术需求发布暨“揭榜挂帅”专场活动举行。活动由四川省科技厅、绵阳市人民政府主办。省科技厅党组成员、副厅长田云辉，绵阳市委常委、常务副市长梁磊出席会议并致辞，有关市（州）分管市领导出席会议。电子科技大学教授、博士生导师周强作题为《量子纠缠：从诺贝尔奖到信息产业》的

图39　2022年11月16日，四川省技术需求发布暨“揭榜挂帅”专场活动举行（市经合局提供）

学术报告。此次活动从300项技术需求中，精选出“山地齿轨轨道交通列车运行控制系统与供电系统关键装备研发”“铁路地震应急处置和运输快速恢复技术及装备研究”“高效能钒电池储能关键材料开发及系统集成应用”等12项重点“揭榜挂帅”项目进行活动现场路演。四川虹科创新科技有限公司等5家发榜企业与揭榜方现场签约。省科技厅有关处室负责人、21个市（州）科技局负责人、省内部分高校、科研院所专家、金融机构代表等160余人现场参会。“云上大学城”入驻高校专家等48万余人线上参会。

【中国（绵阳）科技城核医学设备产业发展高峰论坛举行】　2022年11月16日，第十届中国（绵阳）科技城国际科技博览会——核医学设备产业发展高峰论坛暨中外专家绵阳行活动举办。论坛由四川省经信厅、四川省科技厅和绵阳市人民政府主办。论坛以“堆器耦合·诊疗一体·健

图40　2022年11月16日，核医学设备产业发展高峰论坛暨中外专家绵阳行活动举行（市经合局提供）

康中国”为主题，“两院”院士、中外专家，科研院所、高校、医院、企业等行业专家100人参加论坛。论坛现场，院士团队代表发布创新科技成果，来自全国核医学界的院企及高校专家作主题演讲报告。报告内容涵盖核医学领域的技术应用、发展和机遇等前沿领域，专家围绕中高能粒子加速器在核医学领域的重大需求、基于先进离子加速器的精准放射医疗、现代放射治疗新技术的优势与挑战等内容作主题演讲。

【中国磁性材料产业发展论坛举行】 2022年11月17日，第十届中国（绵阳）科技城国际科技博览会——中国磁性材料产业发展高峰论坛举行。论坛由四川省经信厅、绵阳市人民政府、中国电子材料行业协会主办。论坛以“材料强基·创新发展”为主题，以“线上+线下”形式进行，围绕当前国内外磁性材料新技术、新应用及市场发展现状、方向和趋势等方面，进行参观考察和主题演讲，展开学术交流和合作对接。中国科学院院士都有为、中国工程院院士邓龙江、中科三环股份有限公司副总裁胡伯平等8位磁性材料行业院士、专家学者，聚焦磁性材料的现状及发展、电磁辐射与散射控制材料、稀土永磁产业的现状与未来等内容作主旨演讲，探讨国内外磁性材料新技术、新应用及市场发展现状、方向和趋势。

【中国激光科技创新产业大会举行】 2022年11月17日，第十届中国（绵阳）科技城国际科技博览会——中国激光科技创新产业大会在游仙区举行。大会由中国光学学会、国家激光加工产业技术创新战略联盟主办。大会以“科技绵阳光引未来”为主题，现场展出一批激光整机、光学材料和元器件等产品，并为“绵阳科技城光子技术研究院”揭牌。绵阳科技城光子技术研究院由游仙区和中国工程物理研究院共同创立，聚焦打造高能级科技创新平台，建成国内一流新型研发机构，重点建设成果转移转化平台、科技产业咨询平台和仪器设备共享平台，培育和孵化高新技术成果，推动实现从成果到产品，从产品到产业的全链条转化。

【第五届中国先进技术转化应用大赛电磁频谱专题赛闭幕式暨项目对接会举行】 2022年11月

图41 2022年11月17日，中国磁性材料产业发展高峰论坛举行（市经合局提供）

17日，第十届中国（绵阳）科技城国际科技博览会——第五届中国先进技术转化应用大赛电磁频谱专题赛闭幕式暨项目对接会在绵阳举行。本届专题赛由绵阳市人民政府承办。该专题赛以“产创融合协同发展”为主题，是一项面向全国企事业单位及创新创业团队开展的专业性综合赛事。成都大公博创信息技术有限公司研发的快速部署式监测测向系统获得专题赛第一名。在决赛和闭幕式上，举行参赛产品路演和技术交流对接活动，达成10余项合作意向，其中7家实现现场签约。

【国家科技计划成果路演行动绵阳科技城专场举行】 2022年11月17日，第十届中国（绵阳）科技城国际科技博览会——国家科技计划成果路演行动绵阳科技城专场举行。活动由科技部主办，科技部成果转化与区域创新司、四川省科技厅、绵阳市人民政府承办。路演活动采取线上线下同步举办，超过500家创投机构参会，其中厦门大学、哈尔滨工业大学、西北工业大学等“云上大学城”入驻高校代表线下参会。科技部高技术中心、中国生物技术发展中心、科技部21世纪中心、中国农村技术开发中心等国家重点研发计划项目管理专业机构代表，中关村产业联盟联合会、中国技术交易所等线上技术转移机构代表线上参会。路演活动围绕核技术、激光装备、航空动力、先进材料等领域现场发布60项重大科技成果，通过《国家科技计划成果路演行动 绵阳科技城专场成果汇编》发布科技成果113项。路演活动现场共有15家金融机构与10余家企业进行项目对接。

【新型智能天线论坛举行】 2022年11月18日，第十届中国（绵阳）科技城国际科技博览会——新型智能天线论坛举行。论坛由四川省经信厅、绵阳市人民政府主办。论坛以“探索科技前沿，构建绿色网络”为主题，展开针对新型智能天线的技术创新与应用场景研讨。来自中国科学院、毫米波国家重点实验室、电子科技大学等单位的微波通信相关领域专家进行主题演讲。中信科移动、银河航天、航天恒星、默克等生态链企业代表参加论坛。本次论坛以跨界创新为切入点，围绕光电半导体技术与新型天线展开研讨，通过对毫米波发展趋势及产业化发展前景分析，为打开市场新格局提供意见。液晶相控阵天线便携站产品在此次论坛上作全球首发。

（李飞军）

国际商贸

【概况】 2022年，绵阳市按照“疫情要防住、经济要稳住、发展要安全”总体要求，全力以赴拼经济搞建设，实施“五市战略”，落实国家、省、市稳经济政策措施，促外贸稳质增效，转型升级，开拓市场。实际利用外资到位23387万美元，实现外商直接投资（FDI）到资5741万美元，增长7.6%，排名全省第4。据绵阳海关统计，2022年绵阳实现外贸进出口总值269亿元，较2021年同期（下同）增长7.4 %。其中出口172.25亿元，增长55.3%；进口96.8亿元，下降30.7%，进、出口及外贸总值在省内21个地市州中均排名第3位。全市民营企业出口79.43亿元，增长146.90%，占全市出口总值的46.11%。外商投资企业出口54.21亿元，增长74.70%，占全市出口总值的31.47%。

（李飞军）

【一般贸易快速增长与加工贸易大幅下降】 2022年，绵阳市对外贸易相对稳定，在疫情影响的大背景下，有机遇也有挑战。一般贸易方式增长加快，全市一般贸易方式进出口总值223.4亿元，增长13.8%，占进出口总值的83%，比重上升4.6个百分点。对外加工贸易下降幅度较大，全市加工贸易方式进出口总值24.9亿元，下降30.1%，占9.3%，比重下滑4.9个百分点。以海关特殊监管区域物流货物进出口16.7亿元，下降0.3%，占6.2%；跨境电商B2B（9710）直接出口3亿元，占1.1%；电子商务（9610）出口4754万元，占0.2%；以其他贸易方式（3339）进出口3768万元，下降39.6%，占0.1%；保税电商（1210）进口1296万元，增长784.4倍；货样广告进出口260万元，下降22.6%；海关特殊监管区域进口设备进口109万元，下降86.4%；低值快件进出口62万元，增长173.3%；跨境电商出口海外仓（9810）30万元；特殊区域研发货物进口11万元。

【六大贸易地区贸易量四增两降】 2022年，绵阳市国际间贸易交往大重点地区为美国、韩国、巴西、东盟、欧盟、共建“一带一路”国家。与美国贸易为42.8亿元，增长63.4%，占15.9%，比重上升5.4个百分点，为最大贸易伙伴，其中出口40.1亿元，增长90.6%，占绵阳出口值的23.3%，比重上升4.3个百分点，为最大出口目的国；与韩国贸易为29.2亿元，下降12.3%，占10.9%；与巴西贸易为19.1亿元，增长84.4%，占7.1%。与东盟贸易为24.7亿元，增长57.5%，占9.2%，比重上升2.9个百分点；与欧盟贸易为20.2亿元，增长3%，占7.5%，比重下滑0.3个百分点。与共建“一带一路”国家贸易大幅增长，同56个国家有贸易往来，进出口总值59.1亿元，增长16.4%，占22%，比重上升1.7个百分点，其中出口53.3亿元，增长28.5%，占绵阳出口值的30.9%；进口5.8亿元，下降37.5%，占绵阳进口值的6%。

【机电产品出口商品比重持续下滑】 2022年，绵阳市出口机电产品86亿元，增长13%，占出口值的49.9%，比重下滑18.7个百分点。主要出口商品：电视接收装置11.8亿元，下降36.3%；静止式变流器10亿元，增长33.2%；OLED显示屏9.9亿元，2021年为零；原电池5.5亿元，下降3.8%；电视零件5.3亿元，下降44.3%；通信设备及模块3.8亿元，增长22.9%；电路开关3.6亿元，下降22.2%；未录制闪存3.1亿元，增长369.5倍；印刷电路2.9亿元，增长188.5%；集成电路2.3亿元，增长166.4%；自动数据处理设备及零部件2亿元，增长101.4%；发动机部件1.8亿元，下降7.5%。

【化工类产品出口增速迅猛】 2022年，绵阳市出口化工类产品56.1亿元，增长102.4%，占绵阳出口值的32.6%，比重上升8.3个百分点，主要出口商品：草铵膦原药24亿元，增长86.1%，占绵阳出口值的14%，为最大宗出口商品；三氯吡氧乙酸丁氧基乙酯原药14.9亿元，增长104.3%；除草剂8.2亿元，增长202.1%；维生素等药品3.2亿元，增长52.5%；氧化铬9674万元，增长265%；磷酸盐9560万元，增长110.7%；芥酸酰胺7933万元，增长30.4%；其他硅5148万元。

【传统劳动密集型产品出口成倍增长】 2022年，绵阳市的传统劳动密集型产品出口增长幅度最大。根据海关统计，全市传统劳动密集型产品出口18.6亿元，增长307.5%，占10.8%，比重上升6.7个百分点。其中，出口塑料制品5.8亿元，增长176.3%；纺织纱线4.1亿元，增长80.4%；服装3.4亿元，增长20.8倍；家具2亿元，增长942.6倍；玩具1.3亿元，增长1017.1倍；鞋类1.1亿元，增长52.4倍；箱包9534万元，增长29.6倍。三类商品占绵阳出口值的93.3%。

（赵璐君）

【外资利用】 2022年，绵阳加大外资促进力度，强化外商投资服务，统筹协调外汇管理、市场监管、政务服务、经信等多个部门，编制“绵阳市外商投资指引”，开辟外资企业从注册登记到生产经营“绿色通道”，提供外资招引从洽谈签约到投产运营全流程精细服务，外资主要指标实现增长。至年底，实际利用外资到位23387万美元，完成全年省政府下达目标任务；实现外商直接投资（FDI）到资5741万美元，增长7.6%，排名全省第4，较2021年上升1位。在11月“苏州行”活动中，绵阳市与埃顿国际高端先进智能制造产业中心等6个外资项目签约，全年共引进外资企业登记注册19家。实行一企一策一专班，加强外资项目用地、能源、融资、物流等要素保障，共开展5场银企对接会，帮助2家外资企业获得融资4亿元。

【进口贸易】　2022年，绵阳市进口主力企业绵阳京东方光电科技有限公司项目设备进口业务进一步收缩，本地龙头企业长虹集团零配件国产化替代进程加快，全市外贸进口业务下滑严重。至年底，全市进口实现96.76亿元，居全省第3位，下降30.7%。全市主要进口市场前四大进口地区分别为韩国、日本、美国、捷克共和国等，进口总额为74.38亿元，占全市进口总值的76.87%。与韩国进口额23.74亿元，占全市进口总值的64.40%

【共建“一带一路”国家和地区出口】　2022年，绵阳市外贸拓展共建“一带一路”国家市场，持续挖掘新市场。全年与共建“一带一路”国家和地区外贸出口实现50.92亿元，增长39.12%。其中，出口额排名前五位国家是俄罗斯、印度、马来西亚、泰国、越南，出口金额分别为7.43亿元、6.14亿元、5.29亿元、4.44亿元、3.71亿元。

【区域全面经济伙伴关系协定国家出口】　2022年，绵阳市抢抓区域全面经济伙伴关系协定新机遇，利用区域全面经济伙伴关系协定政策红利开拓国际市场，为对外贸易注入新动能，对外贸易取得新突破。至年底，全市与区域全面经济伙伴关系协定国家外贸出口实现37.18亿元，增长103.17%；其中，出口额排名前五位国家为日本、韩国、马来西亚、泰国、澳大利亚，出口金额分别为5.92亿元、5.48亿元、5.29亿元、4.44亿元、4.18亿元。

【进口品种实现多样化】　2022年，绵阳市围绕“开放活市”战略，对外开放程度提高，企业从境外进口产品品种多样，全市进口产品涵盖从工业产品到生活日用品，涉及机械器具、精密仪器设备、化工、塑料制品、毛皮、服装纺织和矿产品以及饮料、酒等18大类。其中，机电产品进口73.46亿元，占全市进口总值的75.92%，化工产品进口11.91亿元，占全市进口总值的12.31%，精密仪器设备进口5.21亿元，占全市进口总值的5.38%。（李飞军）

国际商务活动

【概况】　2022年，绵阳市围绕服务科技立市、产业强市、开放活市、人才兴市、生态美市战略，办理首批RCEP原产地证书，成立服务外资企业工作专班，组织30余家代表性企业参加第八届成都汽配展、第七届成都智博会、遇见巴蜀·国际融合采洽会、韩国优选商品西部市场推介品鉴会等重点展会活动13场（次），以及全国上市公司共建“一带一路”国际合作论坛、中国四川—日本企业对接交流活动、中国四川—白俄罗斯戈梅利州企业经贸洽谈会等国际经贸活动5场次，推动经贸交流合作，助力企业开拓国际市场。

【涉外商事法律服务】　2022年，绵阳市结合产业发展实际，依托官网、微信公众号、工作群等平台，推送经贸政策、国际商机、法律速递等信息1200余条，发布国别经贸预警100余期，涉及美国、俄罗斯、韩国、巴西等32个国家和地区，为企业营销决策提供信息参考。实行线上申办、24小时预约办证、免费邮寄等举措，开通原产地证自主打印功能，加快出证认证全程电子化。至年底，全市累计出证认证1111份，涉及金额2.34亿美元，较2021年增长52.9%。RCEP协议生效后，办理RCEP项下优惠原产地证书104份，涉及金额2860万美元，数量和金额均位居全省市州贸促会第1。协助办理机电产品自动进口许可证、提供商事法律援助等方式，解决银河建化集团、利尔化学、崴尼达化工、美科公司等外贸企业境外业务受阻等问题5个，为企业挽回经济损失近100万美元。

【RCEP政策解读及运用培训会在绵阳举行】 2022年5月26日，四川省贸促会、重庆市贸促会主办，绵阳市贸促会承办的“天府贸促大讲堂——RCEP政策解读及运用培训会”在绵阳举行。四川省贸促会党组成员、机关党委书记王志敏，重庆市贸促会党组成员、副会长邓文年，绵阳市政府副市长李栋出席会议并致辞。培训会上，省贸促会邀请相关专家围绕RCEP原产地证规则、RCEP协定知识产权内容解读及企业知识产权海外布局谋划指引等相关内容进行重点讲解；贸仲四川分会副秘书长安平针对后疫情时代下合理防范规避化解法律风险进行讲授。本次培训活动采取线上线下相结合的方式进行。绵阳市贸促会、绵阳市商务局、绵阳海关相关负责人，长虹电器、利尔化学、佳联印染等绵阳进出口企业代表在现场参加培训会。川渝区（市、县）贸促机构负责人、商事法律工作人员和外经贸企业代表等1000余人在绵阳线下主会场同步参会。

【绵阳组团参加第八届成都国际汽车零配件及售后服务展览会和2022中国（成都）国际新能源汽车展览会】 2022年8月18日，第八届成都国际汽车零配件及售后服务展览会和2022中国（成都）国际新能源汽车展览会在成都世纪城新国际会展中心拉开帷幕。绵阳市组织安州高新区和绵阳经开区及威马汽车、华晨瑞安、鸿永盛模塑、天旋气门、同立精工、阳晨汽配、日品汽车、莱恩斯贸易8家企业参展。现场展陈新能源

图42　2022年5月26日，RCEP政策解读及运用培训会在绵阳举行（市贸促会提供）

整车、发动机零部件、汽车模具等实物展品200余件，集中展示绵阳汽车产业成链聚集成果。通过视频、灯箱、宣传手册等多种形式，对绵阳城市和产业集中地进行宣传推介。（李 斌）

投资引资

【概况】 2022年，绵阳市应对新冠疫情影响，国际形势复杂严峻、地区间招商引资竞争激烈。全市贯彻省委全力以赴拼经济搞建设战略部署，实施“四大招商工程”，全年实现省外引进产业项目新增实际投资683.39亿元，排名保持全省第2位；新引进项目259个，总签约金额2641.77亿元。其中，5亿元以上重大项目数量达到128个，总签约金额达2500亿元以上；引进三类500强等行业知名企业项目88个。总投资280亿元的巨星稀土永磁新材料产业园、120亿元的广东创明新能源电池产业园、106亿元的广东飞尚新型电池产业园等7个百亿元级重大工业项目密集签约。

【制造业投资引资】 2022年，绵阳市制造业投资引资围绕“4+8+1”产业体系，突出长虹、九洲、京东方、惠科等行业龙头，推出81个项目、总投资7200亿余元的绵阳“机遇清单”，开展先进制造业产业链招商、链主招商攻坚，制造业招商引资“百日攻坚”（第二季）行动全省排名第2位，获省政府“流动红旗”表扬。实施“园区提质”“企业满园”开放突破攻坚行动，新引进制造业项目206个、总金额2130.6亿元。突出新材料、新能源和智能机器人、激光、核技术、北斗卫星应用等产业“新赛道”，“一院所一平台一园区”持续深化与中物院、中国空气动力研究与发展中心、中国航发四川燃气涡轮研究院等在绵阳的院所势能转化，紧盯“风口”行业龙头型、“瞪羚”企业创新开展科技招商，引进光大激光、中国久远、华工科技、中广核等“新赛道”产业项目52个，智能机器人、稀土永磁材料、激光、核医疗应用等“四大新赛道”产业园区加快成势。

【产业项目推介品牌打造】 2022年，绵阳市聚焦长江三角洲、粤港澳大湾区等重点区域，把握疫情形势，主动走出去，在厦门、东莞、苏州创新开展3场“三推活动”投资推介会，吸引包括58家三类500强企业、209家上市公司、50家外资企业在内的600多家知名企业、商（协）会参会，累计签约项目75个，总金额近1000亿元，捕获项目投资信息70余条，联动举办“1+N”专场推介25场，受到省委主要领导肯定性批示。派驻23人赴北京、上海、广州、深圳等重点城市群开展驻外招商引资、招才引智“双招双引”大比武，各驻外中心捕获项目信息596条，引进重大项目关联企业技术中心6家、高层次人才84人。

【招商引资服务保障】 2022年，绵阳市坚持优化服务，坚持项目“一盘棋”统筹，制定出台《进一步加强全市重大招商引资项目统筹管理工作的通知》《绵阳市更大力度促进招商引资10条措施》《绵阳市加快集聚创新人才十条政策措施（暂行）》等政策措施，推动招商引资、招才引智工作按照全市产业、人才布局“一盘棋”统筹调度、精准落地见效。持续实施重大招商引资项目“回头看”，开展“面对面听取意见、实打实解决问题”活动，及时回应解决招商企业诉求，组建13个产业招商专班全程服务，实地调度促进项目18次。建立全市重大工业招商引资项目推进工作联席会议，常态化联席调度8次，解决项目中推进问题30余个，助推5亿元以上项目开工率89.61%。

【重大项目招引签约】 2022年，绵阳市招商引资新签约项目259个，签约金额2641.77亿元；5

亿元以上项目128个，签约金额2537.13亿元。总投资280亿元的绵阳高新区巨星稀土永磁新材料产业园项目，占地面积约200公顷，分三期实施，建设稀土永磁新材料产业园、西南稀土材料研究院、巨星永磁小镇等。其中，一期占地约53.5公顷，计划2023年5月一期一批次试生产，2023年年底前投产；总投资120亿元的涪城区创明新能源电池产业园项目，占地约60公顷，建设8—10条全自动电芯生产线，并建立联合实验室。至年底，项目一期开始建设，预计一期满产后，实现年产值50亿元—60亿元，年纳税约1.5亿元—1.8亿元；总投资100亿元的绵阳高新区埃克森新能源产业园项目，占地约40公顷，建设新能源电池产业园，主要生产锂离子电池、电芯、模组/PACK等，项目分2期建设。

（李飞军）

"绵品出川"系列活动

【概况】 2022年，绵阳市围绕科技立市、产业强市、开放活市、人才兴市、生态美市"五市战略"，从"跳出绵阳看绵阳，跳出四川看绵阳"转变开放合作思想，推出包含城市形象推广、产业项目推介、特色产品推销的"绵品出川"系列活动。6—11月，绵阳市在全省市州率先走出去，组织各县（市、区）及园区及企业先后走进厦门、东莞、苏州开展"绵阳造"产品展示展销、产销对接、直播带货等活动。三地活动共有436家企业1700余种产品参展，累计实现产品销售金额57.4亿元。其中，现场销售金额2.3亿元；吸引近300家外地采购商参加产销对接会，签订购销协议55.1亿元，线上直播活动累计销售超800万元，直播和短视频累计观看量超2400万人次。分别在厦门、东莞、苏州举办中国（绵阳）科技城推介会，共签约项目75个、929.13亿元。其中，厦门市签约项目18个、135.5亿元，东莞市签约项目27个、268亿元，苏州市签约项目30个、525.63亿元。

【"绵品出川"厦门行活动】 2022年6月13—15日，绵阳市委、市政府主办的"绵品出川"厦门行活动在厦门市思明区举行。活动采取线下展览和线上两种方式。活动以"厦遇绵阳·当绵阳山珍遇上厦门海味"为主题，在厦门市中心城区步行街中山路设特色农产品、高端工业产品和特色文创产品三大展区；在厦门天虹超市会展北店、中山北路店开设为期1个月的"绵阳造"精品展销专区，绵阳米粉、江油肥肠及北川腊肉等82款绵阳名优特产进驻专区展销。展会现场设立直播间，以抖音为主要直播平台，共开展直播6小时，累计观看量达87万人次。其间，绵阳高农司与厦门闽夏农副产品批发市场达成名优农产品生产供应战略合作协议，实现"绵阳造"产品常态化进入厦门市场。四川梨花鹿网络科技和福建视曼文化签约，计划在绵阳合作建设川西北知名的直播电商孵化基地。活动现场展陈200余种高端工业产品、特色农产品、非遗文创产品。展会活动累计实现农产品销售额899万元，签订意向性协议50个，交易金额8400余万元；工业产品实现交易金额400万元，达成意向交易金额134万元；文创非遗产品实现销售额172万元。举办1场专题产销对接会和10余场企业专场推介活动，36家厦门当地采购商与参展企业进行对接交流。6月15日，中国（绵阳）科技城厦门推介会举行。在推介会上，绵阳市政府及有关方面分别与厦门大学、厦门产业技术研究院、厦门科技交流中心、视曼文化、建发国旅、盛屯集团、安吉纳体育、泽睿光电等机构（企业），签订科技、商务、旅游和招商引资等合作协议。本次活动共签约招商引资项目18个、金额135.5亿元。

图43 2022年6月13—15日，“绵品出川”厦门行活动期间的“绵阳造”精品展销专区（视觉绵阳提供）

【“绵品出川”东莞行活动】 2022年8月29日至9月1日，绵阳市组织的“绵品出川”第二站——东莞行活动在东莞市民盈国贸中心白兰花广场举行。活动继续采取“1展1会4进1机制”模式（组织一场精品展，一场产销对接会，开展进商超、进电商平台、进批发市场、进机关院校等“四进”活动，建立长效对接机制）。精品展展览面积超过1000平方米，有142家绵阳企业的518种产品参展。活动现场销售及签约金额达6.1亿元。其中，实现现场销售金额5349.19万元，签订购销协议5.6亿元。永辉超市“绵阳造”精品馆实现销售额38.7万元。“优选绵品”抖音号电商直播实现销售额164.97万元，累计观看量超过100万人次。8月31日，中国（绵阳）科技城广东（东莞）推介会举行。在推介会上，举行招商引资项目签约仪式，共签约南粤科技产业园、新能源产品生产基地、锂电池核心材料精加工、5G智能终端产业园、智慧显示终端智能制造总部基地、印制线路板生产线、精密零部件制造总部产业园等项目27个、金额268亿元。

【“绵阳出川”苏州行活动】 2022年11月1—3日，绵阳市组织的“绵品出川”苏州行活动在苏州市东方之门广场举行。本次“绵阳造”精品展展区总面积1800平方米，113家企业（红原8家、壤塘7家）的540余种产品参展。其中，有农业企业64家、展品360余件，工业企业25家、展品82件，文旅企业24家、展品97件。活动现场销售及签约金额31.3亿元。其中，实现现场销售金额4406.34万元，签订购销协议金额30.86亿元。“绵品出川”苏州行线上直播活动累计销售额326.7万元，直播和短视频累计观看量523.2万人次。11月3日，中国（绵阳）科技城推介会在苏州举行。在推介会上，共计签约埃顿

图44　2022年11月1—3日，绵阳市组织的“绵品出川”苏州行活动在苏州市东方之门广场举行（视觉绵阳提供）

国际高端先进智能制造产业中心、美能中空纤维膜生产基地、玖兆康乾机器人产业园等30个产业投资项目，签约总金额525.63亿元。

（唐　欢）

区域协作

【概况】 2022年，绵阳市按照党中央、国务院印发的《成渝地区双城经济圈建设规划纲要》和全面落实全国东西部协作和中央单位定点帮扶工作推进电视电话会议精神、省政府常务会议对浙川东西部协作工作部署，编制印发《绵阳市深度参与成渝地区双城经济圈建设暨推进区域协同发展2022年重点工作》《市级领导牵头推进共建成渝地区双城经济圈2022年重大项目、重庆四川共建具有全国影响力的科技创新中心重大项目名单》《〈成都平原经济区一体化发展2022年重点任务清单绵阳市责任分工方案〉等分工方案》等文件，明确全市2022年深度参与成渝地区双城经济圈建设暨推进区域协同发展各项工作任务。结合绵阳市东西部协作实际，围绕“组织领导、巩固拓展脱贫攻坚成果、加强区域协作、推进乡村振兴”等重点任务，衢州市人民政府和绵阳市人民政府签订全面深化合作协议，谋定“十四五”期间交流合作系列重要事宜。衢绵两地党委、政府不定期召开东西部协作工作会议，专题研究部署衢绵协作合作事项，协调解决发展难题；浙江省赴绵工作队和两地协作部门坚持每月调度、每季度会商、不定期调研，推动东西部协作各项决策部署落地落实。至年底，绵阳市8个共建成渝地区双城经济圈2022年重大项目完成投资85.17亿元，9个重庆四川共建的科技创新中心重大项目完成投资35.93亿元，落实衢绵两地学校结对8对、医院结对6对、镇乡结对40

对、村村结对19对、村企结对37对等。以“腾笼换鸟”+“筑巢引凤”的方式，持续推动共建产业园建设，通过“组团式”引导11家企业入驻园区，实际到位投资额7950万元。以“以商招商”+“以企引企”的模式，新增引导落地投产企业28家，实际到位投资额达12.5亿元。

【绵渝协作】 2022年，绵阳市深度融合成渝双城经济圈建设，编制印发《绵阳市深度参与成渝地区双城经济圈建设暨推进区域协同发展2022年重点工作》等文件，在科技创新、医疗卫生、医药产业、政务服务、教育、人才引进等方面加强合作交流。成渝地区双城经济圈建设科技协同创新专项工作组第四次会议在绵阳召开，绵阳市与太极集团签订战略合作框架协议，绵阳市8个共建成渝地区双城经济圈2022年重大项目完成投资85.17亿元，9个重庆四川共建的科技创新中心重大项目完成投资35.93亿元。 （程　瑜）

【绵碚协作】 2022年，绵阳市与重庆市北碚区两地人民政府联合印发《推动成渝地区双城经济圈建设2022年度重点工作》，在协同提升科技创新能力、加强产业发展联动协同等8个方面深化合作。签订建设成渝地区工业互联网一体化发展示范先行区战略合作协议，双方将在工业互联网标识解析、工业互联网平台互通、绵碚工业互联网一体化发展方面进行合作，促进两地产业与前沿信息技术融合发展。2月，西南科技大学制造学院与重庆荣凯川仪仪表有限公司校企合作项目正式投产，作为国家两用技术交易中心重庆分中心首个绵碚合作案例，通过挖掘绵碚两地技术攻关供需，开展跨区域技术交易服务，推动资源共享、共用，促进技术交易。4月，绵阳市与北碚区联合发布2021年度市场监管系统知识产权行政保护典型案例，共同增强两地群众知识产权保护意识，营造良好营商环境。由北碚区主办、绵阳市协办的第四届“嘉陵创客”创业创新大赛决赛在北碚区举行，选育出一批创业能力强、带动就业作用大的优秀创业项目。6月23日，川渝两省市科技部门和绵阳市政府在绵阳共同举办“创新金三角·智慧科技城”科技成果发布与推介会，举办“云上大学城”入驻、区域合作、“招院引所”项目等签约仪式，通过活动深化交流、加强对接，形成更多科技创新成果。7月5日，绵阳市高考综合改革考察团赴北碚调研，双方围绕明确综合改革过程中教科研部门的职能职责、推进新高考背景下的课堂教学改革等方面开展交流。7月12—14日，绵阳市与北碚区开展2022年三公（工）协同应急演练，绵阳市及各县（市、区）疾控中心、北碚区疾控中心、江油市公安局等35个部门、160名专业技术人员参加全流程应急处置工作演练。7月21日，“创新金三角·智汇科技城”系列活动第二场——绵碚科技合作专场发布对接会举行。活动采用“线下+线上”的方式，通过国家两用技术交易中心线上系统向全国同步发布科技成果100项、技术需求30项。加强绵碚两地高级职称评审，18名北碚专家进入绵阳市评审专家库。7月25日，绵阳市科技助理与重庆市北碚区科技特派员同台路演，发布“中兵句芒平台”“数字磁罗盘”等6项具备产业化前景、成熟度较高且符合两地产业发展方向的重点技术成果，涉及人工智能、大数据等众多热门领域。8月，为共同打造一流营商环境，推进政务服务跨区域通办，方便绵碚两地群众企业办事和创新创业，经双方共同梳理确认“绵碚通办”政务服务事项清单（第二批），共涉及公安、人社、市场监管等14个部门，涵盖户口迁移、养老保险关系转移等148项通办事项。11月14日，北碚区、绵阳市税务部门召开业务交流会，推动两地企业税收政策解释或执行口径一致，跟踪分析跨区域协调事项办理情况，落实大企业跨区域涉税事项协调工作机制。 （张育维）

【衢绵协作】 2022年，绵阳市落实全国东西部协作和中央单位定点帮扶工作推进电视电话会议精神、省政府常务会会议对浙川东西部协作工作部署，加强与衢州市的协作交流。衢州、绵阳联合出台《衢州市 绵阳市深化东西部协作“十四五”实施方案》，明确“十四五”期间衢绵协作总体思路、目标任务、保障举措。编制《绵阳市2022年东西部协作项目资金建议计划》，与衢州共同制定《衢绵东西部协作资金和项目管理实施细则》，推动衢绵协作各项事项落实。8月16—17日，衢州市委书记高屹率党政代表团到绵阳考察；四川省委常委、绵阳市委书记曹立军专题组织召开“衢州—绵阳东西部协作工作联席会议”；11月20—21日，绵阳市委副书记、市长李云率考察团赴衢州市对接东西部协作工作，贯彻落实党中央、国务院和省委、省政府决策部署，推进衢绵协作合作工作。全年衢绵两地共组织党政代表、行业部门、校企机构等互访交流、考察对接343人次。至年底，绵阳市获得衢州对口帮扶资金7800万元，围绕“产业合作、劳务协作、人才交流、消费协作、改善民生”五大重点任务，安排项目32个。其中，产业类项目18个、资金5820万元，占比74.62%。合力打造共建产业园区6个，帮助11家企业入驻园区，引导入园企业到位投资额7950万元。共建东西部协作产业园，打造以茶叶、中药材为主的农产品加工特色园区，形成柯城—北川两地激活当地产业发展的重要载体；建设的北川“福田里”蓝莓产业示范园、平武高村车厘子产业园初具规模。开展“天府乡村”公益品牌产品推荐销售周（衢州分会场）暨“绵品衢州行”等活动，依托浙江电商“蓝海”优势资源和柯城“村播”先行成熟经验，构建“产业整合+直播带货+达人培育”的消费帮扶新体系，引导“江山冒个泡”等电商企业开展电商助销，采购、帮助销售绵阳市农畜牧产品和特色手工艺产品1.5亿元。北川与衢州市柯城区共同举办北川—柯城新春开门红东西部协作实现共同富裕2022年东西部劳务协作专场招聘会，举办2022年春季线上线下相结合的系列招聘会，帮助8024名农村劳动力实现转移就业或就近就业。双向选派77名党政干部和技术人才开展交流挂职，举办乡村振兴干部、专技人才培训班79期，实现培训4577人次。争取东部地区社会帮扶资金1434.7万元，捐物折款271.99万元。

（程　瑜）

【推动成渝地区双城经济圈建设科技协同创新专项工作组第四次会议召开】 2022年6月22日，四川省科技厅和重庆市科技局主办的推动成渝地区双城经济圈建设科技协同创新专项工作组第四次会议在绵阳召开。会议总结2021年以来川渝协同创新工作开展情况，审议《川渝毗邻地区首届科技协同创新发展大会建议方案》《川渝高竹新区外国人才来华工作许可互认试点实施方案》，进行绵碚科技协同创新示范基地授牌、成渝地区双城经济圈科研院所联盟成立签约，成立成渝地区双城经济圈科研院所联盟和大学科技园协同创新战略联盟。会议决定川渝两地要突出抓好“十个共同”：共同建设重点实验室、共同开展关键核心技术攻关、共同建设西部科学城、共同加速科技成果转化和产业化、共同建设“一带一路”科技创新合作区、共同建设川渝毗邻地区融合创新发展带、共同推进高新区高质量发展、共同推进协同创新、共同推进创新资源共享、共同推进高端人才招引。

概　述

【概况】 2022年，科技城实施“人才兴市”战略，加快建设创新人才集聚地。将人才作为兴市之要，全面升级引育留用人才工作体系，打造高素质人才队伍。加强人才工作领导，出台“人才十条”，设立10亿元人才发展专项资金，首次提出为全职引进的高层次和急需紧缺人才给予最高50万元安居补助，升级创新创业人才创业团队支持力度，出台博士后创新发展专项支持政策，开通院地职称互认“直通车”等政策，为在绵阳科研院所、高校和企业等单位人才提供支持。优化实施科技城育才项目，加快培养学术技术带头人和博士后，造就更多大师、青年科技人才、卓越工程师、大国工匠和高技能人才。建成人才公寓3100余套。举办第十届中国（绵阳）科技城国际科技博览会“科技城人才日”系列活动，揭牌全省首家国有人才集团——绵阳科技城人才发展集团，持续优化“近悦远来”人才工作生态。深化产教融合，支持高校对标全市产业布局培养人才。新增博士后科研工作站1家、博士后创新实践基地2家。设立海外、北京、上海等7个高层次人才引进工作站，成立17支招才引智小分队，共引进各类人才2万余人，其中博士340人、硕士4678人，引进12名“两院”院士担任“科技顾问”。加快建设“云上大学城”、院士（专家）小镇等，范国滨院士小院项目开工，厦门大学等20所高校入驻“云上大学城”，探索建设“人才飞地”，开展人才交流合作，助推核心技术突破和科技成果转化。

【院士（专家）小镇建设】 院士（专家）小镇位于涪城区青义镇前进村，规划面积3.9平方千米，以服务“大院大所”、服务“高端人才”为核心，按照“一套规划设计、三方协同联动、五大具体行动”工作思路，规划院士（专家）宜居区、科技创新服务区、科技教育研学区、智慧新农村示范区四大主题功能区，建成集研发、小试、中试、体验、转化、康养于一体的科技综合体，形成集聚人才效益和产业效应的具有全国影响力的人才生态。2022年11月4日，绵阳市首个院士小院范国滨院士小院开工仪式在涪城区青义镇前进村院士（专家）小镇举行。至年底，6

名院士选定小院、2个科研团队完成选址，2个院士小院在建、1个科研团队项目建成投入使用。

【中国（绵阳）科技城人力资源服务产业园建设】 2022年，中国（绵阳）科技城人力资源服务产业园建筑面积10.31万平方米，入驻各类人力资源服务企业81家，从业人员710人，培训3.15万余人次，促进人力资源流动12.3万余人次，服务企事业单位2350家。总营业收入24.67亿元，增长13%。上缴税收3860.6万元，增长42.5%。

【《绵阳市加快集聚创新人才十条政策措施（暂行）》出台】 2022年4月7日，市委人才工作领导小组发布《绵阳市加快集聚创新人才十条政策措施（暂行）》（以下简称“人才十条”）。“人才十条”聚焦人才引育用服全链条，在人才资金、人才集聚、人才培养等方面提出举措。包括设立10亿元人才发展专项资金，全方位培养、引进、用好人才；加大高端人才引进，培养引进一批产业创新团队和战略科技人才，大规模集聚青年人才和卓越工程师，实施“智汇科技城”柔性引才，培养引进一批产业创新团队和战略科技人才方面，突出招商引资与招才引智联动，以项目为载体，大力引进电子信息、高端装备制造、新材料等高层次创新创业团队，对每个入选团队给予最高2000万元资助。服务国家战略科技力量建设，对在绵阳的单位培养引进的顶尖人才，给予最高200万元奖励，支持开展重大项目研究、成果转化等。大规模集聚青年人才和卓越工程师方面，则计划常态化开展招才引智，对用人单位全职引进的各类高层次和急需紧缺人才，给予每人最高50万元安居补助。柔性引才方面，提出实施“智汇科技城”柔性引才，对实施“揭榜挂帅”引进高层次人才（团队）的企事业单位，给予最高100万元资助；对设立院士工作站的单位给予每年最高30万元资助。设置“绵州学者”特聘专家岗位，给予每个岗位最高15万元资助，支持开展课题（项目）研究等。支持科研院所、高校在绵阳举办全国性学术交流活动，给予最高30万元资助。培育本土人才，实施“绵州育才计划”“绵阳市学术和技术带头人”“博士后培养计划”三项人才培养计划并分别给予资金支持。发挥高校和用人主体人才培育主阵地作用，支持在绵阳高校对标全市产业布局培养人才，对全日制专科以上毕业生留绵阳工作年增长率超过5%的绵阳高校，给予最高50万元奖励。改革人才评价机制，打通在绵阳科研院所、高校与地方在科技奖项、职称评审等方面体制机制障碍的同时，探索市场化人才激励机制，对市属事业单位符合条件的急需紧缺高层次人才，可结合本单位经费渠道及保障能力等具体情况，合理确定其绩效工资水平，所需绩效工资总量在事业单位绩效工资总量中单列。支持事业编制科研人员5年内保留人事关系，参与各类创新平台建设，期满后自主选择去留。

【市委人才工作领导小组会议召开】 2022年4月27日，市委人才工作领导小组2022年第一次会议召开，省委常委、市委书记、领导小组组长曹立军主持会议并讲话。会议审议《市委人才工作领导小组工作规则》《市委人才工作领导小组办公室工作细则》《绵阳市人才发展“十四五”规划》《市委人才工作领导小组2022年工作要点》《绵阳市高层次人才引进工作站管理考核办法（暂行）》《绵阳市院士（专家）工作站实施办法（暂行）》《绵阳市乡村人才振兴五年行动实施方案（2021—2025）》等文件。会议强调要转变人才评价标准、引进方式、管理方式。坚持把招才引智和招商引资有机结合，以更优环境育才留人；要开展菜单式、链接式育才，为人才搭建良好平台；要坚持“系统谋划、市县联动、分批建设”原则，采取新建、配建、改建、租赁、购买等模式，加快筹集建设人才公寓，改善人才生活居住条件；要建好院士小镇、人才公园、人才绿道，举办行业高端人才主题活动和创新创业大赛，办好全国科普日、科技活动周、科普活动月等活动，用好中国（绵阳）科技城创新馆，营造尊重劳动、尊重知识、尊重人才、尊重创造的氛围。

【市委人才工作会议召开】 2022年5月9日，市委人才工作会议召开，省委常委、市委书记曹立军出席会议并讲话。中国科学院院士、中国工程物理研究院院长刘仓理，中国工程院院士唐立、邓建军，中国科学院院士唐志共，市人大常委会主任付康，市政协主席李亚莲出席会议。市委副书记王华蓉主持会议。会议宣布绵阳“人才十条”政策首批兑现项目情况，共兑现“人才十条”新政首批政策资金3440万元。其中，对32个“科技城人才计划”入选团队给予总额2580万元资助、对国家重点实验室引进培育高层次人才给予200万元资助、对2家院士工作站给予每家30万元资助。

【《绵阳市创新型人才中、高级职称“直通车”评审办法（试行）》出台】 2022年7月27日，市人社局印发《绵阳市创新型人才中、高级职称“直通车”评审办法（试行）》（以下简称《办法》）。《办法》规定，职称“直通车”政策适用于绵阳市行政区域内在“1+4”支柱产业集群、“6+10”现代农业等重点产业领域及绵阳市其他优势特色产业、战略性新兴产业和未来产业中取得重大基础及应用研究和前沿技术突破、解决重大工程技术难题等的标志性人才，在全市“揭榜挂帅”“赛马”中解决关键核心技术取得重大业绩的人才，各企事业单位引进的高层次、急需紧缺人才以及在全市经济社会各项事业发展中作出重要贡献的人才。全市企事业单位的专业技术人员，工作业绩、能力、水平和贡献等达到“直通车”政策规定的条款，即可按绵阳市年度职称评审工作安排参加职称评审，不受学历、资历、职称层级等限制，可以一步到位直接申报相应级别的职称评审；另外，对部分重大招商项目企业和引进的急需紧缺专业技术人才，可额外建立职称评审“绿色通道”，开设职称评审“专场”，集中统一办理。

【绵阳科技城人才发展集团有限责任公司揭牌】 2022年11月14日，经市政府批准，绵阳科技城人才发展集团有限责任公司（以下简称绵阳人才

图45 2022年11月18日，“科技城人才日”启幕暨绵阳科技城人才发展集团揭牌仪式举行（组织部提供）

集团）成立，并于11月18日在第十届中国（绵阳）科技城国际博览会上揭牌。绵阳人才集团为市国资委直接监管的公益类企业，注册资本1.5亿元，资产总额38.22亿元，由市委组织部负责业务指导。旨在打造“一流的人才资源开发商、领先的协同创新平台运营商、专业的人才项目投资商、职业的人才服务提供商”，致力建成西部领先、全国一流的大型现代国有综合性人才发展集团。人才集团围绕人力资本综合服务、人才协同创新平台运营、人才创业投资、人才综合配套服务四大板块，开展人才招引猎聘、人才项目投资、科技人才成果转化、人才园区运营、人才资源开发与管理咨询、人才活动策展、人才公寓建设管理等核心业务。（李浩铭）

院士（专家）工作站

【概况】 科技城市级院士（专家）工作站建设工作于2012年启动。至2022年年底，科技城相关企业、科研院所分别与中国工程院院士范国滨、张懿，清华大学、复旦大学、中国科技大学、中国农业科学院、中国工程物理研究院等高校、研究机构的高层次专家68人（不含院士（专家）的团队成员），共同建立院士（专家）工作站36家，其中院士工作站2家、专家工作站34家。西南科技大学、西南自动化研究所、四川省银河化学股份有限公司、四川省铁骑力士有限公司等8家工作站被评为省级工作站。

【合作模式创新】 2022年，科技城围绕实施“园区提质”“企业满园”行动，提升院士（专家）工作站助力企业科技创新能力，探索协同创新发展模式。通过探索新模式促进产学研各方协同开展联合攻关、技术推广、成果应用等活动，扩大创新资源覆盖面，进一步促进重点领域的创新突破，提升产业链的整体创新水平。探索“院士+园区”模式。市科协借鉴宜宾市引入汽车动力系统专家，中国科学院院士，清华大学教授、博士生导师欧阳明高及其创新团队建立院士工作站带动新能源汽车产业发展的经验方法，引导院士等高层次人才与科技城相关产业园区开展科技创新、科技服务、成果转化等合作。先后为绵阳高新区、游仙区激光技术应用产业园、涪城区卫星应用科技园等7个特色（专业）园区、9个特色（专业）培育园区推荐中国工程院院士范国滨等8名院士。增强院士联系服务工作力量，在市科协学企部加挂院士服务部牌子，并增加4名统筹事业编制招引人才。

【多家院士（专家）工作站获奖】 2022年5月31日，四川省院士（专家）工作站高质量发展推进会在成都召开。四川铁骑力士实业有限公司工作站被评为四川省优秀院士（专家）工作站。四川龙华光电薄膜股份有限公司工作站被评为四川省第十批院士（专家）工作站。四川省银河化学股份有限公司工作站的铝钒高值化利用技术、四川铁骑力士实业有限公司工作站的优质生猪产业链集成技术创新工程、四川德华皮革制造有限公司工作站的国审新品种川白獭兔培育与产业化共3个项目被评为四川优秀院士（专家）工作站发展成果。（聂莞宜）

技能大师工作室

【概况】 2022年，科技城张祥辉（车工）技能大师工作室被认定为国家级技能大师工作室，国家级技能大师工作室总数达8个。新增胥敏（数控铣工）技能大师工作室、覃小东（焊工）技能大师工作室、谢小军（绵阳米粉制作）技能大师工作室、方全双（汽车钣金）技能大师工作室、王文俪（导游服务）技能大师工作室。共有市级技能大师工作室47个。技能大师工作室涵盖机械、电子、商业服务、“非遗”等领域，形成国家、省、市、县（企业）四级梯次并进发展局面。

第八批市级技能大师工作室一览表

表 16

序号	工作室名称	序号	工作室名称
1	胥敏（数控铣工）技能大师工作室	4	方全双（汽车钣金）技能大师工作室
2	覃小东（焊工）技能大师工作室	5	王文俪（导游服务）技能大师工作室
3	谢小军（绵阳米粉制作）技能大师工作室	—	—

【张祥辉（车工）技能大师工作室】 张祥辉（车工）技能大师工作室于2022年被认定为国家级技能大师工作室。该工作室依托四川长虹电器股份有限公司的全资子公司——四川长虹技佳精工有限公司组建，主要从事钣金模具设计及制造，新技术、新工艺、新产品研究开发、试制推广、教学培训和专业技能研究工作，总结推广绝技、绝活和技术技能创新成果。领办人张祥辉获评2016年全国技术能手，享受国务院政府特殊津贴。工作室还配备核心成员9人，其中高级技师6人。

【覃小东（焊工）技能大师工作室】 覃小东（焊工）技能大师工作室始建于2016年4月，领办人覃小东于2022年被市总工会评选为“绵州工匠”。工作室有核心成员9人。工作室坚持以焊工为点、以设备为面，电工、钳工高度融合的工作理念，致力于打造一支设备维护精英队伍；工作室坚持高技能人才的敬业奉献、技能推广、技能传承、创新创效解决生产过程中设备运行疑难杂症的宗旨。工作室有活动室120平方米，实训中心800平方米，培训室120平方米，配备氩弧焊、CO_2气体保护焊、焊条电弧焊实训设备，电工实训台、液压原理、钳工等实训装置，可对相应工种进行技能培训和实验。先后完成初轧工作辊断辊焊接工艺改进、钳吊主卷抱闸改型、揭盖机偏心轮改造、初轧机机架辊联轴器改进、运输带改造、5#修磨机改造、沉淀池无人值守、解决翻钢机卡阻问题、扁钢二辊主电机故障焊接工艺制定等多项课题，创新创效2500余万元。

【王文俪（导游服务）技能大师工作室】 王文俪（导游服务）技能大师工作室以绵阳职业技术学院旅游与管理学院为依托。领办人王文俪，先后获得四川省首届研学旅行指导师技能大赛总冠军、四川技术能手、四川省健康文明旅游使者等。2022年，王文俪被四川省总工会授予四川省五一劳动奖章。工作室旨在打造旅游行业的高技能人才技能展示、交流与提升重要平台；与相关企业行业深度融合，推动旅游产品研发、创新与推广；为绵阳市现代旅游服务业的发展打造一支高质量、高素质的人才队伍，服务地方经济社会发展。

（刘　欣）

“云上大学城”建设

【概况】 2022年4月，市委、市政府作出探索建设“云上大学城”的重大部署，旨在更大范围、更高层次集聚创新资源，加快建设中国科技城。“云上大学城”集聚的是高水平院校，是通过运用云计算、大数据等先进技术，链接全球一流高校优质资源，构建虚实结合的虚拟大学城。建设总体思路是：招引云聚全国乃至全球高水平高校，推动云上集聚资源转化为云下项目落地，助力一批关键核心技术加速突破，引育一批科技创新人才，促成一批科技成果转化，探索全国校地合作创新发展新模式。6月15日，中国（绵阳）科技城厦门推介会上，市政府与厦门大学签约，厦门大学入驻“云上大学城”。6月23日，“创新金三角·智汇科技城”首场活动中，举行“云上大学城”入驻签约仪式，市政府与中国科学技术大学、华中科技大学、中南大学、电子科技大学等9所高校签约，共建“云上大学城”。8月底，为推动“云上大学城”的建设，细化合作事项，形成“云上大学城”十件大事。9月23日，召开“云上大学城”第一次联席会议，科技城与上海交通大学等20余所高校进行交流，对“云上大学城”十件大事作解读。同日，“云上大学城”技术合作需求揭榜挂帅发布会暨“创新金三角·智汇科技城”第四场活动中，向“云上大学城”入驻高校发布技术需求108项、“揭榜挂帅”项目15项。11月15日，第十届中国（绵阳）科技城国际科技博览会投资推介会暨集中签约会上，重庆大学、苏州大学、浙江大学等6所高校、团队与绵阳市政府签约入驻“云上大学城”。至年底，“云上大学城”共入驻高校20家，同时北京大学、复旦大学、中科院等14家高校、院所、龙头企业高水平研发团队入驻“云上大学城”创新港。科技城建立“云上大学城”科技资源集聚新模式入选四川省第二批要素市场化配置改革试点。

2022年“云上大学城”入驻高校一览表

表17

序号	名称	序号	名称
1	厦门大学	11	北京理工大学
2	哈尔滨工业大学	12	四川大学
3	西北工业大学	13	南京航空航天大学
4	电子科技大学	14	西安交通大学
5	西南交通大学	15	西南大学
6	西南科技大学	16	成都中医药大学
7	中国科学技术大学	17	中国计量大学
8	中南大学	18	苏州大学
9	华中科技大学	19	武汉理工大学
10	重庆大学	20	济南大学

【“云上大学城”十件大事】 2022年8月底，科技城为推动“云上大学城”的建设，聚焦“校地、校校、校企、校园、校产”合作，同入驻高校从工作机制、技术合作、成果转化、人才培养等方面细化合作事项，形成“云上大学城”十件大事。分别是：建立入驻高校工作机制、举办“云上大学城”入驻高校专家绵阳行活动、联合入驻高校开展关键核心技术攻关、推动入驻高校在绵阳转化科技成果、开展技能人才培养合作、招引国防七校入驻、建立全国最大的实习实训基地、招引入驻高校在绵阳成立创新平台、开展人才委托培养、面向入驻高校开展高端人才引进活动。

【“云上大学城”技术合作需求揭榜挂帅发布会举行】 2022年9月23日，在“创新金三角·智汇科技城”第四场活动中举行“云上大学城”技术合作需求揭榜挂帅发布会。发布会通过线上线下同步举行。“云上大学城”入驻高校线上参会。会上，科技城向“云上大学城”入驻高校发布技术需求108项、“揭榜挂帅”项目15项。其中15个“揭榜挂帅”项目来自西科大、长虹、九洲、中航发涡轮院等11个高校、企业和院所，主要集中在电子信息、先进材料、装备制造3个领域。项目负责人以PPT路演的形式对技术合作需求作发布，介绍项目背景、需求目标、市场前景等。

【“云上大学城”第一次联席会议召开】 2022年9月23日，“云上大学城”第一次联席会议召开。上海交通大学、华中科技大学、武汉大学、西安交通大学等高校通过视频形式参会，就“校校、校地、校产、校企、校园”合作进行交流。市科技局、市委组织部、市经信局等单位对“云上大学城”十件大事进行解读。会议指出，建设“云上大学城”是绵阳市委、市政府作出的重要决策部署，通过“云上”入驻加“线下”合作的方式，发挥高校高端人才密集、学术理念先进、重点学科集中的优势，打造共通共用、共建共享的协同创新平台，将高校的创新资源优势与绵阳科技城建设发展更加紧密结合，实现绵阳科技城与各大高校的共赢发展。为进一步发挥“云上大学城”深化校地合作、实现共赢发展优势，形成长效务实合作机制，共同推动科技成果转化、实训基地建设、人才联合培养等“云上大学城”建设“十件大事”加快落实落地，在深化合作方面实现优势互补、强强联合。 （刘　欣）

人才引进与服务

【概况】 2022年，科技城坚持“人才需引尽引”，在招引方向上求精准、招引服务上求主动、招引总量上求突破。坚持“编制可用尽用”和“落人不落编”灵活用人用编思想，全面梳理空缺编制，首批拿出3711名事业编制直接引进高层次和急需紧缺人才。将零散普通事业单位空缺编制整合、统筹使用，建立编制“周转池”，定向投放周转编制。组建17个小分队，到南京、苏州、厦门、长沙、武汉、重庆、成都、西安等地招才，采取“带岗上门、带编进校”形式，直接到大学校园揽才，首轮发布6385个岗位，其中213个市本级事业编制岗位吸引报名7919人，硕博比达100%。举办“科技城人才日”系列活动，揭牌绵阳科技城人才发展集团，旨在打造一流的人才资源开发商、领先的协同创新平台运营商、专业的人才项目投资商、职业的人才服务提供商。在《人民日报》《四川日报》等中央、省级主流媒体发布大规模招才引智公告，扩大引才行动影响力。邀请张琳艳、李子柒、魏翔拍摄“为家乡代言”短视频，点击量突破1000万人次。拍摄涉及考核招聘、人才公寓、安居补助等政策的短视频，塑造科技城“人才之家”城市形象。

【绵阳高端人才住房项目开工】 2022年5月30日，绵阳高端人才住房项目（九华府项目）开工。该项目位于涪城区青义镇青羊村，绿地面积约15万平方米，项目采用“定制开发、定向销售”开发模式，按照规划修建住房5200套，计划总投资110亿元，建设年限为2022—2025年。该项目实行精装房交付、可拎包入住的修建方式，旨在为人才安心工作、舒心生活提供托底保障。

【绵阳2022年第二批招才引智活动启动】 2022年6月，绵阳市启动2022年第二批招才引智活动，派出招才引智小分队分批次到厦门、西安、兰州、武汉等地高校开展人才招引活动。活动实施“带编进校”“带岗上门”“不笔试、只面试”的招聘形式，简化招聘流程，方便人才应聘。科技城各级各有关部门对准高层次人才，通过统筹优选岗位、精细对接，提升招聘匹配效率。其中，厦门专场活动共发布市级事业编制岗位需求89个，共收到简历200余份；西安、兰州两地专场活动共发布市级事业编制岗位需求89个、北川羌族自治县事业编制岗位需求59个，共收到简历150余份；武汉专场活动发布市级事业编制岗位需求89个、游仙区事业编制岗位需求50个、重点企业岗位需求347个，收到简历200余份。此外，市、县两级还提供事业单位编制岗位300个，收到毕业生简历260余份。

【科技绵阳 “城”纳贤才——绵阳市2022年下半年招才引智“空中双选会”举行】 2022年11月18日，科技绵阳 “城”纳贤才——绵阳市2022年下半年招才引智“空中双选会”举行。本次双选会面向全国发布高层次和急需紧缺人才需求4981人，共吸引30.7万人次在线观看。活动中，涪城、游仙、江油、三台、梓潼作为县（市、区）代表，市教体局、市卫健委作为行政事业单位代表，西南科大、九洲集团、中玖闪光等作为科研院所、高校、重点企业代表，发布引才需求，与人才开展线上互动，在线解答人才政策问题。本次双选会共收到简历3145份，其中硕士及以上学历1290份。

【“科技城金英荟”人才金融主题活动举行】 2022年11月19日，“科技城金英荟”人才金融主题活动举行，活动由市委组织部、市金融工作局、市财政局联合举办。活动中，上线综合金融服务线上平台——“金融超市”，并发布绵阳市科创企业贷款风险补偿基金。其中，“金融超市”依托“绵企通”政企服务平台，建有金融会客厅、金融工具箱、金融导航仪三大功能模块，可为人才企业提供信贷、担保、保险、证券、企业上市挂牌合规性审查等一站式金融服务。绵阳市科创企业贷款风险补偿基金发布环节，邀请中国银行绵阳分行、农业银行绵阳分行两家人才银行就人才特色金融产品进行推介。中国银行绵阳分行、农业银行绵阳分行、邮储银行绵阳市分行、绵阳市商业银行、绵阳农商银行、人保财险绵阳市分公司及坤泰融资担保公司与7家人才企业现场完成“首贷、首保、首担”签约。

【科技城人才公寓揭牌仪式举行】 2022年11月21日，“科技城人才日”系列活动之科技城人才公寓揭牌仪式在绵阳高新区铂金时代举行。首批科技城人才公寓共建成人才公寓81套，建筑面积3410平方米，地处绵阳高新区核心商圈，周边大型商超、餐饮街区、公交车站、健身房、医院等基础配套齐全。绵阳市推进科技城人才安居工程建设，坚持“系统谋划、市县联动、分批建设”原则，采取新建、配建、改建、租赁、购买等多种渠道筹建人才公寓，计划到2025年底，筹建“拎包入住”人才公寓不少于1万套，致力于营造“近悦远来”的人才发展生态。

【“科技城人才卡”专属服务区揭牌仪式举行】 2022年11月21日，“科技城人才卡”专属服务区（贵宾厅、服务站）揭牌仪式在绵阳南郊机场举行。为绵阳南郊机场、绵阳火车站、绵州大剧院、越王楼·三江半岛景区等单位“科技城人才卡”专属服务区（贵宾厅、服务站）授牌。市委常委、组织部部长莫怀学出席仪式并授牌。仪式上，绵阳机场（集团）有限公司、中国铁路成都局集团有限公司绵阳车务段、市文广旅局等“科技城人才卡”服务单位现场作服务承诺。相关单位负责人、20余名持卡人才代表参观绵阳南郊机场“科技城人才”贵宾厅。 （李浩铭）

专业人才培养

【概况】 2022年，科技城在全省率先开展首批高技能人才参加专业技术职称评审试点工作，打通高技能人才与专业技术人才职业发展通道，加强创新型、应用型、技能型人才培养。发展职业培训学校、技能大师工作室，启动职业能力建设创新改革先行区创建，制定《职业能力建设创新改革先行区实施方案（2022—2025）》，提出实施产业领航、创新引航、成长远航、服务护航“四大工程”。实施绵阳工业技师学院迁扩建项目，加大技工教育投入。全年科技城有专业技术人员25.6万人，其中副高及以上2.82万人。深化职称制度改革，出台《绵阳市创新型人才中、高级职称“直通车”评审办法（试行）》《绵阳市工程技术领域高技能人才职称评价标准条件（试行）》，在全省率先探索开展高技能人才职称评审工作，首批21名高技能人才取得高级职称，18名高技能人才取得中级职称，相关工作经验通过省人社厅向全省推广。对全市12个高级职称评定评委和14个中级职称评定评委的日常监督管理，累计初定和确认初、中级职称4641人。组织开展中级专业技术职务任职资格评审工作，评审通过1688人。新组建国土、地勘工程中级职称评审委员会和环境工程技术中级职称评审委员会，协调省人社厅新组建中国（绵阳）科技城环境工程技术高级职称评审委员会。加强博士后队伍建设，出台《绵阳市加快博士后工作创新发展八条措施（暂行）》。坚持在平台建设、人员招引上下功夫，持续开展“两站一基地”的建设，新增“博士后创新实践基地”2个，在省级资助的基础上，每个再给予配套资助40万元。实现经费资助全覆盖，指导协助中物院、西磁科技、西南科技大学等申请日常资助和科研项目资助经费79万元。强化高层次人才引育，组织开展绵阳市第十四批省学术技术带头人及后备人选推荐工作，推荐报送省学术技术带头人及后备人员22人，推荐第三届“四川省杰出人才奖”候选人2人，推荐2名留学回国人员成功申报科技活动项目，获批专项资助资金33万元。开发2022年度专业技术人员公需科目课件30学时，培训8.20万人。组织参加第五届“四川工匠杯”暨四川省第一届技工院校职业技能大赛，取得一等奖1个、二等奖2个、三等奖7个，四川九洲技师学院获得突出贡献奖，科技城奖牌总数居全省第2位。获得第五届“四川工匠杯”职业技能大赛、第三届西部HR能力大赛优秀组织奖。

【职业技能培训】 2022年，科技城组织市本级开展21个技师培训班，完成培训414人。开展补贴性职业技能培训40908人。出台《关于做好当前职业技能培训有关工作的通知》，支持有条件的企业单独设立职工培训中心，行业、产业园区或不具备自主培训条件的企业可依托大中型企业、技师学院、公共实训基地等建设跨企业职工培训中心。发展职业培训学校，技工院校在校生突破8900人，共开展培训4万人次。组织开展创业培训3947人，完成目标任务的197.35%。九洲技师学院获评省中职教育五星级名校。建设培训师资队伍，选派6名教师参加2022年“匠心传承”省级就业技师师资培训班家政服务员和健康管理师培训。

【职业技能鉴定】 2022年，科技城强化技能考评队伍建设，举办考评培训班，共90人通过考核。推进等级认定机构管理备案，用人单位可开展工种认定70余个，第三方可开展工种认定40余个，专项能力项目200余个。统筹整合全市资源，设置职业技能等级认定标准化分考场12个。开展技能人才评价，规范抽题组卷流程，共2.47万人次报名考试，合格为1.86万人次。

【职业能力建设创新改革先行区建设】 2022年，四川省人社厅印发《关于同意绵阳市创建职业能力建设创新改革先行区的函》，明确职业能力建设创新改革先行区建设的方向等。4月29日，全国首个职业能力建设创新改革先行区建设启动仪式在绵阳举行。省人社厅副厅长、一级巡视员赖荣，副市长李栋出席启动仪式并讲话。省人社厅二级巡视员陈泉宣读省人社厅关于同意绵阳市创建职业能力建设创新改革先行区的批复。市政府副秘书长汤荣生主持启动仪式。启动仪式上，市人社局主要负责人介绍先行区建设工作总体思路，四川九洲技师学院、四川长虹集团作为技工院校和企业代表发言。省人社厅有关处室、单位负责人，绵阳市直相关部门、部分县（市、区）和园区人社部门、技工院校、高校、企业、行业协会、联盟负责人参加启动仪式。职业能力建设先行区工作目标为从优化完善政策体系、改革技能人才工作体制机制、搭建技能人才培养和发展平台、营造技能社会氛围、提升职业培训质效等方面开展工作，打造一支规模与质量并重、适应新时代产业发展需求的技能人才大军。全市在先行区建设中，创新“政策+项目”改革模式，推动政策改革和重点项目建设。制定《职业能力建设创新改革先行区实施方案（2022—2025）》，提出实施产业领航、创新引航、成长远航、服务护航“四大工程”。实施绵阳工业技师学院迁扩建项目，加大技工教育投入。依托绵阳师范学院、九洲集团、九洲技师学院、市公共实训基地和科技城人力资源产业园，按照“政企校园地”模式，设立“职业培训和技工教育师资培训中心”。会同仙海区建设中国（绵阳）科技城技能人才港，完成技能小镇等项目建设规划等工作，研究制定支持政策。2022年7月，先行区建设工作经验被人社部工作信息刊发。

【绵阳工业技师学院新址揭牌仪式举行】 2022年6月24日，绵阳工业技师学院新址揭牌仪式在江油举行。省人社厅副厅长、一级巡视员赖荣，市人大常委会副主任李川萍出席启动仪式并讲话，绵阳市政府副秘书长汤荣生宣读人社部职业能力建设司致绵阳市人民政府的贺信。市人社局局长文峰介绍学院迁扩建工作思路，江油市委书记元承军发言。江油市人大常委会主任姚华宗、江油市政协主席唐传凤，以及绵阳市、江油市有关部门负责人，部分技工院校、中职院校代表参加揭牌仪式。绵阳工业技师学院始建于1978年，位于绵阳市涪城区金家林，2012年经省政府批准设立技师学院，同年获批为国家级高技能人才培训基地。2022年5月，为推动学院提升办学质量，打造绵阳市技师学院“双核”布局，增强区域辐射功能，经省人社厅同意，绵阳工业技师学院迁扩建项目正式启动。新校址位于江油市解放北路150号。项目采取省、市、县三级共建模式，总投资约22亿元，分为初期办学、新建一期和新建二期3个阶段进行。项目全部完工后，学院占地面积超33.33公顷，实习实训场所建筑面积7万平方米以上，办学规模超1万人。

【首期企业职工培训班开班】 2022年7月1日，绵阳市公共实训基地首期企业职工培训班开班。国网绵阳供电公司、东材科技、沃思测控等16家企业的人力资源管理人员70人参加企业人力资源管理师培训。本次培训邀请市内多名职业培训专家授课，帮助学员准确把握相关知识，提升职业技能，更好助力区域经济发展，进一步促进绵阳市职业能力建设和技能人才队伍的健康发展。

【四川首场高技能人才专业技术职称评审会在科技城举行】 2022年8月13日，四川首场高技能人才专业技术职称评审会在科技城举行。此次评审会由市职改办牵头实施，由中国（绵阳）科技城电子信息工程高级专业技术职务任职资格评审委员会和中国（绵阳）科技城机械材料化工工程高级专业技术职务任职资格评审委员会负责评审工作。经用人单位推荐、市职改办资格审核，共有54名高技能人才申报评审工程系列中、高级职称，其中申报高级31人、申报中级23人；在专业方向上，电子信息类45人、机械材料化工类9人。

（林嘉诚）

高校人才培养

【概况】 2022年，科技城有高等教育院校15所，其中全日制普通教育本科院校6所、市属全日制高职高专院校3所、全日制民办高等职业技术学院3所、成人教育本科院校1所、成人教育专科院校2所。在校大学生约16.4万人，高校教职工约1.17万人，其中专任教师8050人。校园总面积1066.67公顷，校园内总建筑面积409.04万平方米，图书馆藏书总量（电子图书）2387.05万册，学校固定资产总值104.95亿元。设有本科、专科专业120余个，一级博士点5个，一级硕士点26个。全年招生7.13万余人，毕业生人数5.87万余人，平均就业率88.35%。

2022年科技城高等教育学校一览表

表18　　单位：所

序号	学校名称	类别	数量
1	西南科技大学	全日制普通教育本科院校	6
2	绵阳师范学院		
3	四川文化艺术学院		
4	中国民航飞行学院绵阳分院		
5	西南财经大学天府学院		
6	绵阳城市学院		
7	绵阳职业技术学院	市属全日制高职高专院校	3
8	四川中医药高等专科学校		
9	四川幼儿师范高等专科学校		
10	四川汽车职业技术学院	全日制民办高等职业技术学院	3
11	四川电子机械职业技术学院		
12	绵阳飞行职业学院		
13	中国工程物理研究院职工工学院	成人教育本科院校	1
14	绵阳开放大学	成人教育专科院校	2
15	九洲技师学院		

【高等教育重点项目建设】　2022年，绵阳市邀请厦门大学等20所高校入驻“云上大学城”。支持西南科技大学争创国家“一流学科”，绵阳师范学院硕士学位授权单位，四川中医药高等专科学校本科设置建设，打造市级优势特色专业20个、科研实训示范基地10个。绵阳职业技术学院和四川中医药高等专科学校进入四川省高水平高职学校建设名单，电子信息工程技术、建筑材料工程技术和中医学3个专业被立项建设为四川省高水平专业群。由西南科技大学申报、与四川长虹电子控股集团有限公司合作的“面向电子信息产业‘工业互联网’产教融合示范平台建设”，由绵阳职院申报、与四川东材科技集团股份有限公司合作的“功能复合材料产教融合示范基地”均被省教育厅、财政厅、经信厅、科技厅立项为四川省第二批产教融合示范项目，共获得立项资助8000万元。（廖丽莎）

【西南科技大学人才培养】　2022年，西南科技大学有在校生39275人，其中本科生33074人；招生10715人；毕业生总数10643人，其中本科生9005人。学校本科专业83个，硕士专业57

图46 西南科技大学（张丁杰/摄）

个，硕士授予点39个，博士授予点5个。教职工2737人。学校占地面积363.20万平方米，校舍面积118.77万平方米，图书馆面积3.78万平方米。有纸质图书260.61万册，教学用计算机16358台，有省级实验室（实训中心）12个。新增博导37人、硕导212人。学校5个学科入选US News世界大学排行榜，4个学科进入ESI前1%。新增6个国家级一流本科专业，新增8个省级一流本科专业，累计获批一流专业达38个，占专业总数的45.78%。向省教育厅推荐5个优势特色专业，环境工程专业通过教育部工程教育认证。获批国家级“四新”建设项目5项。推进一流课程建设，推荐省级一流课程31门，获批省级一流课程12门，立项建设校级在线开放课程20门、慕课16门。推进专业动态调整和优化布局，增设“储能科学与工程”和“运动康复”专业2个，停招“工程造价”“商务英语”和“信息与计算科学”专业3个。制定专项教育方案8个；开展研究生专项科技竞赛8项，组织研究生参加高水平科技竞赛，获得全国一等奖7项、二等奖13项、三等奖25项，开展品牌学术交流17场；验收结题研究生创新基金项目20个；奖励在读研究生创新成果615项，评选优秀硕士学位论文53篇。获批自然科学类国家级科研项目51项、省部级118项，立项科研经费2.21亿元。发表学术论文1419篇（重要核心学术论文1022篇），三大检索收录论文832篇，三高论文1180篇；在综合类顶级期刊发表学术论文7篇；出版著作24部，授权专利561项。获国防科技进步奖二等奖1项，省自然科学奖二等奖和三等奖各1项；4项学校牵头的成果获社会力量奖一等奖。联合企业申请发明专利和实用新型专利21项，申报省市技术攻关项目20项；完成专利等成果转化50项。获批四川省哲学社会科学重点实验室（培育）1个；国家级、省部级及以上科研项目获批47项，立项总经费0.14亿元；完成重要资政决策成果20余份；获绵阳市社会科学优秀科研成果奖34项。获批四川省“天府青城”计划创新团队1个，教师入选“天府青城”计划2人、入选“天府峨眉”计划5人；全职引进和培养博士青年人才72人；聘请外籍教师33人，引进高端外籍专家6人，获批科技部高端外专引进项目3项。

（张丁杰）

【绵阳师范学院人才培养】 2022年，绵阳师范学院有在校生19380人，其中本科生19365人、专科生15人；招生5364人，毕业生5049人。成人教育学生91人。考研报考人数1725人，录取585人，录取率为34%。学校有本科专业52个、专科专业5个、硕士授予点1个。教职工1573人。学校占地面积105.59万平方米，校舍面积49.56万平方米，图书馆面积4.39万平方米。有纸质图书196.23万册，教学用计算机6985台，有省级实验室（实训中心）8个。新增思想政治教育、汉语言文学2个省级一流本科专业建设点，国、省级一流本科专业建设点达到13个。开展教学研究与改革，立项省级教改项目26项。培育并申报教学成果奖，获得11项省（自治区）教学成果奖，其中一等奖5项。四川民间文化研究中心等省级平台通过评估，四川生猪重大疫病监测与防控工程研究中心等5个高校实验室（工程中心）通过省教育厅建设验收。投入科研经费1.04亿元，新增高校、市厅级科研平台5个，立项国家级、省部级科研项目41项，获得四川省科学技术奖2项，市社科优秀成果奖57项，其中一等奖4项、二等奖8项。新增博士教师79人、硕士教师55人，推荐省部级及以上人才计划项目候选人18人次，入选“天府峨眉”计划专家1人、省学术和技术带头人后备人选3人、海外高层次留学人才1人。推荐教师申报各级专家库30余人次。（何佳莲）

【四川文化艺术学院人才培养】 2022年，四川文化艺术学院在校生21121人，其中本科生16371人、专科生4750人；招生6182人，其中本科生5196人、专科生986人；毕业生数4237人，其中本科生3014人、专科生1223人。录取新生6182人，其中本科5196人。学校有本科专业44个、专科专业32个。成人教育招生876人。教职工1494人，其中专业教师968人，正高级职称教师30人、副高级职称教师138人。整合课程内容，推行课程思政，挖掘特色课程，强化特色教育，增开“两弹一星”研发与“两弹一星精神”校级选修课程。经过评审批准立项校级教学研究与质量工程项目56项，学校教师参与各级各类教学科研项目173项，其中国家级项目1项、省部级项目10项、市厅级项目23项；出版专著及教材3部，公开发表学术论文502篇。新增“历史建筑保护工程”“数据科学与大数据技术”2个本科专业。“动画”“视觉传达设计”“文化产业管理”3个专业被教育部列为省级一流本科专业建设点。实施“人才强校”工程，以高层次人才队伍建设为重点，充实师资队伍，引进教职工316人，其中博士研究生7人、硕士研究生167人、副教授以上职称3人。开展校级教师技能大赛1次，组织“学术论文规范写作与投稿”“高校教学管理干部能力提升专题网络培训班”等培训97场次，教师外出参加各类培训12次。教师参加四川省高等学校新入职教师职业技能（岗前）培训283人，通过四川省教师认定中心试讲取得教师资格证书152人。教师在职进修博士16人，进修硕士30人。选派3名教师参加全国高校会展类专业实践教学骨干教师研修班，受邀参加第六届四川省高校心理健康教育课程教学比赛暨四川省高校心理健康教育专委会年会。开展专业技术职务评审工作，文化序列通过文旅厅评审高级2人、中级6人。开展以“大学生互联网+创新创业大赛”为主题的就业创业能力大赛，“指尖玩物集”项目获“建行杯”第八届四川省国际“互联网+”大学生创新创业大赛高教主赛道本科生创意组铜奖。（凌　彧）

【西南财经大学天府学院人才培养】 2022年，西南财经大学天府学院有在校生31009人，其中普通本科16660人。共有教职工1297人、专职人员860人。开设学科门类7个本专科专业72个，有主、辅修课程1855门。推动在线开放课程建设与应用，建设上线“Excel在财务中的应用”“投资价值分析及评估”“住宅小区规划”“产品系统设计”“计算机技术与计算思维”“思想道德修养与法律基础”等10余门课程。立项科研项目117项，其中16门课程获省级一流本科课程建设项目立项，15个项目获第三批省级课程思政示范项目立项，发表论文189篇，其中普刊181篇、中文核心4篇、外文核心4篇；出版学术专著36本，其中教材25本、学术专著11本；申请知识产权共37项，其中软件著作权4项、外观设计专利13项、实用新型专利20项；结项107项科研项目，其中校级项目20项，校外项目87项。加大人才引进力度，新增教师83人、辅导员38人、行政人员20人。开展春季和秋季2次专业技术评审工作，153人通过正高级和副高级人员评审。拓宽学生就业渠道，组织线上线下双选会10场，组织实施线上线下专场招聘会796场，发布招聘单位信息2917条，提供有效用人岗位6466个。32名毕业生完成“西部计划”岗位对接工作。加强就业创业教学指导，开设“创业与就业指导”课程，组织教师参加2022年四川省高校就业创业指导金课建设评选活动及四川省首届高校就业创业指导大赛，获优秀奖。组织学生申报国家级和省级大学生创新创业训练计划项目，共立项82个省级项目、28个国家级项目。组织学生参与“互联网+”大学生创新创业大赛，获得省赛银奖5项、省赛铜奖9项，在挑战杯——四川省大学生创业计划竞赛中获省赛铜奖4项，在大学生电子商务“创新、创意及创业”挑战赛中获省一等奖5项、省二等奖10项、省三等奖12项。（张　燕）

【绵阳城市学院人才培养】 绵阳城市学院有游仙、安州两个校区。学校有在校生2万余人。2022年计划招生3690人，其中本科3454人、专科236人；录取3699人（15个专科补录计划），其中本科录取3453人、专科录取246人；报到3505人，报到率94.76%。高职扩招考录800人，报到770人，报到率96.25%。教学科研仪器设备1.07亿元，各类图书资源总量371.34万册。学校共设9个二级学院，开设本专科专业共70个，涵盖工、经、管、文、理、教育、艺术、体育等学科。有四川省“一流本科专业”建设点3个、应用型示范专业项目4个、专业综合改革专业2个，重点特色专业质量提升计划专业4个。其中，测绘工程专业排名位居四川省同类院校第1。实施专业集群建设“五个一”工程即每个专业集群培育1个省级教学科研团队，1个省级特色学科、1个省级特色专业（重点或优势或四星以上专业）、1个省级科研平台、1个省级实践平台（中心）。修订学校专业建设规划，组织各专业学院遴选首批参加专业评估的专业。体育教育、智能工程与设计等2个本科专业获批招生。撤销资产评估本科专业。地理信息科学、艺术设计学、商务英语3个本科专业获学士学位授权资格。获批四川省2021—2023年度教学质量与改革工程项目5项。组建28个校级科研团队。市级平台“四川城乡融合研究中心”获批并对外发布专项课题；新增1个“绵阳红色基因教育传承研究中心”。在第八届中国科技城大学生毕业设计大赛中，获优秀奖1项、创意奖2项；在第八届全国高校BIM毕业设计创新大赛获一等奖1项、三等奖1项。修订学校“十四五”师资建设子规划和“双师双能型”教师评选与管理办法，组织遴选“双师双能型”教师27人。组织开展教师职称评审和聘任工作。评审通过教授1人、副教授6人、讲师23人。制定《绵阳城市学院关于加强和改进新时代师德师风建设的实施意见》《绵阳城市学院师德师风考核办法》并组织实施。评选优秀教师12人、优秀辅导员6人。3名教师获绵阳市优秀教师。组织学生参加学科竞赛，获得各级各类奖项923个，其中省级奖项642项、国家级奖项62项。（蒲施宇）

【绵阳职业技术学院人才培养】 2022年，绵阳职业技术学院有在校生12275人，其中三年制专科生数11256人、五年制高职生数1019人；招生3907人；毕业生总数4257人，就业率92.06%。教职工765人。有专科专业数37个。学校固定资产总值55242.5万元，占地面积51.45万平方米，校舍面积30.39万平方米，图书馆面积1.59万平方米。纸质图书98.39万册，教学用计算机4666台，校外实训基地185个。科研教研投入

1527.67万元。引进硕士研究生以上学历45人，其中博士3人。新增定向攻读博士学位6人。引进四川省大人才计划专家1人、国家级技能大师1人；新增评定二级教授1人、三级教授3人。新建国家级技能大师工作站1个、绵阳市技能大师工作室1个，新建校级技能大师工作室4个。学生获四川省普通高等本专科学校优秀毕业生131人；评选市级“三好”学生27人、优秀学生干部14人，评选先进班集体13个。开设37个专科专业，新增电子信息科学与技术专业、材料科学与工程专业2个本科层次试点专业。发布《专业与课程建设质量标准（2022年修订版）》，完成全校专业、课程层面诊改工作。启动2022版专业（群）人才培养方案修订工作。持续推进“1+X”证书制度试点工程，试点证书达26个、考核站点23个。“电子信息工程技术”“旅游管理”2个专业被省教育厅认定为省级“课程思政”示范专业。完成绵阳市“三三工程”第一批项目建设，推进第二批线上线下混合式课程和新形态教材建设。“单片机原理及应用”等2门课程被认定为国家级职业教育精品在线课程；“C#面向对象程序设计”等4门课程被认定为省级“十四五”职业教育精品在线开放课程，“钢筋计算与翻样”等2门课程被认定为精品在线开放培育课程；“建材化学分析技术”等4门课程被认定为省级“课程思政”示范课程；启动《前端交互设计基础》等13部高职特色新形态教材编制工作。纵向科研项目立项92项，经费150.7万元，组织申报省科技计划项目7项；横向科研项目7个。公开发表学术论文121篇，其中SCI、CPCI收录10篇，中文核心12篇；出版学术专著3本、译著1本；获得国家授权专利31项；获绵阳市社科优秀成果奖10项；推荐参评省社科奖1项。新入库就业合作企业103家。立项“三全育人”试点学院2个，获得省级思政精品项目1个，培育思政精品案例1个、德育典型案例2个。学校获得省职业教育教学成果奖一等奖2项，二等奖5项；省教师教学能力大赛二等奖1项、三等奖6项；省师生信息素养提升实践活动二等奖1个，三等奖4个；省青年教师教学能力大赛优秀奖；省职业院校外语课程思政教学比赛二等奖。获得习近平新时代中国特色社会主义思想大学习领航计划主题教育省级特等奖1项，一等奖1项；“互联网+”大赛优秀组织奖和国赛铜奖1项，省赛金奖1项，银奖、铜奖共11项；全国技能大赛国家级二等奖1项、三等奖3项；中华职业教育创业创新大赛省级奖项3个。组织完成2个省教育厅校企联合应用技术创新基地的验收评估。“交通综合运维智能监测装备产教融合建设项目”通过省教育厅组织的项目中期绩效评价。“功能复合材料产教融合示范基地”获四川省第二批产教融合示范项目立项。新增中意联合办学项目1个，与埃塞俄比亚斯亚贝巴科技大学合作制定培养水泥行业人才，并参与国际水泥行业技能培训标准制定。（胥文齐）

【四川中医药高等专科学校人才培养】 2022年，四川中医药高等专科学校录取普通专科生2600余人，其中普专统招1216人、高职单招1414人；报到2381人，报到率90.5%。推进30个专业的专业建设，申报职教本科生物制药专业。“针灸学”在线开放课程获2022年职业教育国家在线精品课程认定；“药理学”“食品与营养卫生学”等24门课程上线“国家智慧教育公共服务平台”，“西医内科学”“病原生物学与免疫学”等24门课程上线“四川省智慧教育公共服务平台”，“针灸学”被教育部认定为职业教育国家在线精品课程，“分析化学”“创新创业大学英语”被四川省教育厅认定为省级精品在线开放课程。“针灸学”“医古文”2门课程获得省级课程思政示范课程认定，1个教学团队获得省级课程思政示范教学团队。加大人才引进及培育力度，引进硕士及以上学历人才48人。获评“四川省学术和技术带头人”教师1人、四川省“四有好老师”教师1人。建成四川省职业院校“双师型”名师工作室1个。智慧健康养老服务与管理专业团队入选第三批省级职业院校“双师型”名师工作室建设名单。王飞中医工作室获省中医药管理局第二批四川省名中医工作室立项。增设非直属附属医院2所，教学医院2所，建立“校企合作产教融合智慧健康养老实训基地”等6个校级产教融合实训基地。完成30个专业和327门课程的诊改工作。加强科研项目培育，组建科研创新团队10支，成立学报《中医药科技与文化》并完成首刊印发；立项四川省级科技计划等项目63项。共发表论文198篇，其中SCI论文8篇；授权专利43项，软件著作权成果22项。教师获省级教学成果奖一等奖和二等奖各1项，获得省级教师教学能力大赛二等奖1项、三等奖4项，学校获得四川省职业院校教师教学能力大赛“最佳进步奖”。《大学人文基础》《计算机应用基础（第2版）》等5门教材认定为四川省职业教育“十四五”规划教材，获得国家中医药管理局教学研究课题2项、省教育厅教改项目3项立项建设，市级教育教学改革项目立项26项。牵头全国9所专科类医药类学校开展中医学专业（专科）水平测试实证研究。举办中药活性成分分析测试学术论坛。（吉晓晨）

【四川幼儿师范高等专科学校人才培养】 2022年，四川幼儿师范高等专科学校在校生11371人，其中三年制专科生数9382人、五年制高职生数1989人。录取新生4264人，实际报到4012人，报到率94.10%。成人教育在校学生18人。设置专科专业数20个。有教职工587人。学校固定资产总值66824.63万元，占地面积65.31万平方米，校舍面积25.77万平方千米，教学仪器设备总值6429.38万元，各类专业实验（训）室总数74个。在线开放“幼儿艺术教育与活动指导”等省级“十四五”首批职业教育精品课程3门；推荐“老年手工康复活动指导”等“十四五”省级职业教育规划教材6本；搭建“超星尔雅”等在线教学资源平台50余个，开设“幼儿艺术教育与活动指导”等线上课程200余门。引

图47　2022年5月10日，四川省红十字会与四川中医药高等专科学校共建全国红十字示范校签约仪式举行（医高专提供）

进硕士研究生13人。完成30人职称评审工作，评聘教授（研究员）4人、副教授（副研究员）9人、讲师16人、助教1人。“‘联盟筑基，园校融合’幼儿教师培养模式的创新和实践”获评教育部产教融合校企合作典型案例。立项科研课题115项，其中省（厅）级以上29项；结题94项，其中省（厅）级27项。学术专著《北宋蜀中三俊研究》获绵阳市第十八次社会科学优秀科研成果二等奖；学术论文《新生代乡村教师职业吸引力提升的困境与突围——基于社会互构论视角的阐释》《儒家〈诗〉教研究系列成果》获绵阳市第十八次社会科学优秀奖。教师出版学术专著2部，编写教材20部。发表学术论文82篇（其中中文核心期刊2篇、本科学报9篇）。获得实用新型专利授权3项。初等教育系教师林雪梅团队获“2022年四川省职业院校外语课程思政教学比赛”省级特等奖，晋级国赛获得二等奖；参加由教育厅组织的“2022年四川省职业院校教师教学能力大赛（高职组）”，获得三等奖4个；参加“四川省第二届高等学校美术教育类专业教师基本功展示活动”，获得一等奖2个、二等奖2个、三等奖3个。学生参加各级各类技能大赛，获“2022年四川省职业院校技能大赛高职组学前教育专业教育技能赛”一等奖，晋级国赛获得团体二等奖；获2022年第三届“幼乐美杯”全国职业院校早期教育专业保教技能竞赛团体二等奖，“2022年四川省职业院校技能大赛高职组师范生教学能力赛”一等奖9个。举办“大学生创新创业实务”讲座，培训学员300人次。立项“省级大学生创新创业训练计划项目”139个。“青艺传媒科技有限公司”等4个创新创业项目落地发展。学生作品《时间银行》获2022年“挑战杯”中国农业银行四川省大学生创业计划竞赛铜奖。

（陈晓丽）

【四川电子机械职业技术学院人才培养】 2022年，四川电子机械职业技术学院占地面积22.1万平方米，校舍总建筑面积27.02万平方米，教学科研及辅助用房16.63万平方米；科研仪器设备资产总值4940.97万元，纸质图书95.67万册；有90个校内实训室、216个校外实训基地，与984家单位建立合作关系。学院有专任教师总数318人，全日制普通专科在校生10757人。开展9期教师队伍能力提升专题培训，组织教学能力大赛，实施国培、省培项目，加强“双师型”教师队伍建设，有2名教师获得绵阳市“优秀教师”，1名教师获得绵阳市“优秀教育工作者”。科研立项29项，其中省部级6项、市厅级8项、校级15项。科研项目结题14项，其中省部级9项、市厅级5项，教师发表论文37篇。93名学生获得“四川省优秀大学毕业生”称号，163名学生取得大学生综合能力A级证书，10名学生获得国家奖学金，347名学生获得国家励志奖学金。学院与企业合作开展定向、订单式人才培养，学院与北京高科集团合作成立信创产业学院，与凤凰集团合作成立数字经济产业学院，并建立“凤凰数字创意工作坊”；与绵阳海立电器、四川长虹电源等企业分别建立“卓越工程师”“现场工程师”等订单班。与绵阳移动公司等4家企业合作共建现代通信技术、电子商务等实训基地，并与216个校外实训基地、984家单位建立就业合作关系。组织学生参加各类比赛，共组建64个参赛代表队，获得各类奖项62个，其中国家级奖项7个。建有创新创业教育基地4个。学生在第十七届“挑战杯”四川省大学生课外学术科技竞赛中获得省级三等奖1项，在第十二届全国大学生电子商务“创新、创意及创业”挑战赛省赛中获三等奖2项。在“互联网+”大学生创新创业大赛职教赛道，有28个参赛项目入围省级比赛。

（郭发玉）

【四川九洲技师学院人才培养】 四川九洲技师学院创建于1979年，由九洲集团主办，是一所“校中有厂、厂中有校”的国有公办技工院校，是国家重点技工院校、国家高技能人才培训基地、全国人事人才职业资格认证授权培训中心、全国职工教育培训优秀示范点、四川省教育工作先进集体、四川省技能人才培育突出贡献集体，是绵阳唯一一家被确定为四川省中等职业教育“三名工程”首批“五星名校”立项建设单位，获得四川省管理创新成果一等奖、国家管理创新成果二等奖。学院主要招收初、高中毕业生，培养中高级技工、预备技师，为社会提供中高级技能人才培养服务的全日制技工院校。学院开设有机械设备装配与自动控制、工业机器人应用与维护等20余个专业，其中有数控加工、电子技术应用、汽车维修等8个五年一贯制专业，毕业后颁发全日制专科毕业证书。学院占地面积14.73公顷，学生3000余人，教职工200余人，拥有13个实训基地，实训室52处，设施设备3000余台（套），可提供3500余个实习工位。学院内国家产教融合实训中心、绵阳市公共实训基地总投资8000万元，建设规模18000多平方米。教师中有中华技能大奖获得者游洪建、冷晓江等。

（彭泽宇）

【绵阳开放大学人才培养】 2022年，绵阳开放大学有教职工114人，其中正高级职称2人、副高级职称15人、中级职称25人、初级职称7人。开放教育全系统招生4702人，奥鹏学习中心招生197人，中职招生1061人（本部380人），全系统学历教育招生6400余人，排名全省市（州）开放大学第一。组织学生参加2022年电子商务技能大赛，获四川省职业院校技能大赛三等奖；参加2022年“畅享杯”“全国数字商业技能大赛”，3名学生获一等奖，1名学生获二等奖，2名学生获三等奖。承办2022年“全民终身学习活动周”开幕式暨游仙区启动仪式，打造“无废社区”“党建领航+小区微治理”“暖心学堂”等“一社一品”项目26个，各县（市、区）征集打造国家级、省市的优秀项目、个人、机构43个。新建绵阳终身学习在线平台，上线视频课程资源2万多集、图书资源30多万册、期刊资源3000余种、少儿绘本资源1000多部、智慧助老课程近200集、党建学习资源3000多册、红色视频5000多集、党政期刊200多种。社区教育有在研国家级课题1个、省级课题2个，完成城市社区学习中心(CLC)能力提升项目首批实验点工作，并开启第二期实验点工作。教师完成2022年绵阳市中华经典诵写讲演系列活动等市培项目9个及“国培计划”中西部骨干项目——重点学科自主选学试点项目县（市）项目培训。市师培中心组织涪城区、游仙区、三台县、江油市、盐亭县对口帮扶阿坝藏族羌族自治州的阿坝县、汶川县、红原县、若尔盖县、壤塘县400名教师。普通话培训2786人次，测试45批次，处理报名数据18180人次，实测14623人次。

（王欢欢）

【绵阳飞行职业学院人才培养】 2022年，绵阳飞行职业学院新增建筑消防技术、数字媒体技术、跨境电子商务、应用电子技术、新能源汽车技术5个专业。修订完善《教学督导工作实施意见》等教学管理制度7个。学生参加2022“外研社·国才杯”四川省高等职业院校学生英语挑战赛，1人获三等奖、3人优胜奖。空乘专业与北京翔宇教育咨询有限公司合作开展民航空中服务、民航旅客地面服务中级技能等级证书“1+X”课程培训和考评。组织无人机驾驶员执照培训及中级电工证培训，56名学生参加无人机驾驶员执照培训、24名学生参加中级电工证。省教育厅立项课题“高职院校思政课程中人生观教育路径研究”结题；院级新增立项课题“民办高职院校思政课程建设路径探究”“高职院校班级管理策略探究”“教育信息化背景下的语言类科目混合教学模式研究”3项。推进“思想政治课示范课堂”“具有职业教育特点的课程思政教育案例”“具有辐射引领作用的直升机驾驶技术专业化产教融合实训基地”3个提质培优项目工作开展。教师在各级各类刊物和比赛中发表论文7篇。参加首届泛美航空职教集团技能大赛，无人机专业、安检组分别获得团体二等奖，空乘专业、空保专业分别获优秀组织奖。2022级空乘专业学生朱俊熙获2022国际超模大赛中国区总决赛季军、中国小姐。完成2022级学生1389人次的心理测评，开展心理咨询176人次。学生有1人获得国家奖学金，31人获得国家励志奖学金，1559人获得国家助学金。加强与泛美通航、泛美星程、泛美智飞等集团内企业合作，共建直升机、无人机实践性产教融合实训基地。与天津滨海迅腾集团共建智能科技产业学院，与成都中消未来公司共建消防应急管理学院，与北川中羌医院在社区康复领域开展教学实践深度融合探索。举办东西部协作“蓝鹰之星”消防技术培训、村（居）民委员会常职干部及儿童督导员、儿童主任专项培训。（王承庆）

图48 2022年，绵阳飞行职业学院空乘专业学生专业课现场（绵阳飞行职业技术学院提供）

概　述

【概况】　2022年，科技城落实《金融支持科创企业全生命周期发展十条措施（试行）》（以下简称金融十条），建立科创企业白名单，遴选出两批335家重点支持科创企业（首批286家、第二批49家）。持续加强信贷供给，发放设备仪器贷12970万元，增长15倍；累计完成应收账款融资109.37亿元，增长6.36%；累计办理应急转贷23笔，累计转贷金额2.05亿元。完善风险保障，推动市级贷款风险补偿基金总规模扩大到2.5亿元，发放纳入风险补偿的贷款164.3亿元。持续优化直接融资，成立认缴规模2亿元的绵阳市聚兴创新股权投资基金。推动科创企业上市，华丰科技上市事宜通过上交所审议。建设科创基金小镇，探索“金融资本、科技创新、产业资源”三位一体科技金融融合发展模式。年末，科技城科技型企业贷款余额470亿元，金融机构支持首批“金融十条”白名单企业贷款余额44.7亿元，较年初增长18.6%。有银行机构32家、保险机构58家、证券期货业机构32家、融资担保机构28家、小额贷款公司15家、典当公司15家。金融机构种类、数量均居全省地级市第1位。有上市公司13家，（上交所主板3家、深交所主板6家、创业板1家，北交所1家，港股2家），有“新三板”挂牌企业16家，进入四川省上市后备企业资源库企业55家，均居全省地级市第1位。据人行成都分行、省地方金融监管局发布的四川省金融生态环境评价结果，金融生态环境与成都并列全省第1位。

【区域金融体制机制改革】　2022年，人行绵阳中支加快成绵科创金融改革试验区申建，建设方案通过第三方专家评审，上报人民银行总行研究局审阅指导。推动设立创投基金2亿元，科技金融信贷风险补偿基金规模扩大至2.8亿元，依托“天府信用通”打造科创金融服务专区；科创金融专营机构增设至14个，纳入国家第三批全创经验的“设备仪器贷”实现扩面增量。深化绿色金融创新，落地碳减排支持工具，推动绵阳市商业银行制定绿色银行创建工作指导意见，探索设立绿色专营支行。深化农村金融创新，推动中国农业银行绵阳市分行创新发放全国首笔种业品种权质押贷款、农发行绵阳分行等单位在全省首创六方合作“土地大托管”模式，两项工作均入选全省金融服务乡村振兴十佳案例。

【银政企对接】 2022年，科技城举办工业高质量发展投融资对接会、涉农项目投资推进会暨投融资推介会、中国（绵阳）科技城建设科技创新先行区投融资对接会、“科技城金英荟”人才金融“首贷、首投、首保、首担”签约仪式、绵阳市住建交通生态环境领域重点项目融资对接会等银政企精准对接会，通过银政企联动、银企双选，畅通政银企沟通渠道，营造良好金融生态环境，推动银行和企业实现互利共赢发展。举行金融合作集中签约仪式，实现信贷资金集中投放443.8亿元、风险保障金额96亿元、担保额度8.5亿元。加强银企对接，收集整理全市重点项目和企业融资需求，编制项目融资手册推送至金融机构；收集金融机构特色金融产品，编制《金融产品汇编》向企业推介。

【金融服务平台建设】 2022年，科技城依托“绵企通”平台，创造性搭建“金融超市”综合金融服务线上平台，与“国家信易贷”“天府信用通”等金融信用信息综合服务平台互联互通，助力金融机构与中小企业的信息通畅，提高融资便利可得性。平台汇聚银行、保险、担保等各类金融机构，发挥大数据优势，为企业精准匹配金融产品，构建起金融机构“应答咨询、提出对策、产品推荐、授信对接”全流程服务体系，形成一站式融资服务平台。上线金融产品400余个，试运行以来累计服务企业7937家。打造“绵易融”宣讲直播平台。开通“绵易融”助企纾困政策直播间，邀请金融主管部门负责人、金融机构负责人、金融顾问团成员直播解读金融政策、发布金融产品、在线回应融资诉求，促进银企信息互联互通，扩大金融助企纾困稳增长政策及金融产品的社会知晓面。

【金融风险防范】 2022年，科技城打击非法集资等非法金融活动，化解非法集资存量案件5件，处置非法集资新发案件1件。优化金融生态环境，整治出清本地交易场所2家，清退客户10万余户、资金6000余万元。化解*ST蓝盾和*ST西源退市有关风险。完成互联网金融风险专项整治工作，重点处置8家本地P2P机构及25家异地关联机构。推进北川羌族自治县农村信用合作联社风险化解处置工作，三季度末达到中国人民银行退出高风险机构标准。据中国人民银行成都分行、四川省地方金融监督管理局联合发布的《四川省金融生态环境评估结果的通报》显示，科技城金融生态环境以68.9分居全省第1位，与成都并列第1名。

【金融纾解企业困难】 2022年，科技城加强改革创新，提升金融质效，创建全国科创金融改革试验区，推进三台乡村振兴金融创新示范区建设，构建金融服务科创、“三农”体制机制。推动设立农业银行绵阳科技支行、建设科创基金小镇，完善“五专”服务机制（专线、专网、专窗、专班、专员），提升金融服务科创企业质效。推动金融产品和服务创新，推广“活体抵押+银行授信”“种业品种权质押”等动产、知识产权质押信贷产品，满足企业融资需求，推动“设备仪器贷”“应收账款质押融资”等信贷产品提质扩面。加强银企线上融资对接，打造“金融超市”线上融资对接平台，打造“金融助力产业高质量发展”“科技城金英荟”等线下融资对接会品牌，举行“优化营商环境面对面”座谈会，办理企业反映问题和建议。走访调研铁骑力士、明兴农业等企业，协调金融机构研究解决企业生产运营面临的融资困难。

【系列金融支持政策出台】 2022年，科技城落实《金融支持科创企业全生命周期发展十条措施》，出台《金融加强支持人才创新创业十条措施（试行）》，实施《金融机构服务地方发展综合评价办法》和省市财政金融互动政策。实施减费降负政策，引导金融机构将贷款市场报价利率（LPR）下行向贷款主体传导，对符合授信条件但暂时经营困难的企业不盲目抽贷、断贷、压贷，下放小微信贷审批权限，建立贷款全流程限时制度，实施延期还本付息。

【中国农业银行绵阳科技支行揭牌成立】 2022年5月20日，中国农业银行绵阳科技支行揭牌成立。省委常委、市委书记曹立军，中国农业银行四川省分行党委书记、行长刘加旺致辞并揭牌。在揭牌仪式上，农行绵阳分行与园区产业发展、高精技术企业、科技创新企业、标准厂房建设、科研创业人员等方面代表签订信贷投放协议。市委常委、科技城党工委副书记、管委会常务副主任、市国资委党委书记黄朝阳，农行四川省分行党委委员、副行长秦福川，有关区、园区和市级部门负责人等参加。中国农业银行绵阳科技支行致力于打造成为区域领军的主力银行、科技金融的特色银行和合规运营的安全银行，定位于服务科技型企业，年内先后推出“绵科贷”“专精特新小巨人贷”“新才e贷”“科技创新再贷款”等特色金融产品。

【“22长虹电子SCP003”发行】 2022年6月7日，四川长虹电子控股集团有限公司科创票据“22长虹电子SCP003”发行，该科创票据由邮储银行绵阳分行承销，募集资金共5亿元。该项目是全国首批、邮储银行全国首单、四川省首单科创票据。长虹集团是绵阳市重点科创企业，拥有3个国家企业技术中心、2个国家级工业设计中心，获得国家科学技术进步奖6项。本单科创票据旨在支持长虹集团持续加大科技创新投入，提升企业整体科技水平。

【“绵易融”首场直播举行】 2022年9月1日下午3点，由市金融工作局主办，农发行绵阳市分行承办的“绵易融”首场直播举行。首场直播观看超500人次，点赞量1.5万人次。“绵易融”直播平台设在“绵阳金融发布”微信公众号，旨在面对面宣传解读金融政策、发布金融产品、回应融资诉求。“绵易融”中“绵”即绵阳，“易”即“容易、方便、快捷”，“融”即“融资融

图49　2022年5月20日，中国农业银行绵阳科技支行揭牌成立（视觉绵阳提供）

图50 2022年9月1日，“绵易融”首场直播举行（市金融工作局提供）

智”。“绵易融”有解读政策、发布产品、回应诉求三大功能。解读政策即由金融主管部门负责人、金融机构负责人、金融顾问团成员等金融“大咖”解读金融政策。发布产品即金融机构适时发布金融产品。回应诉求即由金融主管部门、金融机构专家“面对面回应”金融诉求。

【中国（绵阳）科技城建设科技创新先行区投融资对接会暨科创基金小镇开镇仪式举行】 2022年10月28日，中国（绵阳）科技城建设科技创新先行区投融资对接会暨科创基金小镇开镇仪式举行，中国（绵阳）科技城科创基金小镇正式开镇运营。省委常委、市委书记曹立军，省政协副主席、省地方金融监管局局长欧阳泽华等出席并致辞。在活动仪式上，科技厅厅长吴群刚为“天府科创贷”绵阳分中心授牌，“天府科创贷”绵阳分中心正式入驻基金小镇。“天府科创贷”绵阳分中心联动金融分支机构计划建立不少于15个网点、不少于50名服务专员的服务体系，通过与省中心联动，具体负责绵阳辖区内的“天府科创贷”政策推广、业务受理、工作宣传等工作任务。活动中，绵阳市对绵阳科技城重点企业和重点项目进行推介，金融机构与在绵阳科技型企业签订投融资合作协议，入驻机构与中国绵阳科技城科创基金小镇签订入驻协议。科创基金小镇位于绵阳市高新区会展中心旁，占地面积约1.77万平方米。由9幢商业办公楼和1个路演中心组成，总建筑面积约1.65万平方米，其中路演中心建筑面积1554.88平方米。科创基金小镇采用政府主导、市场引导、企业参与的运营模式，引进银行、证券、保险、基金、信托、期货等金融机构，探索“金融资本、科技创新、产业资源”三位一体科技金融融合发展模式，引导股权投资机构聚集发展，促进科技成果转化，助推区域经济转型升级。出台《绵阳市支持中国绵阳科技城科创基金小镇发展若干政策（试行）》，由科创基金小镇发展服务中心负责小镇营运管理，举办中国（绵阳）科技城投资峰会等投融资对接及项目

图51　中国（绵阳）科技城科创基金小镇（视觉绵阳提供）

路演活动。至年底，基金小镇共入驻金融机构13家（基金管理公司8家），管理基金28支，管理规模276.35亿元。　（章彦博　陈　刚）

社会信用体系建设

【概况】　2022年，科技城加强社会信用体系建设，争创全国第四批社会信用体系建设示范城市，成立创建工作专班，起草印发实施方案。以创建为契机，推动解决信用工作中重点难点问题。加大本地融资信用服务平台推广运用，在天府信用通平台（绵阳站）引导注册中小企业11万家，为中小企业提供融资服务，助力缓解企业融资难融资贵等问题。上线药品零售连锁企业诚信指数评价系统，入驻药品零售连锁公司32家和零售药店3000余家，系统所在“绵阳12315”小程序平台注册用户达20多万人。

【信用信息共享应用】　2022年，科技城加强信用平台和信用网站建设。科技城公共信用信息平台与四川省政府部门信息共享及监管协作平台（绵阳）等多个系统实现数据对接，接入四川省政务一体化平台，与40余个市直部门（单位）实现定期数据交换共享，扩充县（市、区）、园区使用权限，拓展平台功能。“信用中国（四川绵阳）”网站优化升级，网站年点击量98万余次。提升信用数据归集质量，建成公共信用信息数据直报系统，累计归集信用信息数据934万条。强化7类行政管理数据归集工作，累计归集“双公示”信息78万余条，行政强制等5类行政数据7647条。建立统一社会信用代码重错码纠错工作机制，多部门联合开展两批共33条重错码纠错。加大信用应用力度，在市场准入、补贴发放、政策支持、融资贷款、评优评先等事项中应用信用信息，累计核查企业5439家，对99家失信企业进行限制。推进“信易贷”“税易贷”“信用就医”等20个信用场景应用。

【信用监管】　2022年，科技城推进行业评价，实施分级分类监管。结合国家公共信用评价和行业评价，将结果全面应用于“双随机、一公开”“信用+综合监管”等监管方式，根据通用型企业信用风险分类指标体系，对科技城9万余家企业进行信用风险分类，确保企业信用风险分类结果能够在日常开展的“双随机、一公开”监管工作中常态化运用，实施差异化监管。实现18个行业领域的市场主体信用评级评分，其中市级层面分级分类政策6项。

【信用承诺制度】 2022年，科技城依据《全国失信惩戒措施基础清单（2021年版）》，加大信用联合惩戒力度，共发布失信被执行人1990人，限制高消费20574人，限制出境7人次，司法拘留46人，重点曝光35例失信被执行人。推进信用承诺落地，全面推广信用承诺制。拓展信用承诺的类型、使用主体和涵盖领域，推行涵盖各行业领域，各类事项、各种类型的信用承诺。各部门根据《绵阳市全面建立信用承诺制度的实施意见》，编制本行业（领域）信用承诺制度，市政务服务监管局、市市场监管局、市中级人民法院等部门出台相关承诺制度，累计上报信用承诺10万余条。加强部门联动，落实信用联合惩戒制度。

【诚信宣传活动】 2022年，科技城组织开展“诚信兴商”宣传月、“6・14”信用记录关爱日等信用宣传活动。组织各地开展“加强信用体系建设、助力高质量发展”“诚信教育暨信用修复培训会”等主题宣传活动，通过悬挂宣传横幅、摆放宣传展板、发放宣传手册等方式，弘扬重信践诺的传统美德。结合绵YOUNG新时代青少年宣讲团和绵阳市红领巾宣讲团宣讲计划，开展各类青少年诚信教育活动20余场，帮助青少年从小树立诚信意识，覆盖33.2万人次。

【《绵阳市运用大数据加强对市场主体服务和监管实施方案》出台】 2022年8月26日，绵阳市社会信用体系建设联系会议办公室出台《绵阳市运用大数据加强对市场主体服务和监管实施方案》（以下简称《方案》）。《方案》指出要高效采集、有效整合、充分运用政府数据和社会数据，健全政府运用大数据的工作机制，完善对市场主体的全方位服务，加强对市场主体的事中事后监管，运用大数据推动社会信用体系建设，构建公平诚信的市场环境。通过政府信息公开和数据开放、社会信息资源开放共享，提高政策措施的透明度，运用大数据提高为市场主体服务水平，释放市场主体活力。重点任务包括提高政府运用大数据的能力，提高为市场主体服务水平，健全对市场主体监管监督制度，推进政府和社会信息资源开放共享，培育和发展社会化信用服务。

【绵阳市药品零售连锁企业诚信指数评价系统上线】 2022年11月18日，绵阳市药品零售连锁企业诚信指数评价系统上线。绵阳市药品零售连锁企业诚信指数评价系统旨在基于移动互联网、大数据、视频云、物联网等信息技术，打造集社会共治、信息公开、指数排行、智慧监管、企业责任、行业协会诚信自律等功能于一体，面向社会公众、主体单位、监管部门三大类用户的信息化服务平台。通过推进服务单位信息公开和过程可视化，增强主体责任意识、诚信自律意识和各项服务保障能力，实现诚信指数实时有效的管理和监控，促进药品零售连锁企业遵守药品管理相关法律法规，认真履行企业主体责任，严守诚信经营底线。至年底，有32家药品零售连锁公司和3000余家零售药店入驻该系统，系统所在“绵阳12315”小程序平台注册用户达20余万人。

（陈俊林）

政府产业投资引导基金

【概况】 2022年，科技城政府产业投资引导基金围绕产业发展重点领域，夯实“政府引导、市场化运作”的原则，完善管理制度、优化政策引导、凝聚投资合力、加大监管力度，引导社会资本投资支持重点产业领域和优势产业项目。组织各子基金参加各类资本对接活动和招商引资洽谈活动10余次；举办绵阳市科技创新股权投资基金发布会暨投融资对接会。协调配合子基金管理机构对优质项目的现场调研，丰富项目储备，促进科技成果转换项目与投资机构的深度合作。国家转型基金四川子基金及省级区域协同基金分别投资科技城招商引资欣盛半导体项目和龙华薄膜项目，累计投资金额超1亿元。与川创投、重庆北碚引导基金合作完成绵阳聚兴创新股权投资基金（科创基金）组建，实现成渝经济圈“绵碚”合作和投资联动。至年底，政府引导基金发起设立和参与的5支市场化子基金和重产基金总规模70.7亿元，新增完成投资项目6个，新增投资金额5.39亿元。累计完成投资项目25个，累计完成协议投资总额31.64亿元。

【绵阳兴绵产业发展基金】 绵阳兴绵产业发展基金于2016年12月设立，规模5.4亿元，其中引导基金认缴出资1.25亿元、四川九洲集团认缴出资3.65亿元、四川区域协同引导基金认缴出资0.4亿元、普通合伙人四川鼎浩和四川九洲创投各认缴出资0.1亿元。基金管理人为四川鼎浩公司，于2020年3月完成基金业协会备案。基金重点投资创新融合产业领域，投资于绵阳区域内的比例不低于基金总规模的60%。至2022年年底，累计完成7个项目的投资，累计协议投资总额3.95亿元。

【绵阳市振兴县域经济产业发展股权投资基金】 绵阳市振兴县域经济产业发展股权投资基金于2018年8月设立，首期规模5亿元（总规模50亿元），其中引导基金认缴出资1.25亿元（市级财政出资50%，被投企业所在地县市区或园区财政出资50%），剩余3.75亿元由基金管理人及其募集的社会资本出资。基金管理人厦门炎汉公司，2019年9月完成基金业协会备案。基金投资于绵阳区域内的比例不低于基金总规模的60%（含外地引入项目）。至2022年年底，累计完成3个项目投资，累计协议投资总额1.9亿元。

【绵阳科技城共赢帮扶投资基金】 绵阳科技城共赢帮扶投资基金于2018年12月设立，规模5亿元，绵阳聚融公司认缴出资1.5亿元，长虹集团、九洲集团、绵投金控各认缴出资1亿元，科发集团和基金管理人合计认缴出资0.5亿元。基金管理人为绵阳科发集团下属的科发基金公司，基金主要支持科技城优质民营企业、招商引资企业和重点国有企业，2019年9月完成基金业协会备案。至2022年年底，累计完成4个项目协议投资金额合计4.6亿元。

【绵阳市聚九股权投资中心】 绵阳市聚九股权投资中心于2019年12月设立，规模3.2亿元，其中聚融公司认缴出资1亿元（市级财政出资）、九洲集团认缴出资1.6亿元、基金管理人东兴资本认缴出资0.6亿元。基金于2020年7月完成基金业协会备案。基金主要围绕绵阳本地创新融合产业化项目和助力融合产业链布局开展投资业务。至2022年年底，累计完成7个项目的投资，协议投资总额2.3亿元。

【绵阳市聚兴创新股权投资基金】 绵阳市聚兴创新股权投资基金（科创基金）于2022年12月完成设立备案，基金总规模2亿元，其中聚融公司认缴出资0.6亿元（市级财政出资）、新投集团认缴出资0.2亿元、产业振兴集团认缴出资1亿元、重庆北碚引导基金认缴出资0.2亿元，基金出资实现省市区三级投资联动。至2022年年底，科创基金对外完成1个项目的投资，协议投资总额1937万元。

【国家制造业转型升级基金】 国家制造业转型升级基金于2019年11月设立，绵阳聚融公司代表绵阳市政府出资2.5亿元（四川省共出资50亿元）参与组建总规模1472亿元的国家制造业转型升级基金，至2022年年底，聚融公司累计实缴出资1.376亿元。

图52　2022年6月14日，绵阳市科技创新股权投资基金发布会暨科创企业投融资对接会在绵州酒店举办

【绵阳科技城重大产业股权投资基金】　绵阳科技城重大产业股权投资基金于2021年9月设立，总规模50.1亿元，其中绵投集团认缴出资25亿元、聚融公司认缴出资15亿元、长虹集团认缴出资5亿元、九洲集团认缴出资5亿元。主要投资支持科技城重大招商引资项目。至2022年年底，基金投资总额18.7亿元。　（张瑛瑜）

【绵阳科创基金组建】　2022年6月14日，绵阳市科技创新股权投资基金发布会暨科创企业投融资对接会在绵州酒店举办。副市长李南希出席会议并宣布绵阳市科技创新股权投资基金成功组建。绵阳科创基金由四川振兴集团联合绵阳聚融股权公司、绵阳科技城新区设立，是绵阳市首支由政府发起设立的创投基金。基金设立规模2亿元，存续期8年（投资期4年、退出期4年）。旨在支持绵阳科创企业发展，通过市场化股权融资方式缓解科创企业压力，促进科技成果转化。基金聚焦电子信息、装备制造、先进材料、新能源和化工等重点支柱产业，重点投资于处于初创期、早中期和成长期的绵阳市中小微科技企业和科技成果转化项目。会上，四川振兴集团、绵阳聚融公司、绵阳新投集团、北碚新兴产业基金、川创投等基金合伙人签署基金合伙协议。绵阳科创基金与4家科创企业签署意向投资协议。6家绵阳市本土的科创企业进行项目路演，与专家评委交流互动。

（章彦博）

上市公司

【概况】　2022年，科技城有上市公司13家（上交所主板3家、深交所主板5家、创业板2家、北交所1家、港股2家），涉及家电、电子制造、饲料养殖、化学制品、非金属制品、汽车零部件等行业领域。其中有11家在沪深北证券交易所上市的公司，年营业收入2642.50亿元，增长6.92%，净利润11.74亿元，增长114.39%。

2022年科技城上市公司一览表

表19

序号	证券代码	证券简称	公司企业	上市板块	上市时间	所属行业
1	600839	四川长虹	四川长虹电器股份有限公司	上交所主板	1994年3月11日	计算机、通信和其他电子设备制造业
2	601208	东材科技	四川东材科技集团股份有限公司	上交所主板	2011年5月20日	化学原料和化学制品制造业
3	600139	*ST西源	四川西部资源控股股份有限公司	上交所主板	1998年2月25日	货币金融服务
4	000876	新希望	新希望六和股份有限公司	深交所主板	1998年3月11日	农副食品加工业
5	000801	四川九洲	四川九洲电器股份有限公司	深交所主板	1998年5月6日	计算机、通信和其他电子设备制造业
6	000935	四川双马	四川和谐双马股份有限公司	深交所主板	1999年8月24日	非金属矿物制品业
7	002258	利尔化学	利尔化学股份有限公司	深交所主板	2008年7月8日	化学原料和化学制品制造业
8	002357	富临运业	四川富临运业集团股份有限公司	深交所主板	2010年2月10日	道路运输业
9	300432	富临精工	绵阳富临精工股份有限公司	深交所创业板	2015年3月19日	汽车制造业
10	300297	*ST蓝盾	蓝盾信息安全技术股份有限公司	深交所创业板	2012年3月15日	软件和信息技术服务业
11	836239	长虹能源	四川长虹新能源科技股份有限公司	北证A股	2021年11月15日	电器机械和器材制造业
12	01380	金石矿业	中国金石矿业控股有限公司	香港主板	2011年3月18日	一般金属及矿石原材料业
13	01636	中国金属利用	中国金属资源利用有限公司	香港主板	2014年2月21日	一般金属及矿石原材料业

【上市企业培育】 2022年，科技城创新制定推进企业上市梯度培育行动计划，建立健全政策引领、储备培育、培训辅导、协调服务、环境优化等全过程全链条的企业上市服务体系。针对企业上市申报过程中需要出具的行政许可及合规证明等事项，推出企业挂牌上市合规性审查“秒批秒办”系统。建立上市后备企业资源库，遴选出70家企业入库，推荐55家企业进入省级上市后备企业资源库，新增省级上市后备企业资源库入库企业22家，增长66.7%。2家上市后备企业进入辅导期，11月25日，安和精密挂牌“新三板”，12月13日，华丰科技在科创板上市发行事宜经上交所科创板上市委员会2022年第107次审议会议审议通过。

2022年绵阳市进入省级上市后备企业一览表

表20

序号	企业名称	序号	企业名称
1	绵阳市商业银行股份有限公司	29	四川新一美生物科技有限公司
2	四川华拓光通信股份有限公司	30	四川建丰林业有限公司
3	四川振通检测股份有限公司	31	四川泰虹科技有限公司
4	四川信立包装有限公司	32	四川经纬达科技集团有限公司
5	四川中久大光科技有限公司	33	绵阳高新区恒奥电子科技有限公司
6	四川湖山电器股份有限公司	34	四川绵阳德鑫机械有限公司
7	四川中物技术股份有限公司	35	四川虹信软件股份有限公司
8	四川高达科技有限公司	36	绵阳市汽车实验驾驶技术学校股份有限公司
9	四川科莱电梯股份有限公司	37	四川九州光电子技术有限公司
10	绵阳辉达粮油有限公司	38	西科农业集团股份有限公司
11	四川天雄药业有限公司	39	绵阳立德电子股份有限公司
12	四川省银河化学股份有限公司	40	四川九洲卫星导航投资发展有限公司
13	四川爱联科技股份有限公司	41	四川智星君业信息科技有限公司
14	四川爱创科技有限公司	42	绵阳优森科技有限公司
15	绵阳麦思威尔科技有限公司	43	四川圣迪乐村生态食品股份有限公司
16	四川陆亨能源科技有限公司	44	四川科瑞软件有限责任公司
17	四川超声印制板有限公司	45	四川奇石缘科技股份有限公司
18	四川省江油市蜀玉实业有限公司	46	四川恒泰环境技术有限责任公司
19	四川聚能核技术工程有限公司	47	四川碧朗科技有限公司
20	江油市长祥特殊钢制造有限公司	48	四川长虹电源有限责任公司
21	四川远方高新装备零部件股份有限公司	49	四川长虹教育科技有限公司
22	四川南联环资科技股份有限公司	50	四川万高达味食品有限公司
23	四川六合特种金属材料股份有限公司	51	绵阳华岩电子有限公司
24	四川代代为本农业科技有限公司	52	绵阳市鑫科源环保科技有限公司
25	台沃科技集团股份有限公司	53	四川华丰科技股份有限公司
26	绵阳安福魔芋开发有限公司	54	四川才子软件信息网络有限公司
27	北川禹珍实业有限公司	55	四川互慧软件有限公司
28	四川福欣食品有限公司		

【专精特新企业专场培训会召开】 2022年6月15日，绵阳市专精特新企业专场培训会在长虹科技中心召开。市委常委、副市长张明，市政协副主席周琳出席并致辞。会议分析全市在孵化、培育创新型高科技企业方面的优势，上市公司及上市公司培育情况，鼓励专精特新重点企业抢抓机遇对照上市条件和要求，加快上市步伐。市金融工作局和市经信局分别就“企业上市挂牌支持政策”和“专精特新支持政策”作政策宣讲。北交所西南中心和浙商证券专家为企业作北交所定位及发展前景、适格企业的历史机遇、上市制度及发行安排、实际操作路径等培训。

【企业上市培育暨上市公司高质量发展工作调度会召开】 2022年10月10日，绵阳市企业上市培育暨上市公司高质量发展工作调度会召开。市委常委、副市长张明等出席会议。相关市直部门、县（市、区）、园区、国有企业、部分上市公司及拟上市企业参会。会上，市金融工作局汇报全市企业上市培育暨上市公司发展情况；涪城区、高新区、科技城新区汇报辖区企业上市培育暨上市公司发展情况；长虹集团、九洲集团、利尔化学汇报发展情况；华丰科技、西科集团、安和精密汇报上市推进情况。张明就上市公司做好市值管理、充分利用资本市场加速发展，拟上市企业股权设计、券商选择等问题开展辅导培训。

【企业上市服务对接座谈会召开】 2022年10月19日，绵阳市金融工作局与深交所西部基地开展企业上市服务对接座谈会。深交所西部基地副总监任路，区域主任邵军鹏、胡文文，市金融工作局党组书记杨保平参加座谈。会前，深交所西部基地一行人到蜀玉实业、远方高新、陆亨能源、六合特材、龙华薄膜、经纬达科技、银河化学、湖山电器等企业开展上市辅导。会上，深交所西部基地介绍拟上市企业调研情况，市金融工作局介绍全市资本市场及企业上市挂牌情况。双方就设立深交所绵阳基地、举办资本市场辅导培训活动、企业“一对一”走访、企业融资路演等方面进行交流，并达成合作意向。

【安和精密“新三板”挂牌】 2022年11月25日，安和精密（873004）正式在“新三板”基础层挂牌公开转让。安和精密成立于2012年，主要从事超小型微特电机的研发、制造及销售。公司核心产品包含微型振动马达、传动模组，终端客户主要为小米、歌尔、华为等知名企业。安和精密为国家级专精特新“小巨人”企业，拥有发明专利18项，近两年（2020—2021年）研发费用累计8435万元，符合北交所上市两套财务标准。全国中小企业股份转让系统有限责任公司发文，同意四川安和精密电子电器股份有限公司股票在全国股份转让系统挂牌。2021年，九洲集团实现对安和精密控股权的并购，将其定位为集团电子元器件专业化公司。2022年3月，九洲集团研究明确安和精密先“新三板”挂牌再北交所IPO的上市路径。8月30日，安和精密挂牌申请获得股转公司受理。9月13日，收到股转公司第一次反馈意见。9月26日，向股转公司提交了第一次反馈意见的回复，并取得正式批复。

【科技城首家科创板上市公司出炉】 2022年12月13日，上交所网站发布信息，科创板上市委2022年第107次审议会议审议通过四川华丰科技股份有限公司（以下简称华丰科技）的首发申请，标志着华丰科技成为绵阳首家科创板上市公司，该公司也是长虹控股集团的第7家上市公司。华丰科技是国务院国有企业改革领导小组办公室公布的科改示范企业、四川省首批国有控股混合所有制企业员工持股试点单位，是中国率先从事电连接器研制和生产的核心骨干企业及高新技术企业，从事光、电连接器及线缆组件的研发、生产、销售，为航天发射系统、运载火箭系统、航天服系统、载人飞船系统、测控通信系

图53　2022年，华丰科技生产线（视觉绵阳提供）

统、空间应用系统、空间实验系统和着陆系统等大量配套，特别是航天服上的连接器为独家研制生产，先后为神舟系列飞船，天宫一号、二号等重大项目提供配套。同时，在通信领域，与华为、中兴、诺基亚等多家通信设备制造商建立长期的业务合作关系，是华为、中兴的核心供应商之一。2022年，华丰科技实现营收9.84亿元，同期实现净利润9878万元。（章彦博）

金融保障

【概况】　2022年，科技城深化科技金融结合试点，加强与相关部门和金融机构的合作，通过开展政策修订、产品创新、服务创新和举办投融资对接、科技金融学堂等活动，开展科技金融工作。推进国家级科创金融改革试验区建设，挂牌运营全省首个市州分中心——“天府科创贷”绵阳分中心，推动建成中国（绵阳）科技城科创基金小镇。推动落实《金融支持科创企业全生命周期发展十条措施》，定期召开政策落实专题推进会。引导金融机构开通科创企业专营窗口，配备专职客户经理，匹配专项信贷计划，落实限时办结制度。筹建全省首家专门服务科技企业的国有银行专营机构——农业银行绵阳科技支行。至年底，科技城科技型企业贷款余额453亿元，科技型企业获贷2764户；累计专利权质押融资10.25亿元；参保科技保险企业100余家；“天府科创贷”累计贷款预计超过5亿元，户数超100户。争取到人行绵阳中支将科技金融指标纳入全市银行机构考核，推动整合科技金融、高技术企业和中小微三只基金成立绵阳市科创企业贷款风险补偿基金，基金规模为2.8亿元。执行《金融支持科创企业全生命周期发展十条措施（试行）》，遴选出335家科创企业，纳入金融支持企业库。由中国农业银行绵阳科技支行、绵阳商业银行和绵阳农村商业银行3家试点银行为入库企业提供信贷融资服务。3家试点银行累计为100多家企业投放14亿元，贷款余额17.49亿元，平均贷款利率控制在6%以内。开展绵阳科技金融学堂、绵阳市科技创新股权投资基金发布暨科创企业投融资对接会和金融护航“园区提质、企业满园”政金企对接会等多场培训对接活动，对企业进行业务培训、政策宣传和产品推广。争取到省科技厅为四川天雄药业有限公司、绵阳麦思威尔科技有限公司和四川才子软件信息网络有限公司等22家科技型企业债权融资补助179.15万元；为四川九洲防控科技有限责任公司和四川长虹股权投资管理有限公司两家企业获得创投补助224万元。

【科技信贷投放力度】 2022年，科技城通过分发宣传册、政策解读活动等，在县（市、区）、园区开展送政策、送服务、解难题，宣传推广“天府科创贷”“设备仪器贷”“高企贷”等特色产品。“天府科创贷”新增贷款近3亿元，增长近200%，累计为94家科技型企业发放贷款4.83亿元。“高企贷”为14家企业投放2.64亿元。召开“天府科创贷”“设备仪器贷”工作推进会，完善工作联系机制，收集“设备仪器贷”企业需求名单，推动绵商行、农商行入围“设备仪器贷”合作银行，为22家企业发放贷款8970万元。加大信贷产品开发力度，联合合作银行创新开发“成果贷”，通过《绵阳日报》、电视台和企业微信群进行宣传推广，扩大企业的知晓率。至年底，“成果贷”授信额度达52263.3万元，信贷投放超5000万元。

【科技保险服务】 2022年，科技城印制科技保险政策宣传册分发到科技型企业，通过活动培训、视频直播方式向科技型企业和有关单位宣传政策、解读政策，扩大科技保险政策措施的社会知晓率，为推进科技保险工作营造氛围。组织保险公司与各区、园区和科学城办事处科技管理部门召开工作会议，了解掌握科技保险工作情况，建立信息共享机制，将科技保险工作开展情况纳入年度优秀单位的重要评选指标。兑付保费补贴，优化保险服务保证科技保险工作的延续性，为科技型企业的创新发展起到推动作用。至年底，兑付2021年度65家参保企业保费补贴资金216.88万元，累计保费补贴1300多万元，让投保企业在得到保险公司保障的同时，享受保费补贴，降低企业成本。

【金融供给】 2022年，科技城科技企业贷款余额453亿元，占全省比重达16.6%，居全省地级市第1位；8家法人银行开展绿色信贷自评估，碳排放权质押融资取得突破；制造业中长期贷款占比40.5%，较年初提高近5.3个百分点；高技术产业贷款达323亿元，知识产权密集型产业贷款增长18%；战略性新兴产业和技术改造升级贷款合计167亿元，增速超过50%。科技保险承保数量、保费收入和保障金额居全省地级市第1位，为76家科创企业提供风险保障374.53亿元，科技保险保费增长5.63%，其中首台（套）、新材料、知识产权保费增长11.25%。

【成绵科创金融改革试验区申建工作】 2022年4月28日，成绵科创金融改革试验区申建工作线上评审会召开。评审会由四川省地方金融监督管理局机关党委书记王岩辞主持，共设北京、成都和绵阳3个线上会场。中国人民银行成都分行、成都市科技局、成都科学城管理委员会、中国人民银行绵阳市中心支行、绵阳市科技局、中国（绵阳）科技城管理委员会办公室等单位负责人参会。对外经贸大学副校长吴卫星，中国社会科学院金融研究所金融风险与金融监管研究室主任郑联盛，厦门大学经济学院院长周颖刚，中国科学技术发展战略研究院科技投资研究所所长张明喜，复旦大学泛海国际金融学院副院长、金融科技研究中心主任张纯信，综合开发研究院（深圳）院长助理、金融发展与国资国企研究所所长刘国宏，西南交通大学副教授、经济学博士韩文丽等多位专家受邀参与线上评审。会议介绍成都、绵阳科创金融有关工作开展情况，成绵科创金融改革试验区申建工作进展，《四川省成都、绵阳科创金融改革试验区建设方案》起草情况及下一步工作打算。绵阳市金融工作局从申建工作必要性、基础和优势、问题和挑战、申建思路等方面进行工作汇报。与会专家一致认为，成都、绵阳具有申建科创金融改革试验区的基础优势，方案设想有很好的可操作性；并从创新制度模式等方面给予建议。（刘　欣　章彦博）

图54　2022年4月28日，成绵科创金融改革试验区申建线上评审会绵阳分会场（金融局提供）

概 述

【概况】 2022年，科技城实施产业强市战略，重点发展电子信息、先进材料、装备制造、食品饮料四大主导产业，培育新型显示、磁性材料、核技术应用、激光技术应用、光伏储能、智能机器人及无人机、生物医药及医疗装备、连接器及传感器八大“新赛道”特色产业，推进数字经济与产业深度融合，加快构建“4+8+1”工业发展新格局，工业经济发展保持稳中向好态势。工业增加值总量1165.5亿元，较2021年净增80.59亿元；规模以上工业增加值增长9.2%，比全省高5.4个百分点，居全省第5位；工业经济对地区生产总值增长贡献率32.3%，拉动地区生产总值增长1.6个百分点；制造业增加值占地区生产总值比重28.8%，较2021年提高1.4个百分点。四大主导产业产值同比增长10.7%，快于规模以上工业增速0.7个百分点。电子信息产业产值1083.7亿元，增长13.0%，占全市比重31.2%；先进材料产业产值533.6亿元，增长15.7%，占全市比重15.4%；装备制造产业产值455.7亿元，增长10.0%，占全市比重15.4%；食品饮料产业产值359.6亿元，增长3.7%，占全市比重10.4%。参与申报成渝地区电子信息先进制造集群成为国家先进制造业集群，连接器产业被工信部认定为首批中小企业特色产业集群。四川长虹电子控股集团有限公司“基于数据驱动的数字化工厂建设”入选工信部2022年大数据产业发展试点示范。四川长虹电子控股集团有限公司、美菱小方分体式移动冰箱获工信部2022年中国优秀工业设计奖铜奖。新型显示、核技术应用、无人机产业集群入围全省首批战略性新兴产业集群。位列赛迪顾问发布的2022年柔性显示五大城市第3位、2022年新型显示增速最快五大城市第2位，入选四川省首批制造强市试点名单（以先进材料产业作为“地标产业”）。

2022年科技城四大主导产业发展情况一览表

表21

产业		规模企业数量（家）	总产值（亿元）	同比增长（%）	产值前三位重点企业	主导行业类别
主导产业	电子信息	131	1083.7	13.0	长虹、京东方、惠科	新型显示、5G、智慧家庭
	先进材料	153	533.6	15.7	东材、攀长钢、六合特材	先进结构材料、新型功能材料
	装备制造	187	455.7	10.0	富临精工、新晨动力、科莱电梯	汽车及零部件、轨道交通装备、智能制造装备
	食品饮料	169	359.6	3.7	铁骑力士、双汇、仙特	粮油加工、屠宰及肉类加工、白酒饮料

【企业研发创新能力建设】 2022年，科技城开展工业企业创新平台建设，组织企业技术中心及技术创新示范企业推荐认定，持续推进重点工业企业研发机构全覆盖。新增省级技术创新示范企业5家、省级企业技术中心17家、市级企业技术中心47家，国家级、省级、市级企业技术中心数量分别达9家、120家、182家。深化产学研协同创新，推进高品质高温合金和光电互连2家省级制造业创新中心实体化运行。推进产业基础能力再造，支持企业开展关键共性技术攻关，4家企业实施省“揭榜挂帅”关键核心技术攻关。

【产业载体建设】 2022年，科技城坚持以园区为载体做强工业，实施“园区提质”“企业满园”行动，制定《关于推动产业园区进一步优化布局的指导意见》，优化园区主导产业、特色产业布局，入园规模以上工业企业超850家，实现产值2994.37亿元，增长13.92%。实施“标准地”改革，建立园区工业企业“亩均论英雄”评价机制，新建标准厂房367万平方米。绵阳高新

图55 2022年，建设中的高新区新型显示产业园（视觉绵阳提供）

区入围全国园区百强，绵阳高端纺织服装产业园区、江油先进材料及装备产业园、绵阳高新区新型显示产业功能区3个园区入选四川省首批“5+1”重点特色园区，全省首个健康食品产业园——四川省健康食品产业园在梓潼挂牌。培育“镇园之宝”，新增10亿元企业19家，4家企业产值迈上50亿元。

【重点项目建设投资】 2022年，科技城持续开展省、市重点项目和“五未”项目（立项未开工、开工未建设、在建未竣工、竣工未投产、投产未达效）攻坚，引导支持企业实施数字化、智能化、绿色化改造。巨星年产10万吨高性能烧结钕铁硼永磁材料（一期）、埃克森新能源产业园（一期）等138个项目开工建设，聚伦新材料产业园、熊猫二代高端盖板玻璃生产线（一期）等188个项目竣工投产，东材科技搬迁改造、富临精工新能源汽车产业研发及转化生产基地项目等213个项目加快建设。其中，7个百亿元级项目、16个省政府重点项目、38个省经信厅重点项目超额完成年度目标。工业投资增长29.8%，总量与增速均位居全省第3位；技改投资增长24%，总量居全省第2位，增速居全省第6位。

（杜林聪）

重点企业培育

【概况】 2022年，科技城实施重点工业企业梯次培优行动计划，加快培育大企业大集团，支持中小企业专精特新发展。共有产值百亿元以上企业3家；新增产值50亿元以上企业4家，产值50亿元以上企业总数7家；新增产值10亿元以上企业19家，产值10亿元以上企业总数58家；新增产值4亿元以上企业16家，产值4亿元以上企业总数154家；新增规模以上工业企业146家，规模以上工业企业总数1237家。长虹、九洲、惠科光电科技3家企业入围2022年中国电子信息百强企业，分别位列第11位、第29位、第65位。四川龙华光电薄膜股份有限公司入选工信部第四批工业产品绿色设计示范企业。永贵科技等12家成为国家级专精特新“小巨人”企业，西科农业等79家成为省专精特新企业，国、省专精特新企业总数分别为35家、270家。西磁科技钐钴磁性元件等2家（件）入选国家单项冠军企业（产品），国家单项冠军企业（产品）总数达5家，数量居西部地级市第1位。绵阳京东方光电科技等13家企业入选四川省“贡嘎培优”行动计划。绵阳惠科新型液晶显示器件设计中心入选2022年四川省工业设计中心名单，科技城共有国家级工业设计中心（企业）2个、省级工业设计中心（企业）12个、市级工业设计中心（企业）5个。富临精工等6家入选四川省首批新赛道领先型“赛手企业”。绵阳惠科光电科技有限公司、四川龙华光电薄膜股份有限公司入选2022年四川省新经济示范企业名单。四川华丰科技股份有限公司“实施质量有效性‘三化一稳定’实践的经验”、绵阳惠科光电科技有限公司“SPC从‘0’到‘1’，从合格到满意的经验”、太极集团四川绵阳制药有限公司“实施全生命周期质量管理模式的实践经验”、四川雪宝乳业集团有限公司“‘三实’卓越绩效模式的经验”获“2022年四川省工业质量标杆”。

2022年科技城产值10亿元以上工业企业一览表

表22

序号	企业名称	所属地区	产值规模
1	四川长虹电子控股集团有限公司	绵阳高新区	百亿元以上
2	绵阳京东方光电科技有限公司	绵阳高新区	百亿元以上
3	绵阳惠科光电科技有限公司	涪城区	百亿元以上
4	四川省银河化学股份有限公司	安州区	50亿元以上
5	利尔化学股份有限公司	经开区	50亿元以上
6	四川东材科技集团股份有限公司	游仙区	50亿元以上
7	攀钢集团江油长城特殊钢有限公司	江油市	50亿元以上
8	北控中科成环保集团有限公司	游仙区	10亿元以上
9	好医生药业集团有限公司	安州区	10亿元以上
10	四川六合特种金属材料股份有限公司	江油市	10亿元以上
11	绵阳双汇食品有限责任公司	涪城区	10亿元以上
12	国能四川天明发电有限公司	江油市	10亿元以上
13	绵阳富临精工股份有限公司	涪城区	10亿元以上
14	绵阳启明星磷化工有限公司	安州区	10亿元以上
15	四川环龙生活用品有限公司	安州区	10亿元以上
16	四川兴事发门窗有限责任公司	游仙区	10亿元以上
17	四川科莱电梯股份有限公司	游仙区	10亿元以上
18	维谛技术(绵阳)有限公司	绵阳高新区	10亿元以上
19	四川爱创科技有限公司	安州区	10亿元以上
20	绵阳仙特米业有限公司	游仙区	10亿元以上
21	绵阳新晨动力机械有限公司	绵阳高新区	10亿元以上
22	绵阳开元磁性材料有限公司	游仙区	10亿元以上
23	四川省绵阳市丰谷酒业有限责任公司	绵阳高新区	10亿元以上
24	绵阳佳联印染有限责任公司	三台县	10亿元以上
25	四川龙华光电薄膜股份有限公司	涪城区	10亿元以上
26	四川九州电子科技股份有限公司	科创区	10亿元以上
27	雅化集团绵阳实业有限公司	游仙区	10亿元以上
28	国能江油热电有限公司	江油市	10亿元以上

续表22

序号	企业名称	所属地区	产值规模
29	江油隆山科峰实业有限公司	江油市	10亿元以上
30	四川金太阳畜牧饲料集团有限公司	游仙区	10亿元以上
31	中国重汽集团济南卡车股份有限公司绵阳分公司	绵阳高新区	10亿元以上
32	四川美丰化工科技有限责任公司	绵阳经开区	10亿元以上
33	四川绵阳好圣汽车零部件制造有限公司	绵阳经开区	10亿元以上
34	四川永贵科技有限公司	涪城区	10亿元以上
35	绵阳市建诚化工有限公司	江油市	10亿元以上
36	江油泰涪机械制造有限公司	江油市	10亿元以上
37	江油御华纺织有限公司	江油市	10亿元以上
38	四川爱联科技股份有限公司	安州区	10亿元以上
39	绵阳新希望六和农牧科技有限公司	安州区	10亿元以上
40	江油天安矿业有限公司	江油市	10亿元以上
41	江油市鸿翔特殊钢有限公司	江油市	10亿元以上
42	四川利尔作物科学有限公司	涪城区	10亿元以上
43	江油启明星华创化工有限公司	江油市	10亿元以上
44	四川九洲投资控股集团有限公司	科创区	10亿元以上
45	四川省卓辰精密机械制造有限公司	江油市	10亿元以上
46	四川新金鑫照明科技有限公司	江油市	10亿元以上
47	绵阳双胞胎饲料有限公司	绵阳经开区	10亿元以上
48	四川虹科创新科技有限公司	绵阳经开区	10亿元以上
49	绵阳市游仙区宏盛金属铸造厂	游仙区	10亿元以上
50	四川省翰彬霖鞋业有限公司	三台县	10亿元以上
51	江油市华川新材料集团有限公司	江油市	10亿元以上
52	四川铁骑力士实业有限公司	绵阳高新区	10亿元以上
53	绵阳市博媛建材有限公司	安州区	10亿元以上
54	江油红狮水泥有限公司	江油市	10亿元以上
55	绵阳海立电器有限公司	绵阳经开区	10亿元以上
56	际华三五三六实业有限公司	绵阳高新区	10亿元以上
57	四川久远智能消防设备有限责任公司	安州区	10亿元以上
58	绵阳市鸿腾食品有限公司	游仙区	10亿元以上

图56 东材科技工程技术研究中心（市经信局提供）

【13家企业入选四川省“贡嘎培优”行动计划】

2022年4月18日，省经信厅公布四川省制造业“贡嘎培优”100家企业名单，其中，科技城有13家企业入选，入选企业数量居全省第2位。入选企业有：绵阳惠科光电科技有限公司、绵阳京东方光电科技有限公司、四川九洲电器集团有限责任公司、四川九州电子科技股份有限公司、四川爱创科技有限公司、绵阳富临精工股份有限公司、四川铁骑力士实业有限公司、四川东材科技集团股份有限公司、攀钢集团江油长城特殊钢有限公司、四川六合特种金属材料股份有限公司、绵阳开元磁性材料有限公司、绵阳佳联印染有限责任公司、利尔化学股份有限公司。入选企业涉及电子信息、汽车制造、食品加工、生物化工、先进材料等全市优势产业。

【新增12家国家级专精特新“小巨人”企业】

2022年10月21日，工信部公布国家第四批专精特新“小巨人”企业名单，其中，科技城有入选企业12家，复核通过企业1家（绵阳佳禧印染有限责任公司）。至此，科技城共有国家级专精特新“小巨人”企业35家，数量居全省第2。入选国家第四批专精特新“小巨人”企业分别是四川永贵科技有限公司、绵阳麦思威尔科技有限公司、四川经纬达科技集团有限公司、四川蜀旺新能源股份有限公司、四川新为橡塑有限公司、四川中物材料股份有限公司、四川奇石缘科技股份有限公司、绵阳中研磨具有限责任公司、四川恒泰环境技术有限责任公司、四川远方高新装备零部件股份有限公司、四川碧朗科技有限公司、绵阳市天旋气门组件有限责任公司。入选企业均属于民营企业，涉及电子信息、装备制造、新材料等重点产业领域。

【两款产品入选第七批制造业单项冠军】 2022年10月24日，工信部公布第七批制造业单项冠军企业（产品）和第一批、第四批制造业单项冠军企业（产品）复核通过名单，科技城有2家企业的产品成为第七批制造业单项冠军产品，另有2家企业复核通过。至此，科技城有制造业单项冠军企业（产品）5家。成为第七批制造业单项冠军产品的有绵阳富临精工股份有限公司的可变气门正时系统（VVT）、绵阳西磁科技有限公司的钐钴磁性元件。复核通过第一批制造业单项冠军示范企业为四川旭虹光电科技有限公司。复核通过第四批制造业单项冠军产品为四川东方绝缘材料股份有限公司的电工用聚酯薄膜。其中，可变气门正时系统（VVT）由富临精工于2006年自主研发，2009年实现量产，是新能源混合动力汽车及燃油汽车动力总成关键零部件，应用于配气机构正时传动系统中，能够在动力系统运转时，根据工况需要，智能变换气门开启的时刻，达到提升功率、扭矩，降低燃油消耗、降低排放的目的。该系统为大众、福特、上汽、广汽等整车厂提供批量配套。绵阳西磁科技主要研发生产的钐钴磁性元件属于稀土永磁磁性材料领域，主要由钐（Sm）和钴（Co）元素构成，具有较高的磁性能、优良的温度特性、优异的抗氧化性及耐腐蚀性等特性，主要应用于轨道交通永磁牵引电机技术、通信器件等领域，市场占有率位居全球前三。

【科技城新增79家省级专精特新中小企业】 2022年11月11日，省经信厅公布2022年四川省专精特新中小企业名单及复核通过企业名单，科技城有雅化集团绵阳实业有限公司等79家企业入选，有陆亨能源等14家企业复核通过。至此，科技城有省级专精特新中小企业270家，数量位居全省第2位。入选企业涉及电子信息、先进材料、装备制造等产业领域。

2022年科技城新增四川省专精特新中小企业一览表

表23

序号	企业名称	序号	企业名称
1	西科农业集团股份有限公司	13	雅化集团三台化工有限公司
2	四川绵邦农业科技有限公司	14	太极集团四川绵阳制药有限公司
3	四川天水缘生态农业开发有限公司	15	绵阳市盛宇新材料有限公司
4	四川领海油脂食品有限公司	16	绵阳市聚合新材料有限公司
5	四川雪宝乳业集团有限公司	17	四川开元创亿生物科技有限责任公司
6	绵阳市米小福食品有限公司	18	江油市鸿翔特殊钢有限公司
7	四川梓潼林江苎麻纺织有限责任公司	19	四川壹综和新材料科技有限公司
8	四川海瑞尔重型包装有限公司	20	四川吉龙机电科技有限公司
9	雅化集团绵阳实业有限公司	21	四川兴事发门窗有限责任公司
10	北川瑞辉科技有限公司	22	四川旭博精密科技有限公司
11	四川长晏科技有限公司	23	四川中物技术股份有限公司
12	绵阳三香汇生物科技有限公司	24	四川腾达电梯制造有限公司

续表23

序号	企业名称	序号	企业名称
25	四川福德机器人股份有限公司	53	四川虹锐电工有限责任公司
26	绵阳世诺科技有限公司	54	四川九强通信科技有限公司
27	绵阳金泰机械设备制造有限公司	55	四川灵通电讯有限公司
28	四川三台力达泵业有限公司	56	四川爱联科技股份有限公司
29	四川聚能核技术工程有限公司	57	四川超声印制板有限公司
30	四川合明环保机械设备有限公司	58	四川中久大光科技有限公司
31	绵阳流能粉体设备有限公司	59	绵阳市锐钛智能科技有限公司
32	四川久环环境技术有限责任公司	60	四川科力元电子有限公司
33	绵阳市长力科技有限公司	61	四川凯路威科技有限公司
34	四川金冠电子机械有限公司	62	绵阳昱丰电子科技有限公司
35	绵阳美科电子设备有限责任公司	63	江油星联电子科技有限公司
36	绵阳赛邦科技有限公司	64	绵阳恒盛通信网络工程有限公司
37	绵阳恒持金属设备有限公司	65	四川省科学城久利电子有限责任公司
38	四川玖谊源粒子科技有限公司	66	绵阳市华锐精密机械有限责任公司
39	绵阳新晨动力机械有限公司	67	四川零点自动化系统有限公司
40	绵阳市永庆机械有限公司	68	四川天利科技有限责任公司
41	绵阳精博机械制造有限公司	69	绵阳市正阳科技有限公司
42	四川特飞科技股份有限公司	70	盐亭优锂新材料科技有限公司
43	四川九洲线缆有限责任公司	71	绵阳欢网科技有限责任公司
44	四川长虹电源有限责任公司	72	四川虹魔方网络科技有限公司
45	四川九洲光电科技股份有限公司	73	四川虹美智能科技有限公司
46	绵阳麦科迪威科技有限公司	74	四川科瑞软件有限责任公司
47	绵阳市美兆电子有限公司	75	四川楚信科技有限公司
48	四川久远智能消防设备有限责任公司	76	四川伟博震源科技有限公司
49	四川恩莱极电子科技有限公司	77	四川中核艾瑞特工程检测有限公司
50	四川江虹线缆制造有限公司	78	绵阳荣耀科技有限公司
51	绵阳赛恩新能源科技有限公司	79	四川省文景环保工程有限公司
52	四川奥格莱能源科技有限公司	—	—

【龙华光电入选全国第四批工业产品绿色设计示范企业】 2022年11月22日，工信部公布第四批工业产品绿色设计示范企业名单，科技城企业四川龙华光电薄膜股份有限公司入选。至此，科技城共有2家国家级工业产品绿色设计示范企业。四川龙华光电薄膜股份有限公司专注于PC材料、PMMA材料及其复合材料等高分子功能薄膜材料的研发、生产和销售，是国家第三批重点支持的专精特新“小巨人”企业、国家高新技术企业、国家级绿色工厂、全国质量标杆，建成全球首条2.5米超大宽幅PMMA偏光片基膜产线。在行业绿色技术革新方面，研发出光学薄膜材料卷对卷贴合工艺技术，能提升行业下游生产效率和产品良率，降低材料使用量和生产能耗；开发出“挤出工序在线边角料回收系统”和“薄膜拉伸工序不良品回收系统”，回收的材料可继续用于光学薄膜的生产，实现薄膜制备关键工序的零废料化生产。该公司主要设计研发流程和生产工艺全面实现高度智能化、信息化，产品设计具备显著的高效、智能、低碳的特点。在行业引领及绿色示范方面，该公司在印刷及阻燃材料领域，率先推动3C行业无卤化进程；在新型光电薄膜材料领域，率先推出具备轻量、无毒、环保、易加工等优势的PC+PMMA复合材料，实现对行业内能耗较高的手机玻璃、金属后盖的产业化替代。

【恒泰环境技术有限公司入选国家符合环保装备制造业规范条件企业】 2022年12月1日，工信部公布2022年符合环保装备制造业规范条件企业名单，科技城企业四川恒泰环境技术有限责任公司入选符合《环保装备制造行业（污水治理）规范条件》《环保装备制造行业（大气治理）规范条件》企业。四川恒泰环境技术有限责任公司是国家高新技术、专精特新“小巨人”企业，是国家烟气脱硫工程技术研究中心和国家污水处理及资源化工程技术研究中心的产业化平台，拥有范国斌院士工作站和3个省级研发中心。主要从事工业废水和废气治理的技术、设备和材料研发，提供技术解决方案和工

图57　四川龙华光电薄膜股份有限公司（市经信局提供）

程总承包服务。在工业废水、废气处理领域为客户提供一揽子解决方案。针对半导体行业砷化镓废水特点，自主研发集分类预处理+RO膜处理+MVR高效蒸氨的工艺流程，并通过四川省重大技术装备首台套认定。在城镇生活污水处理、工业废水处理、酿造废水处理、油气田及页岩气矿废水处理等领域均有相关工程业绩，建有泸州市叙永县西南采气厂页岩气返排液废水处理工程项目、舍得酒业废水处理站提升改造、太极药业污水处理站改造项目等工程。公司在VOCs处理领域拥有吸附+催化燃烧、冷凝法、生物法等多项成熟的VOCs处理技术，相关成果应用于塑料制造企业、绝缘材料生产企业等。

（杜林聪）

电子信息产业

【概况】 电子信息产业是科技城第一支柱产业，聚焦新型显示、信息通信、智慧家庭、连接器及传感器等重点领域，形成以“芯—屏—端—软—智—网”为主体的电子信息产业集群。有长虹、九洲、惠科光电3家2022年全国电子信息竞争力百强企业，九洲线缆、四川华丰、经纬达3家2021年全国电子元件百强企业，主要产品涵盖智能家电、新型显示器件、网络通信产品以及基础电子元器件等。2022年，科技城电子信息产业呈现产业规模持续壮大、创新能力持续加强、竞争能力持续提高、发展后劲显著增强、产业集聚持续优化五大特点。创新能力持续加强，拥有国家企业技术中心3家、省级企业技术中心41家，国家技术创新示范企业2家，国家级专精特新“小巨人”企业18家、省级专精特新中小企业40家。区域内的电子信息产业竞争能力持续提高，在智慧家庭、通信器件等领域，拥有物联网无线通信模组、移动通信终端用微型振动电机等10余个国内市场占有率第一的重点产品。发展后劲显著增强，总投资465亿元的京东方第6代AMOLED（柔性）生产线、总投资240亿元的惠科8.6代薄膜晶体管液晶显示器件项目、总投资55亿元的长虹智能制造产业园项目初步形成产业规模聚群，投资50亿元京东方先进模组项目一期、投资50亿元惠科显示模组项目相继投产，杉金光电年产5000万平方米的新型显示用偏光片研发及产业化项目等重大项目加快建设，引进一批上中下游补链强链延链重点项目，艾伯科技智能制造（终端）、欣盛显示驱动（显示驱动芯片）、京东方模组二、三期项目、广州益方田园（盐亭）线路板（PCB）产业园建设项目等百亿元级电子信息产业项目先后落地绵阳，电子信息产业加速向价值链中高端攀升。持续优化产业集聚，围绕新型显示、智慧家庭、通信等重点领域产业链逐步完善。以京东方、惠科为龙头的新型显示产业链聚集成链企业近百家；以长虹为龙头的智慧家电产业聚焦相关企业近50家；九州光电子、艾默生、华正电子、华拓光通信等一批光通信器件、移动通信网、专网通信企业规模逐步扩大，形成具有较强竞争力的通信产业集群。至年底，电子信息产业产值1083.7亿元，增长13.0%。

【新型显示产业】 2022年，科技城新型显示产业崛起迅速，形成以LCD和AMOLED为主导，激光显示、Mini LED、Micro LED等多种显示路线并存的“双核多元化”显示产业发展格局。聚集亿元以上企业16家，产业链上下游企业40余家，形成上游玻璃基板、偏光片、电子化学品、光学膜，中游面板及模组制造，下游显示终端及应用服务产业链上下游、左右岸协同发展格局。上游相关材料占新型显示产业总规模的12.7%；中游面板及模组制造占总规模的49%，拥有TFT-LCD 8.6代线及模组制造、AMOLED 6代线及模组制造，TFT-LCD和AMOLED规模占比分别为45%、55%。下游显示终端及应用服务占新型显示产业总规模的38.3%，拥有智能电视、激

图58　2022年，绵阳经开区智能终端产业园（视觉绵阳提供）

光电影放映机等显示终端产品。长虹8K电视占国内市场份额近90%，是国产8K相关技术产品及产业化的行业标杆。新型显示产业有省级以上创新平台14家（国家级创新平台4家、省级创新平台10家）。新型显示创新型产业集群入选2022年四川省首批战略性新兴产业集群。在赛迪顾问发布的《2022新型显示十大城市及竞争力研究》中，科技城位列柔性显示五大城市第3位、新型显示增速最快五大城市第2位。新型显示产业实现产值规模以上工业总产值674亿元，增长24%。

【智慧家庭产业】　2022年，科技城智慧家庭产业重点聚焦智慧家庭智能终端产品和特色应用，拥有长虹、九洲、兴事发等相关企业近百家。主要产品主要包括智能家电（电视、空调、冰箱）、智能网关、智能机顶盒等，推动家庭娱乐、家居控制、健康管理、家庭安防、智慧教育等应用，形成“材料及关键零部件+系统及软件+终端制造及平台+服务及应用”的产业格局。至年底，智慧家庭产业实现产值330.6亿元，增长8.1%。

【信息通信产业】　2022年，科技城信息通信产业重点聚焦信息通信领域相关材料、器件、网络通信设备、智能终端等环节。拥有华丰、爱联、九州电子、九州光电子等20余家与5G相关的网络通信企业，在5G器件和材料方面优势突出，在高速连接器、光器件、一体化基站、通信模组、智慧铁塔等方面有较强优势。至年底，信息通信产业实现产值95亿元，增长9.5%。

【连接器及传感器产业】　2022年，科技城连接器及传感器产业汇聚四川华丰、永贵科技、普思电子、四川瑞可达、绵阳金信诺环通、金华洋、维博电子等一批重点连接器及传感器企业，产品应用覆盖通信、轨道交通、新能源汽车、航天、高端传感器等领域，形成以大企业为支撑，中小企业集聚，产业链不断延伸的发展态势。其中，四川华丰在高速连接器市场占有率为全国第1、永贵科技是轨道交通连接器行业龙头、瑞可达位居新能源汽车电连接器行业前三、维博电子位居电量传感器行业国内第1。有省级制造业创新中心1家、省级企业技术中心8家，连接器产业集群入选工信部中小企业特色产业集群。至年底，连接器及传感器产业有规模以上工业企业59家，实现产值80亿元，增长12%。

【长虹CHiQ电视在CES2022斩获两项金奖】 2022年1月5—8日，国际消费电子产品展（CES2022）在美国拉斯维加斯如期举行。展会上，发布2021—2022全球领先品牌Global Top Brands榜单，长虹CHiQ运用STLD RGB三色创新技术的120英寸激光电视获全球“三色激光显示技术创新金奖”，长虹CHiQ获“2021—2022年度消费电子领先品牌TOP10”，长虹CHiQ全沉浸巨幕影院Q8R MAX系列获“A IoT&显示技术创新金奖”。长虹于2018年在全球首发三色激光电视，2019年升级三色激光电视，并获CES2020全球年度激光显示技术奖。本次获奖的120英寸激光电视是长虹新一代三色激光电视。该激光电视在光学引擎、画质、色域、亮度、智能体验等方面创新突破，运用长虹STLD三色激光显示技术，采用基于分区镀膜的多波长集成光源合光方案，亮度领先行业同平台30%，色域领先10%，散斑对比度降低95%，并首次使用120英寸柔性卷曲菲涅尔屏幕高真彩画质显示。长虹CHiQ全沉浸巨幕影院Q8R MAX系列是长虹2022年旗舰新品，融合应用A IoT与超高清显示，采用最新迭代的极智屏4.0，集合一秒K歌、大屏云游、AI健身、AI美颜等电视应用场景，采用“极智影”技术，对图像传输中的信号损失进行精准计算和修复，让画面逼真清晰，并可根据播放内容，智能适配最佳图像模式。

【长虹8K电视展映《石渠宝笈》】 2022年8月20—21日，由故宫博物院、北京观唐大有文化创意有限公司主办，四川长虹作为合作单位组织的故宫《石渠宝笈》绘画数字科技展活动在成都举行。活动以“千山入8K展卷长虹”为主题，从故宫绘画藏品《石渠宝笈》中精选《千里江山图》《清明上河图》《韩熙载夜宴图》《写生珍禽图》等画作，通过长虹8K UMAX巨幕影院Q9K MAX电视进行数字沉浸式演绎。该款8K电视具有显示画面超高清、明暗鲜明、色域丰富，细节纤毫毕现，速度流畅等特质。

【“基于5G+8K超高清视频终端显示的推广应用”入选超高清视频典型应用案例】 2022年8月30日，四川长虹电器股份有限公司申报、四川省超高清视频产业联盟推选的“基于5G+8K超高清视频终端显示的推广应用”入选工信部、广电总局发布的超高清视频典型应用案例名单。“基于5G+8K超高清视频终端显示的推广应用”主要反映长虹基于对8K显示、背光、结构、信号传输、解码技术、画质算法等系列关键技术的研究，通过对5G无线传输、AI计算、图像识别等技术的融合探索，结合研究5G周边技术和8K显示技术，实现5G+8K电视的产品化落地，及8K系列电视产品的开发、生产和销售，并为8K和5G的应用场景探索提供示范。

【3家企业上榜2022年电子信息百家企业】 2022年9月2日，2022世界数字经济大会在浙江宁波举行。大会上，发布2022年电子信息百家企业名单，四川长虹电子控股集团有限公司、四川九洲投资控股集团有限公司、绵阳惠科光电科技有限公司3家科技城企业上榜，分别位列第11位、第29位、第65位。其中，四川长虹电子控股集团有限公司从成熟家电产业延伸，加快数字化转

型，在上下游价值链探索布局，在冰箱压缩机、物联网模块、5G连接器、航空电源等领域，培育出多个国内甚至全球的“隐形冠军”；四川九洲投资控股集团有限公司排位较2021年上升7位；绵阳惠科光电科技有限公司是首次进入该电子信息百强名单，是国家高新技术企业、国家两化融合贯标、四川省绿色工厂。

【“绵阳造”北斗民用芯片成功研发】 2022年10月27日，九洲北斗三号导航芯片一次性成功流片，并完成相关功能性能验证，标志着由九洲星熠公司主研的北斗三号导航芯片取得重大技术突破，九洲从此拥有完全自主知识产权的北斗民用芯片。北斗三号导航通信芯片采用40纳米低功耗主流工艺，具备GNSS全系统全频点高精度导航定位功能，能够实现区域及全球短报文通信，性能指标达到行业主流水平，主要应用于无人机、智能驾驶、测绘测量、应急通信等领域。

【全球首款120英寸柔性巨幕全色激光电视亮相科博会】 2022年11月16日，长虹集团在第十届中国（绵阳）科技城国际科技博览会上推出全球首款120英寸柔性巨幕全色激光电视120C9，并在第二十四届中国国际高新技术成果交易会上同步展出。该款电视是全球首款搭配120英寸柔性菲涅尔屏幕的全色激光电视。屏幕长2.7米、宽1.5米，在重量上较同尺寸平板电视降低80%，可作卷曲打包，打包后的包装体积比同尺寸平板电视小60%以上，有效解决百寸级大屏的运输贵、入户难等问题。该电视屏幕不需要通电，没有外部散热空间需求，无布线烦恼，可以无缝贴墙安装。搭载长虹自主研发的STLD4.0全色激光显示技术，画质水准达A+4K，画面巨幅、画质清晰。

【艾伯科技智能制造产业园项目开工】 2022年12月12日，艾伯科技投资105亿元的艾伯科技智能制造产业园项目在涪城区临港经济发展区西区开工。艾伯科技智能制造产业园项目作为新型显示产业下游终端项目，规划建设笔记本电脑、一体化电脑、云终端等信创终端产业园以及5G设备、储能设备产业园项目等。项目全部满产

图59　2022年12月12日，艾伯科技智能制造产业园项目开工（视觉绵阳提供）

后，预计实现年产值约250亿元。艾伯科技是在香港主板上市的国家高新技术企业，专业从事物联网智能终端产品、5G通信设备及信创终端产品的设计、研发、生产、销售，是产业数字化整体解决方案及服务提供商。8月，在绵阳“城市形象推广、产业项目推介、特色产品推销”三推东莞行活动中，绵阳向艾伯科技发出投资“邀请函”。11月15日，项目在第十届科博会投资推介会暨集中签约仪式上正式签约。（杜林聪）

先进材料产业

【概况】 先进材料产业位居科技城四大支柱重点产业第2位，是全市重点培育的“地标”产业，形成以新型膜材料、磁性材料、特种玻璃和前沿新材料为重点的新型功能材料和以特种合金、高性能塑料及合成树脂、新型建筑材料为重点的先进结构材料为主的产业格局。有攀长特、东材科技2家产值50亿元以上的龙头企业，有六合特材、龙华薄膜、新为橡塑等34家产值4亿元至50亿元以上的重点企业。有东兴绝缘、美能材料、西磁科技等44家产值1亿元至4亿元以上的骨干企业。有麦思威尔、中物材料等11家国家级专精特新“小巨人”企业，占科技城国家级专精特新“小巨人”企业总数的31%。新增1家省级企业技术中心、8家市级企业技术中心，共有国家级企业技术中心1个、省级企业技术中心19个、市级企业技术中心27个。有国家级高新技术企业68家，有各级创新平台34个（国家级5个、省级29个）。先进材料产业共有制造业单项冠军示范企业（产品）3家，其中旭虹光电为首批制造业单项冠军示范企业，东材科技的“电工用聚酯薄膜”为第四批制造业单项冠军示范产品，新增西磁科技的“钐钴磁性元件”入选制造业单项冠军产品。先进材料产业重点产品汽轮机动叶片钢近10年市场占有率稳居国内第1、世界第2，聚碳酸酯类光电膜市场占有率52.6%，聚甲基丙烯酸甲酯类光电膜市场占有率51.3%，电工绝缘膜市场占有率35%，钐钴永磁市场占有率50%以上，“王者熊猫”高铝盖板玻璃市场占有率居全国第1、世界第2。高品质特钢在高温合金叶片钢等领域有50多项高新技术，处于国内

图60 美能材料（市经信局提供）

领先地位。稀土永磁材料与器件系列、抗电磁干扰铁氧体材料与器件系列研制方面处于行业领先水平。高铝盖板玻璃、偏光片PMMA基膜、熔石英玻璃、软磁、钐钴永磁等领域的多项成果打破国外垄断。2022年，全市先进材料产业规模以上工业企业153家，实现规模以上工业总产值533.58亿元，增长15.68%，规模以上工业总产值占全市工业总产值的15.36%。

【先进材料产业集群发展】 2022年，科技城先进材料企业主要分布在江油市、游仙区、绵阳高新区（科技城直管区）。其中江油市依托攀长特、六合特材、长祥特钢等高品质特钢龙头企业，基本形成高品质特钢材料产业集群；游仙区依托东材科技、聚合新材等龙头企业，形成新型膜材料发展集群；绵阳高新区依托中电科九所、中物材料等龙头企业，以磁性材料、工程塑料及合成树脂材料为重点发展方向，形成集聚发展态势。

【磁性材料产业】 科技城磁性材料产业相关技术源于三线建设时期，国家在绵阳布局中国西南应用磁性研究所，专业研制和生产磁性材料和元器件，带动一大批磁性材料和元器件相关企业成立，主要产品包括钕铁硼永磁、钐钴永磁、软磁铁氧体、永磁铁氧体材料及磁性器件等。2022年，科技城高频、宽温、低损耗、高磁能积、耐高温等技术在行业中具有较大影响力。除磁性材料上游较为缺失外，中游磁性材料生产企业较多，产品基本涵盖磁性材料的所有产品种类，且下游电子信息、汽车、节能环保、高端装备等产业基础雄厚，生产企业众多，初步形成较为完整的产业链。以长虹、九洲等电子信息企业为下游，形成变频空调、电子变压器、滤波器等电子部品应用链；以九洲光电、维奇电子等节能环保企业为下游，形成节能灯、无极灯、半导体照明灯应用链；以华瑞、重汽等汽车企业为下游，形成车用电源、汽车电机等汽车磁电子产品应用链；以科莱电梯等装备企业为下游，形成电梯曳引电机等电机应用链。7月，巨星公司在绵阳高新区（科技城直管区）投资建设总投资280亿元、年产10万吨高性能钕铁硼为主体的稀土永磁新材料产业园项目，达产产能计划占全国磁材产值份额超过1/4。至年底，科技城14家规模以上磁性材料企业实现产值28.91亿元。

【先进材料产业重大项目建设】 2022年，先进材料产业重大技改项目完成投资55.32亿元，完成年度计划投资进度136.11%。四川德为诚新材料科技有限公司的聚伦新材料产业园项目开展厂房地基施工，完成投资9380万元，投资完成率93.8%。四川东材科技集团股份有限公司的年产5200吨高频高速印制电路板用特种树脂材料项目完成投资8742万元，投资完成率109.3%，实现竣工投产。四川东材科技集团股份有限公司的年产1亿平方米功能膜材料产业化项目完成投资1.81亿元，投资完成率99.8%，实现竣工投产。四川东材科技集团股份有限公司的东材科技（绵阳）技改扩能项目累计完成投资6.8亿元，投资完成率100%，并完成项目室内装修。绵阳市鸿生新材料科技有限公司的年产万吨新型环保包装材料产业化项目完成投资5500万元，投资完成率100%，实现竣工投产。四川龙华光电薄膜股份有限公司的OLED显示和5G通讯膜材产业化项目累计投资7.05亿元，投资完成率141%，第1条2.5米宽幅偏光片生产线建成投产，片材/膜材4条生产线完成设备安装，其中2条投产、2条调试。第2条2.5米宽幅偏光片生产线完成设备订购。江油市长祥特殊钢制造有限公司的年产3万吨新材料（高端模具钢）技术改造项目完成投资3811万元，投资完成率100%。厂房主体完成80%，进行外墙施工及场地平整。攀钢集团江油长城特殊钢有限公司的高端特种材料配套冶炼能力提升项目累计完成投资8522万元，投资完成率284%，进行设备安装，开展设备调试。攀钢集团江油长城特殊钢有限公司的航空航天等关键领域用特种合金板材高新技术产业化项目完成投资1.57亿元，完成投资率197%，制作冷轧机组，开展设备设计及制造，厂房进行墙皮施工及设备基础施工。攀钢集团江油长城特殊钢有限公司的高品质锻件生产能力建设项目完成投资6330万元，完成投资率79.12%，安装部分设备，开展设备调试。四川虹科创新科技有限公司的高强超薄耐摔玻璃智能制造产业化项目累计完成投资3.49亿元，投资完成率116.3%，实现竣工投产。

【“绵阳造”产品助力问天及梦天实验舱发射】 2022年7月24日14时22分，长征五号B遥三运载火箭搭载空间站问天实验舱在海南文昌航天发射场发射成功。在本次任务中，驻绵阳科研院所的中国电科九所研制的环行器、隔离器、滤波器、延时组件以及正交功分组件等多款磁性产品被应用于问天实验舱的各类任务分系统，在发射、对接和后续在轨运行实验任务中发挥重要作用。10月31日15时37分，长征五号B遥四运载火箭搭载空间站梦天实验舱在文昌航天发射场发射成功。在本次任务中，中国电科集团第九研究所研制的环行器、隔离器、滤波器、延时组件等多款磁性产品被应用于梦天实验舱的各类任务分系统，在发射和后续对接、在轨运行实验任务中发挥重要作用。

【巨星集团稀土永磁新材料产业园项目落户科技城】 2022年7月29日，巨星（绵阳）稀土永磁新材料产业项目（以下简称巨星永磁项目）在绵阳高新区开工。省委常委、市委书记曹立军出席开工仪式并宣布开工，省经信厅党组书记、厅长翟刚出席并致辞。巨星永磁项目总投资280亿元，计划在高新区分三期投资建设年产10万吨高性能烧结钕铁硼永磁材料产业园。至年底，年产10万吨（一期25000吨）高性能烧结钕铁硼永磁材料项目完成投资3.3亿元，完成投资率41.25%。

图61 2022年7月29日，巨星(绵阳)稀土永磁新材料产业项目在绵阳高新区开工（视觉绵阳提供）

【“绵阳造”叶片钢用于国内首台F级50兆瓦重型燃气轮机】 2022年11月25日，东方电气集团所属企业东方汽轮机有限公司自主研制的首台国产F级50兆瓦重型燃气轮机在四川省德阳市正式完工发运。该重型燃气轮机核心部件所采用叶片钢由科技城企业攀钢集团江油长城特殊钢有限公司生产，共3个牌号，均可在高温、高压、高速等极为复杂的工况下长期工作。攀钢集团江油长城特殊钢有限公司始建于1965年，是国家特殊钢科研生产基地和四川省大型骨干企业、中国高端金属材料整体解决方案提供者、国家重点工程配套的核心供应商。具备年产特殊钢50万吨、特殊钢材70万吨的生产能力。该公司可按照国标、国际标准及用户技术条件，提供碳结钢、合结钢、轴承钢、弹簧钢、工模具钢、不锈钢、高强钢、高温合金、耐蚀合金、精密合金、钛及钛合金等13大类、400多个牌号的特殊钢、特种合金及钛产品。产品广泛用于航空、航天、海装、核电、交通、机械、石化等领域，其中特种合金、特种不锈钢、工模具钢等产品在国内占有重要地位。

【15万吨磷酸铁锂锂电池正极材料生产和循环再制造项目建设】 绵阳融通高科先进材料有限公司的15万吨磷酸铁锂锂电池正极材料生产和循环再制造项目（以下简称融通高科项目）总投资51亿元，项目分两期实施，其中一期项目划分为三批次实施。一期一批次于2022年3月启动建设，计划投资5亿元，建设内容为：建设磷酸铁锂厂房、原料生产车间和仓储、办公楼、污水处理站、220千伏变电站等配套设施以及道路、管网、绿化等附属设施，购置生产和辅助设备，建成15万吨磷酸铁锂锂电池正极材料生产和循环再制造生产线。达产后预计年产4万吨磷酸铁锂锂电池正极材料。一期二批次于2022年3月启动建设，计划投资10亿元，主要建设磷酸铁锂厂房、磷酸铁厂房、原料生产车间、污水处理站、动力站、制氮站、空压站等，购置国内外先进生产设备，形成年产4万吨磷酸铁锂正极材料。（杜林聪）

装备制造产业

【概况】 2022年，科技城有装备制造业聚焦汽车、核技术应用、激光技术应用、智能机器人及无人机等领域，有富临精工、科莱电梯、新晨动力、绵阳重卡等10家产值10亿元以上龙头企业，晟达机电、理想新晨、陆亨能源等25家4亿元—10亿元企业。富临精工被认定为国家级单项冠军产品企业，永贵科技、华晨瑞安等8家企业被认定为国家级专精特新“小巨人”企业，科莱电梯、新晨动力等73家企业被认定为省级专精特新企业。装备制造业持续提升产业创新能力，有核废物与环境安全国防重点学科实验室、国家空管监视与通信系统工程技术研究中心、富临精工国家级企业技术中心、新晨动力国家级企业技术中心等54个国、省级创新平台。玖谊源在医用回旋加速器领域实现国产代替。中久大光是国内唯一能提供4千瓦单模光纤激光器的供应商，光纤激光器在安防市场占有率全国第一。西南自动化研究所在数控系统、核辐射监测设备、3D打印设备及机器人等领域优势明显。长虹、九洲等大型企业在北斗、空管、雷达及电子元器件领域国内领先。新晨动力CE系列发动机技术水平国内领先、国际先进，与理想联合开发的增程器技术水平国内领先。至年底，科技城装备制造产业规模企业225家，实现工业总产值455.7亿元，增长10.0%。

【核技术应用产业】 核技术应用产业是科技城最独特的优势产业。2022年，科技城核技术应用产业呈现发展创新资源优势突出、企业技术实力雄厚、产业布局优势明显三大特点。创新资源优势上，依托中物院、西科大的技术积累和研发优势，组建核技术应用现代产业学院、核医学产业发展联盟，以及核技术应用领域产业技术研究院、产业创新中心、技术创新中心和制造业创新中心，打造以国家重点实验室、工程技术中心为依托的核技术产业研发示范区；建成世界首个高能X射线FLASH放疗验证平台，医用回旋加速器实现批量化生产。企业技术实力上，攀长钢核电管系列产品、同人精工核燃料芯块密度自动测量系统、科瑞达康普顿相机填补国内空白；玖谊源在医用回旋加速器领域实现国产代替；聚能核在乏燃料后处理设备领域、迪派锐在管道焊缝智能化检验检测装备领域居全国先进水平。产业布局上，科技城在核分析技术、同位素示踪技术、辐射加工技术等应用领域具有比较优势，核技术应用产业链涵盖医疗卫生、环境、安防等领域。持续打造中国（绵阳）科技城核医疗健康产业园，发展放射性靶向药物生产、质子医疗诊疗装备制造及其配套产业，培育国内首家集研发、设计创新、生产制造、教学、培训、医疗、康养、资本、服务于一体的成渝地区国际高端核医疗产业基地。核技术应用产业集群入选全省战略性新兴产业集群。核技术应用产业集群实现营业收入10亿元，其中有规模以上工业企业4家，实现规模以上工业总产值3.1亿元，增长26.3%。核技术应用产业集群入选2022年全省首批战略性新兴产业集群。

【激光技术及应用产业】 科技城激光技术及应用产业集聚中久大光、长虹激光等一批重点企业，在激光器制造、激光设备及应用领域具有行业比较优势。其中，中久大光为国内唯一能提供4000万单模光纤激光器供应商，其产品光纤激光器在安防市场占有率居全国第1；长虹激光的显示产品在家用、工程市场全球占有率分别位居前两位和前五位。拥有中物院国家强激光技术重点实验室，在高功率激光器研究方面位居国内国际前列。长虹激光独创的超高效光学引擎系统、首创的柔性菲涅尔光学屏幕、发声屏幕等技术处于行业领先地位。依托中物院技术优势，建设中国（绵阳）科技城激光产业园，围绕激光材料、激光器、激光装备三大领域，推动高功率激光技术产业化应用，集聚中久大光激光设备、中久新光管控设备、激光配套企业加速器等“链主”企业及配套企业，初步形成产业成链、集聚发展格局。2022年，在第十届科博会期间，举办中国激光科技创新产业大会，揭牌成立绵阳科技城光子技术研究院，建设成果转移转化平台、科技产业咨询平台和仪器设备共享平台，推动激光领域相关技术研发及产业化。激光技术应用产业有规模以上工业企业5家，产值4.7亿元，增长91.4%。

【智能机器人及无人机产业】 科技城智能机器人产业有中物院、西南科技大学等科研院校，建有特殊环境机器人技术四川省重点实验室、长虹—ABB机器人应用联合实验室等创新平台，有长虹控股、西南自动化研究所、福德机器人、久强智能装备等产业骨干企业，在智能物流集成应用机器人、特种环境作业和应急处置机器人、AGV、智能装车机器人、商用智能厨房机器人、新型安防机器人、智能装备、精密谐波减速机以及智能制造系统集成等领域具有较强的产业优势。科技城无人机产业链条成型，上游生产机身复合材料、操纵控制装备等新型材料；中游有以九洲防控、垚磊科技为代表的生产制造企业；下游有鹰眼航空、五视天下等公司，提供农林植保、航拍巡检、应急救援、物流运输等多个领域服务。持续建设北川通航产业园，从设计、研发、制造等技术领域延伸到无人机租赁、操作员培训等管理、服务、保障领域。2022年，无人机产业入选2022年全省首批战略性新兴产业集群。智能机器人及无人机产业实现规模以上工业总产值8.2亿元，增长9.2%。

【装备制造产业重大项目推进情况】 2022年，游仙激光产业园项目完成主体厂房建设，5号、3号地块交付使用，项目根据入驻企业工艺设备布置“量身定制”，由政府平台公司融资建设房屋及配套设施，企业先租后购，企业投资建设设备设施，自主研发生产经营。中久光电激光设备项目、中久新光管控设备项目完成室内装修。中国科技城（北川）通航产业园项目完成1号边坡、土面三区、土面四区土方回填，2号边坡进行盲沟施工，跑道主体土石方作业基本完成。高压线迁改工程完成基础浇筑114基、铁塔组立100座、导线展放完成6千米。中国（绵阳）科技城核医疗健康产业园项目完成二次专家环评评审，全面完成拆迁，供地场平工作完成，医用同位素及质子医疗装备项目、先通医药地块边坡支护完成，园区市政道路经一路沥青路面完成并临时通车，人行道透水砖与绿化基本完成，纬一路完成约25%，边坡顶截水沟基本完成。理想汽车增程器项目一期建成，理想汽车与新晨动力成立合资公司，并在新晨动力原有产线基础上进行改造，理想增程器实现量产，累计为理想配套增程器超5万台。

【航空应急救援无人机总部基地项目签约开工】 2022年9月29日，北川羌族自治县人民政府与沈阳卓翼航空科技有限公司、四川珠峰通航科技有限公司签约开工，就年产200台大型吨级航空应急救援无人机研发、生产、运营服务总部基地项目。标志着北川通航产业制造业实现“零”的突破。项目总投资25亿元，建设年产200台大型吨级航空应急救援无人机研发、生产、运营服务总部基地项目。项目建设周期为2022年至2025年。项目先期利用北川通航产业园标准化厂房建设大载重无人机总装生产线、零部件加工生产线等，建成满产后，可实现年总产值5亿元，税收超过4500万元，解决就业超过100人。

【机器人智能制造产业园项目一期】 2022年11月3日，机器人智能制造产业园项目于中国（绵阳）科技城苏州推介会上由科技城新区直管区与昆山玖兆康乾投资管理有限公司签约，同月启动一期建设。项目位于科技城新区九华路南侧、兴隆统建房东侧。项目分多期建设，一期总投资7亿元，总建筑面积12万平方米，建设周期5年。计划构建以机器人为核心，涵盖科技研发、机器人制造、零部件制造、人工智能、工业软件全产业链的生态集群，打造百亿元级特色园区。

【中国（绵阳）科技城核医疗健康产业园建设】 中国（绵阳）科技城核医疗健康产业园（以下简称核医疗健康产业园）规划用地266.67公顷，范围呈“三路环一山”形态，即以青龙山为中心，东至乡村旅游环线，西至省道205线，北至国道108线。项目预计总投资186亿元（基础设施36亿元、产业投资150亿元），建设周期五年（2022年1月至2026年12月）。核医疗健康产业园分为研发组团、生产组团、安评和医疗组团、科研配套组团、文商旅组团5个组团，布局放射性药物研发生产、专业物流配送、核医疗设备制造、肿瘤医院及康养、核测控装备无损检测等相关核技术产业、科研教育孵化中心以及配套设施。到2022年年底，核医疗健康产业园总体规划研究方案获得中物院综合计划部同意，市自规局组织中规院、规划编制单位进行专题研究，并形成初步成果；青龙山北片区控详规划研究技术成果通过专家会论证；核医疗健康产业园青龙山北片区规划环评成果报送省生态环境厅，并由省生态环境厅组织召开2次规划环评专家咨询会；完成核医疗健康产业园首期启动区32.867公顷的征地拆迁；完成供地场平工作，完成土石方挖填约120万立方米，其中四号地块（同位素与质子医疗项目）边坡支护结构完成，五号地块（先通医药项目）边坡完成95%；市政道路经一路沥青路面完成并通车，人行道透水砖与绿化基本完成，纬一路完成约20%；边坡顶截水沟基本完成；与2家企业分别签订中广核质子医疗装备制造基地、医用同位素生产基地、核测控装备制造基地、先通医药放射药研发生产基地4个项目投资协议，协议引资15.05亿元。

【首台国产医用回旋加速器投用】 2022年10月17日，绵阳造首台国产医用回旋加速器在四川省科学城医院投入使用，标志着发达国家对这一核医学影像关键设备的垄断被打破。医用回旋加速器由四川玖谊源粒子科技有限公司研发生产，由中国工程物理研究院的技术成果转化而来，在国内属首创。医用回旋加速器可通过质子束打靶生产医用同位素，协助PET-CT（正电子发射计算机断层显像）进行癌症的早期诊断，也可直接用于癌症的治疗。四川玖谊源粒子科技有限公司具备年产20台医用回旋加速器的能力，实现医用回旋加速器技术自主可控，可降低癌症患者的诊断费用。该公司产品在四川省科学城医院、市中心医院投入使用，与梅州市人民医院、珠海市人民医院等多家三甲医院签订合同，同时销往哈尔滨工业大学、药明康德等高校院所、药业公司。

【四足仿生机器人亮相中国航展】 2022年11月8—13日，西南自动化研究所自主研制的四足仿生机器人在第十四届中国航展（广东珠海）亮相。这是该型号机器人首次公开展示、首次参加中国航展。该型号机器人外形酷似“机器狗”，前面搭载光学和雷达装置，就像“眼睛”；在上方搭载装备可以根据任务需求来变换，还可以装载雷达等装置，具有高机动、大负载、多地形适应性等特点。在实战中，该型号机器人可作为助理和搭档，在地下管道、洞穴、丛林区域等复杂环境下，执行危险物品处理和资源运输保障等任务。 （杜林聪）

能源化工产业

【概况】 2022年，科技城能源化工产业呈现重点领域持续优化、产业规模持续壮大、创新能力持续提高三大趋势。能源化工产业重点聚焦绿色化工、清洁能源领域，以银河化学、利尔化学、美丰化工、长虹杰创等重点企业为依托，在铬盐化工、氯代吡啶类除草剂原药及草铵膦原药、壬二酸等细分行业处于国内领先地位。在产业规模上，有规模以上企业76家，实现产值347.87亿元，增长29.95%，占科技城规模以上工业总产值比重的10.0%。其中化工产业规模以上企业45家，实现产值258亿元，增长21.1%；清洁能源产业规模以上企业28家，实现产值39.1亿元，增长32.9%；其他能源产业规模以上企业3家，实现产值50.8亿元，增长30.0%。化工行业共有国家级企业技术中心2个（银河化学、利尔化学），省级技术中心6个（禾大西普、台沃科技、雅化集团绵阳实业、同舟化工、利尔作物、佳利德），市级技术中心8个（启明星磷化工、雅化集团三台化工、泰和新材料、美丰化工、蓝狮科技、凯尔油气田、鑫达新能源、启明星磷酸盐）。银河化学的“安剑”商标、雅化绵阳的“雅化”商标（国家定点民用起爆器材）获中国驰名商标。

【能源化工产业发展重点】 2022年，科技城能源化工产业有绿色化工、清洁能源两大发展重点。绿色化工产业方面，基础化学品领域实现产值127.6亿元，增长15.9%，占化工产业规模企业总产值的49.5%；农用化学品领域实现产值96.6亿元，增长32.5%，占化工产业规模企业总产值的37.4%；精细化学品领域实现产值33.8亿元，增长12.8%，占化工产业规模企业总产值的13.1%。清洁能源产业方面，清洁能源发电领域（水电、风电、生物质发电、生活垃圾焚烧发电等）实现产值25.8亿元，下降11.2%，占清洁能源产业规模企业总产值的66.2%；清洁能源装备领域实现产值9629万元，增长238%，占清洁能源产业规模企业总产值的2.5%；锂电池领域实现产值12.2亿元，占清洁能源产业规模企业总产值的31.3%。

【光伏储能产业】 2022年，科技城光伏储能产业主要集中在电化学储能领域，产品涵盖碱锰电池、锂离子电池、UPS电源等，在航空蓄电池、工具用锂电池等细分产业具备较强竞争力，拥有炘皓新能源、长虹电源、长虹新能源、长虹杰创、锂源新能源等一批光伏储能产业企业。长虹电源自主研发电源系统设备和蓄电池产品的能力处于国内领先地位，长虹新能源碱锰电池位列全球前五位、国内前三位。长虹杰创是中国西部最大的“高倍率圆柱锂电池”生产基地，锂源新能源是川内唯一一家拥有“全极耳卷绕装配技术”发明专利的锂电制造企业。8月，总投资100亿元、规划产能18吉瓦时的埃克森新能源项目在绵阳高新区开工建设。10月，总投资102亿元的安州区炘皓新能源“高效单晶电池智能工厂和储能项目”一期投资30亿元、产能9GW电池片项目在安州区开工建设。全年全市有规模以上光伏储能工业企业7家，实现产值55亿元，增长37%。

【能源化工产业重大项目建设】 2022年，四川长虹杰创锂电科技有限公司投资11.88亿元的年产2.6亿只高倍率锂电池智能制造建设项目竣工投产、绵阳锂源新能源有限公司投资10亿元的年产4吉瓦时锂离子电池项目一期竣工投产。绵阳高新埃克森新能源科技有限公司投资30亿元的埃克森新能源储能和特种电池项目（一期）开工建设。

【四川省银河化学股份有限公司】 四川省银河化学股份有限公司是一家以铬盐化工为主业，集维生素业务、精细化工、材料科技、环保工程、检验检测于一体的现代化企业集团。在铬盐化工领域先后担纲9个国家产业示范工程，参与15项国家行业标准的制定和修订，拥有130余项自主知识产权，占行业发明专利的70%。是全国铬盐行业唯一建成国家级企业技术中心、唯一承担国家重点项目、唯一获中国驰名商标、唯一具备万吨级含铬危废处理资质、唯一实现湿法氧化新技术与无钙焙烧技术耦合运行的企业。公司入选世界铬协会、中国无机盐工业协会会员单位，担任中国无机盐工业协会铬盐分会会长单位。公司是国家高新技术企业，先后获工信部首批“绿色工厂”、国家技术创新示范企业、四川企业技术创新发展能力百强等。2022年，公司实现产值61.96亿元，增长34.8%。

【利尔化学股份有限公司】 利尔化学股份有限公司是绵阳市最大的农药生产企业，由中国工程物理研究院于1993年发起设立，2008年上市。公司总部位于绵阳市，拥有四川绵阳、江苏南通、四川广安、湖南岳阳、河南鹤壁、湖北荆州6个生产基地。公司主要从事安全、高效类农药的研发、生产和销售，产品包括除草剂、杀虫剂、杀菌剂三大系列共30余个原药、100余个制剂品种以及部分化工中间体。产品出口美国、巴西、阿根廷、澳大利亚等30多个国家和地区，与美国陶氏、德国拜耳等多家农化企业建立长期稳定的战略合作关系。公司成为继美国陶氏后全球第二家掌握吡啶类化合物催化氯化系统集成技术的企业，掌握草铵膦合成的关键技术，是全球最大的草铵膦（精草铵膦）原药及氯代吡啶系列除草剂原药的生产和销售企业。2022年，公司实现产值57.27亿元，增长41.36%。

【雅化集团绵阳实业有限公司】 雅化集团绵阳实业有限公司是国家定点专业民爆器材生产企业，拥有CNAS国家认可实验室，是高新技术企业、专利优势培育企业、省级安全文化示范企业，是ISO 9001、OHSAS 18001、ISO 14001三体系认证企业。公司与中国工程物理研究院、南京理工大学、西南科技大学等多家院所、高校建立长期稳定的战略合作关系。公司主要产品有工业雷管、导爆索、导爆管、电子雷管等，其中“雅化牌”工业雷管、普通导爆索被授予四川省名牌产品，“雅化牌”商标被原国家工商行政管理总局商标局认定为驰名商标。2022年，公司实现产值14.5亿元，增长30.6%。

【四川美丰化工科技有限责任公司】 四川美丰化工科技有限责任公司是中国石化集团旗下上市公司四川美丰化工股份有限公司（以下简称四川美丰）的全资子公司，是四川美丰最重要的生产基地之一。拥有15万吨合成氨、15万吨尿素、5万吨三聚氰胺、18万吨硝酸、24万吨硝铵、45万吨硝基复合肥的生产规模。美丰科技的高效合成、低能耗尿素工艺技术，通过中国石油和化学工业联合会鉴定为国际先进水平。美丰科技曾先后获全国“安康杯”竞赛优胜单位、硝酸企业十强，四川省绿色制造示范单位、环保诚信企业等荣誉。2022年，公司实现产值12.2亿元，增长1.4%。

【四川长虹杰创锂电科技有限公司】 四川长虹杰创锂电科技有限公司成立于2020年5月，是长虹集团公司新能源产业在高端锂电领域重要战略布局。主营锂电池产品技术研发、生产及销售等，产品定位在18650、21700圆柱形动力锂离子电池领域，广泛应用于电动汽车、电动自行车、低速车、平衡车、电动工具、家用吸尘器、航模等领域。2022年，投资11.88亿元、年产2.6亿只高倍率锂电池智能制造建设项目竣工投产，形成年产2.6亿只高倍率锂电池的生产能力。2022年，公司实现产值9.3亿元。

【绵阳锂源新能源有限公司】 绵阳锂源新能源有限公司成立于2020年5月。主营锂离子电池、锂离子电芯、动力电池组、储能电池组、移动电源、电池材料、电子产品及配件的技术研发、生产、销售；货物及技术进出口业务等，公司与中南大学形成战略合作关系，是省内唯一一家拥有“全极耳卷绕装配技术”发明专利的锂电制造企业。2022年，公司投资10亿元、年产4吉瓦时锂离子电池项目的一期竣工投产，产能1吉瓦时。同年，公司实现产值2.95亿元。

【绵阳高新埃克森新能源项目】 2022年5月，绵阳高新埃克森新能源项目签约落地绵阳，8月开工建设。项目是省、市重点招商引资项目。总投资100亿元，规划产能18吉瓦时，占地面积40.87公顷，项目建设内容包括电芯生产车间、中试线（中试车间、办公楼）、模组/PACK车间、成品库、综合站房、NMP库、NMP提纯、拆解间、污水处理站等，计划建成达产后年产值不低于100亿元，税收不低于3亿元，带动近4000人就业。项目分两期建设，一期项目主要包括中试线车间、电芯车间、综合站房等17个单体。11月16日，埃克森新能源项目完成一期项目首栋楼——中试线主体结构封顶。该中试线是企业生产的核心部分，是产品实现正式量产前建设的一条中等规模的生产线。12月25日，绵阳高新区埃克森新能源一期项目首台设备正式进场。

【创明新能源项目签约暨开工仪式举行】 2022年9月21日，创明新能源项目签约暨开工仪式在涪城区举行。创明新能源项目投资120亿元，建设内容为全自动电芯生产线及配套PACK生产线、储能板块生产制造基地。项目旨在对绵阳新能源产业发展形成龙头引领效应，与富临精工、皓华光电等在绵阳企业形成强强联合的产业协同，助力招引落地一批新能源产业链企业，助推全市加快构建新能源产业集群、抢占储能电池产业领域发展先机。省委常委、市委书记曹立军出席并宣布开工。市委副书记王华蓉致辞。市委常委、科技城党工委副书记、管委会常务副主任、市国资委党委书记黄朝阳主持仪式。深圳创明新能源公司董事长孟致成、涪城区委主要负责人致辞。涪城区人民政府与深圳市创明新能源股份有限公司签署创明新能源项目投资协议。市领导姚永红等，深圳创明新能源公司CEO熊立，市直有关部门负责人等参加。

（杜林聪）

食品饮料产业

【概况】 2022年，科技城食品饮料产业主要涵盖粮油加工、屠宰及肉类加工、休闲食品加工、白酒饮料制作、调味品发酵品制作等领域。有规模以上企业169家，其中产值超过1亿元的企业78家、产值10亿元以上的企业8家，有省级“专精特新”企业25家。食品饮料产业中，预制菜产业发展较快，主要有酥肉、藤椒鸭、豆豉鸭，九大碗、卤肉饭、料理包，老母鸡滋补汤等即热食品，精耳片、大刀腰片、火锅食材等即烹食品（包括），罐头、腌腊制品、泡椒食品等即食食品。铁骑力士入选“2022四川100强企业”，位列第53位。雪宝乳业获得省“工业质量标杆”认定。有国家级企业技术中心1个、省级技术中心7个、市级企业技术中心12个。绵阳市健康食品产业园、四川省健康食品产业园先后在梓潼经开区揭牌。至年底，科技城食品饮料产业实现产值359.61亿元，增长3.7%。

【绵阳市丰谷酒业有限责任公司】 丰谷酒业位于高新区（科技城直管区）是一家集科研、生产和销售于一体的综合型酿酒企业。具有年产优质白酒10万吨的生产能力，拥有省级企业技术中心和国家CNAS认可实验室。先后获“中华老字号”、中国白酒工业百强企业、全国食品工业优秀龙头企业等，被誉为“川酒新金花”，品牌价值以276.32亿元位列川酒第5位、中国白酒第23位。2022年，丰谷酒业实现总产值17.36亿元，增长14.43%。

【四川雪宝乳业集团有限公司】 雪宝乳业位于绵阳经开区，于2001年通过改制成立，主营业务为乳制品加工、饮料加工、奶牛养殖、商贸物流、生态农业。拥有29条先进的乳制品和饮料生产线，产品涵盖鲜牛奶、酸牛奶、纯牛奶、调制乳、乳饮料五大类别60余个品种，年产各类乳制品近10万吨。公司先后获农业产业化国家重点龙头企业、国家级高新技术企业、国家级绿色工厂、中国学生饮用奶定点生产企业、国家优质乳工程企业、中国奶业脊梁企业等。雪宝乳业“‘三实’卓越绩效模式的经验”获2022年四川省工业质量标杆。2022年，雪宝乳业实现总产值4.95亿元，下降35.2%。

【四川清香园调味品股份有限公司】 清香园位于江油市，前身为创办于清道光八年（1828）的中坝清香园酱园。清香园品牌先后获“中华老字号”、中国地理标志保护产品、中华百年传承品牌等。公司拥有年产20万吨绿色食品产业生态链，建有专门以酱文化为主题的国家AAA级旅游景区中国酱文化博览园，每年接待数十万人次游客。先后通过有机认证、HACCP、ISO 9001、ISO 22000、ISO 14001等体系认证。2022年，清香园实现总产值2.03亿元，增长9.79%。

图62　江油清香园（视觉绵阳供图）

【四川莱仕顿精酿啤酒有限公司】　四川莱仕顿精酿啤酒有限公司位于梓潼工业园区，由莱仕顿实业集团投资兴建，是一家集啤酒、饮料、矿泉水等研发和制造于一体的大型生产企业。公司携手德国联合酿造集团，进口德国、美国、比利时、澳大利亚的麦芽、酵母、酒花等全球优质原料，采用德国传统古法酿酒工艺，推出“毒龙”品牌系列啤酒。2022年，公司实现总产值9.33亿元，增长950.66%。（杜林聪）

生物医药及医疗装备产业

【概况】　2022年，科技城生物医药及医疗装备产业呈现规模稳步提升、细分领域发展强劲、创新能力持续提高三大发展特点。科技城有好医生药业、太极绵药等生物医药规模以上企业38家，实现产值106.8亿元。其中，4亿元企业7家，实现产值80.7亿元，占产业总产值的75.6%；1亿元以上企业17家，实现产值98.3亿元，占产业总产值的92.0%。生物医药及医疗装备产业基本形成以现代中药、化学药、医疗器械、兽药制造为主的四大领域。以好医生药业、太极集团绵阳制药为代表的现代中药，产值83.0亿元，占产业总产值的77.7%；以赛卓药业为代表的化学药，产值17.7亿元，占产业总产值的16.6%；以立德电子等为代表的医疗器械，产值2.5亿元，占产业总产值的2.3%；以伴农动保为代表的兽药制造，产值3.6亿元，占产业总产值的3.4%。生物医药及医疗装备产业共有国家级企业技术中心1个（好医生药业集团有限公司）、省级企业技术中心6个（太极绵药、立德电子、一康制药、天雄药业、代代为本、迪澳）、市级企业技术中心13个（泷海洋、湟恩动物、太极天诚、中坝附子、伴农动保、赛卓药业、新华康、惠泉生物、和润电子、中兴药业、新川义、华西动物、三香汇）。

2022年科技城产值超1亿元的生物医药及医疗装备企业一览表

表24

序号	企业名称	所属县(市、区)	2022年产值(万元)	同比增长(%)
1	好医生药业集团有限公司	安州区	427288	20.6
2	四川江油中坝附子科技发展有限公司	江油市	84353	28.0
3	太极集团四川绵阳制药有限公司	游仙区	76903	21.3
4	四川代代为本农业科技有限公司	三台县	72822	15.2
5	四川兴盛源药业有限公司	江油市	62641	76.2
6	四川天雄药业有限公司	安州区	42921	−32.2
7	四川惠泉生物科技有限公司	梓潼县	40531	39.2
8	太极集团·四川天诚制药有限公司	三台县	27598	10.1
9	四川省中兴药业有限公司	三台县	26028	21.0
10	四川云亳堂药业有限公司	江油市	20450	−69.5
11	绵阳立德电子股份有限公司	科创区	20347	37.5
12	绵阳迪澳药业有限公司	盐亭县	16617	−6.3
13	绵阳三香汇生物科技有限公司	梓潼县	16074	17.3
14	四川新华康生物科技有限公司	盐亭县	13466	13.8
15	绵阳一康制药有限公司	梓潼县	12429	−3.5
16	四川辉氏生物技术有限公司	梓潼县	12346	24.7
17	四川金正康生物技术有限公司	梓潼县	10116	15.4

【好医生药业集团】 好医生药业集团位于安州高新区，是绵阳市最大的医药龙头企业，集科、工、贸于一体，以药业为核心的“大健康”产业全面发展的大型企业集团。业务分布在医药工业、医药商业、医疗服务、医药研发、中药材种养殖基地、农产品精深加工、大健康七大板块，下属有37家全资子公司，14个GMP工厂，2家医贸公司，产业分布在四川、云南、贵州、山西、辽宁。旗下有1个国家企业技术中心、2个省级企业技术中心、1个省级工程技术中心、1个省级重点实验室，有4家高新技术企业，是农业产业化国家重点龙头企业，四川省创新型企业。与浙江大学、四川大学、澳门科技大学、成都中医药大学、西南民族大学、大理大学、昆明理工大学等高校院所建立产学研平台。好医生药业是工信部中国医药工业百强企业、中国中药制药百强，好医生商标是“中国驰名商标”。主要产品有桑姜感冒片、复方板蓝根颗粒、小儿解表颗粒、清热解毒口服液等中药类，对乙酰氨基酚片、复方氨酚烷胺胶囊等化学药。2022年，集团实现产值42.7亿元，增长20.6%。

【太极集团四川绵阳制药有限公司】 太极集团四川绵阳制药有限公司是全国老牌中成药制造企业，始建于清咸丰元年（1851），1997年加入太极集团，是太极集团四川地区中成药制剂主要生产基地。公司主要从事中成药的研发、生产和经营，拥有片剂、丸剂、颗粒剂、胶囊剂、酊剂、搽剂、中药饮片等20条生产线，生产精制饮片300余个品规，太极（TAIJI）商标为中国驰名商标，“独圣”商标获四川省著名商标。有品种166个，全国独家品种8个、国家发明专利3项、国家中药保护品种5个、国家新药5个、国家基本药物37个，其中五子衍宗丸传统制作技艺被列入省级非物质文化遗产名录。公司技术中心被认定为四川省企业技术中心。公司与5家老字号精品国药企业联合成立中国中药协会国医药文化专业委员会，公司是中华国医药文化合作组织核心成员、世界中医药学会联合会中医药文化专业委员会委员。2022年，公司实现产值7.7亿元，增长21.3%。

【四川代代为本农业科技有限公司】 四川代代为本农业科技有限公司位于三台县芦溪工业集中区，成立于2010年，是全市最大的麦冬加工生产企业。公司是省级农业产业化经营重点龙头企业、科技型中小企业。公司有企业技术中心，联合北京大学药学院、中国中医科学院、成都中医药大学等科研院所，构建川麦冬全产业链研发平台，是成都中医药大学就业实践与教学实习基地，西南交通大学新品系选育研究基地。公司累计参与制定四川省地方标准2项，有作物新品种审定证书1个、授权专利34项。其中，授权发明专利13项、软件著作权10项。先后承担省部级科研项目10余项。公司有麦冬高端饮片、麦冬食品（饮料、配方茶、炖料包）、麦冬日化产品三大衍生产品系列。2022年，公司实现产值7.3亿元，增长15.2%。（杜林聪）

轻工纺织产业

【概况】 2022年，科技城轻工纺织产业主要集中在纺织服装业、造纸及纸制品业、家具行业、竹木加工及藤草制品业、塑料制品业、其他轻工业领域，其中纺织服装业有规模以上企业27家，实现产值85.72亿元，增长20%；造纸及纸制品业有规模以上企业31家，实现产值51.9亿元，增长9.99%；家具行业有规模以上企业20家，实现产值30.73亿元，下降18.51%；竹木加工及藤草制品业有规模以上15家，实现产值12.51亿元，下降3.51%；塑料制品业有规模以上企业8家，实现产值10.15亿元，下降8.17%；其他轻工业有规模以上企业15家，实现产值15.48亿元，增长27.2%。至年底，科技城有轻工纺织规模以上企业116家，实现产值206.5亿元，下降3.42%。

【轻工纺织产业重点企业发展】 2022年，科技城纺织服装业产值排前三的龙头企业为四川省翰彬霖鞋业有限公司（产值10.30亿元，增长7.73%）、绵阳佳联印染有限责任公司（产值17.3亿元，增长23.15%）、江油御华纺织有限公司（产值11.82亿元，增长18.36%）。造纸及纸制品业产值排前三的龙头企业为四川环龙生活用品有限公司（产值22.16亿元，增长24.03%）、四川美艺印刷包装有限公司（产值4.24亿元，下降2.22%）、四川省远景包装有限公司（产值3.62亿元，增长29.6%）。家具行业产值排前三的龙头企业为四川兴事发门窗有限责任公司（产值21.5亿元，增长31.69%）、四川九红教学设备有限公司（产值1.30亿元，下降86.76%）、绵阳市梦美寝具有限公司（产值1.93亿元，增长39.04%）。竹木加工及藤草制品业产值排前三的龙头企业为绵阳市麒翔林产品有限公司（产值1.99亿元，下降21.99%）、四川兴事发木业有限公司（产值1.71亿元，增长74.43%）、北川建诚木业有限公司（产值1.64亿元，增长12.36%）。塑料制品业产值排前三的龙头企业为江油市建工塑料制品有限公司（产值6.62亿元，增长44.71%）、江油市金杰橡胶制品有限公司（产值

1.53亿元，增长38.05%）四川省江油市丰宇塑编有限责任公司（产值0.51亿元，增长19.19%）。其他轻工业产值排前三的龙头企业为绵阳凯特玻璃制品有限公司（产值2.91亿元，增长16.5%）、江油市亿豪五金制品有限公司（产值1.42亿元，增长43.85%）、江油东方玻璃有限责任公司（产值2.01亿元，增长18.61%）。

【绵阳市专用服装产业园（三台）】 绵阳市专用服装产业园于2022年6月由市委、市政府授牌成立，位于三台县，规划面积2.65平方千米，涉及青东坝、南寺坝、黄家坝、梓州产城新区等连片区域。园区重点发展纺织、印染、服装、鞋生产加工等领域，持续完善仓储、配送等全产业链，是绵阳市首批特色（专业）园区、四川省首批“5+1”重点特色园区、四川省唯一功能职业装（工装）基地，其“打造纺织鞋服产业‘宜产宜业’新高地经验”入选“省政府2022年下半年综合督查发现19项典型经验做法”。园区基础设施齐备，建成区间道路50余千米、自来水厂2座、变电站2座、污水处理厂2座，日供气能力35万立方米，光纤、通信等要素保障齐全。截至2022年年底，园区入驻佳联佳禧、鸿星尔克、翰彬霖、宜乐纺织、安吉纳、锦鑫泰等60余家企业，拥有产业工人7000余人，形成“纺纱—织布—印染—服装”专用服装产业链条。有规模以上企业39家，规模以上企业实现工业总产值100.54亿元。其中，纺织鞋服产业规模以上企业13家，实现工业总产值62.6亿元。拥有中国驰名商标1个、四川省著名商标2个，省级技术中心3个、工程技术中心1个。有纺织服装专利73项（发明专利20项），国家级、省级科技进步奖7项。

（杜林聪）

现代服务业

Modern Service Industry

电子商务

【概况】 2022年，科技城发挥电子商务消费促进作用、创新引领作用、数字赋能作用，加快线上线下深度融合，引进“字节跳动·火山引擎”全国首个区域总部落地安州，打造双擎基地西南区域总部。开展2022—2023年度“品质绵阳造直播电商流量基地”认定工作，加快打造市级直播电商标杆基地，支持数字人全球直播基地、麦咔影视、星麦直播基地等十大直播电商流量基地发展。组织本地电商主播参加四川省“本土榜样主播，我为乡村带货”直播大赛，绵阳高新区、江油市团队分别获得二、三等奖。至年底，科技城实现网络交易额3419亿元，增长4.49%，总量稳居全省第2位。网络零售额299.10亿元，增长8.75%。

【电商培育】 2022年，科技城推动传统产业转型升级、创新业态，有智易家、川蜀老味道、宏盛源、云豪电子商务等潜力电商企业。围绕绵阳米粉、香腊制品等农特产品，培育黄天鹅、圣迪乐村、蜀腊记、杨大爷等具有本地特色、安全优质的“绵阳造”网络畅销品牌。到年底，科技城实现实物型网络零售额221.89亿元（食品保健类占比65.17%）。科技城限额以上零售企业中，电子商务销售收入占企业收入70%以上的有近30家。组织电商企业、流量基地申报2022年四川省数字商务转型升级项目，有安州区电商新业态基地、三台区域农牧食品产业链数字商务公共服务平台申报成为四川省数字商务转型升级项目。安州区电商产业园获省级电商示范基地，四川长虹佳华信息产品有限责任公司、绵阳市黑犬货运代理有限公司等4家企业省级电商示范企业；四川蜀腊记食品科技有限公司、四川金循环电子商务有限公司入围候选名单3家。铁骑力士、智易家网络科技获四川数字消费标杆企业。凤集食品获四川新业态新模式创新企业。杨大爷食品获四川“小而美”网络品牌。

【数字消费新场景打造】 2022年，科技城制定电商促消费工作计划，参与省商务厅川货电商节系列活动，鼓励各县（市、区）、园区结合辖区实际，开展电商促销活动。先后举办2022川货电商节绵阳分会场暨“优选绵品·嗨潮乐购”“玩味绵州”线上美食嘉年华、2022乐购盐亭消费惠民“6·18”惠民电商购物节、“数字经开乐享好物”系列展销活动等线上线下促消费活动10余场。直播助力“绵品出川”厦门、东莞、苏州行活动及首届米粉节活动，协同市农业农村局开展优质农产品线上直播销售。

【中国（绵阳）科技城跨境电商产业园】 中国（绵阳）科技城跨境电商产业园位于绵阳高新区，由盛兴佳创建设，投资3.5亿元，占地面积约9.27公顷，建筑面积11.3万平方米，是绵阳市跨境电商产业集聚区、中国（绵阳）跨境电商综试区核心园区，具备电子商务、跨境电子商务、商务办公、研发、创业孵化、金融服务等功能。入驻省内龙头电商智易家、元器件交易平台有芯电子、沃思电子、绵阳市跨境电商公共服务平台海贸通等300余家电商、跨境电商进出口及相关服务企业。引进集聚阿拉丁、麦迪、首战、网赢等一批跨境电商孵化公司，培育200多家跨境电商创业企业。2022年，园区企业实现跨境电商交易额超2亿元。

【“6·18”网络零售额实现22.28亿元】 2022年“6·18”网购节期间，科技城各电商平台通过爆品预售、折扣满减、直播带货等方式，通过“线上引流，实体消费”模式，开展促销活动。网络零售额实现22.28亿元，增长16.34%。其中，实物型网络零售额实现17.58亿元，占整体网络零售额的78.91%；服务型网络零售额实现4.70亿元，占整体网络零售的21.09%。各电商平台以“产地宝藏”为主题，加大助农补贴力度，农村电商增长快速，农产品上行渠道拓宽。京东、天猫、拼多多等平台聚焦乡村产业带，打造助农专场，通过乡村类短视频和直播，推介绵阳农村商品。农村实现网络零售额5.56亿元，增长13.75%，占整体网络零售额的24.96%。行业中，3C数码、食品保健、母婴用品排名前三，分别实现网络零售额10.82亿元、2.66亿元、1.09亿元，行业占比分别为61.53%、15.10%、6.20%。

【科技城电商入围四川省电子商务示范单位】 2022年9月26日，省商务厅公布2022年四川省电子商务示范单位名单。科技城的安州区电商产业园成为四川省电子商务示范基地，四川长虹佳华信息产品有限责任公司、绵阳市黑犬货运代理有限公司、四川喀斯玛融通科技有限公司、四川云豪电子商务有限公司共4家企业成为四川省电子商务示范企业，四川蜀腊记食品科技有限公司、四川金循环电子商务有限公司、四川圣迪乐村商业发展有限公司共3家企业上榜2022年四川省电子商务示范企业名单。

【2022年网络直播创业创新大赛暨城市邀请赛】 2022年12月14日，市商务局联合市人社局主办的2022年网络直播创业创新大赛暨城市邀请赛举行。浙江衢州、重庆北碚及四川成都、遂宁、绵阳的24位创业者或创业团队通过网络直播展示自己的创业创新能力。决赛通过路演、“绵品创意”、评委提问等环节展开评比，最终产生绵阳市十大网络直播创业达人10人、邀请城市网络直播创业之星4人、优秀奖10人。

【2022川货电商节绵阳分会场暨“优选绵品·嗨潮乐购”】 2022年12月1日，2022川货电商节绵阳分会场暨“优选绵品·嗨潮乐购”活动启动。活动由市商务局主办。启动仪式为线上直播，吸引观看18.36万人次。活动期间，举行为期3天的专题直播，汇聚全市50余家企业米粉、肥肠、腊肉、高山苕子茶、潼川豆豉、牡丹籽油等近百种商品，实现销售额147.5万元。（唐　欢）

会展业

【概况】 2022年，科技城共举办各类展会（节庆赛事）59场次，其中展览36场，展览面积31.65万平方米，会展业直接收入11亿元，带动商务、交通、旅游等相关行业收入65亿元，总收入达81亿元。聚焦汽车、家电等大宗商品，举办第十届中国（绵阳）科技城科技博览会、城记·第十一届绵阳国际汽车展、第26届中国快餐产业大会暨首届中国（绵阳）米粉节等大型展会。

【城记·第十一届绵阳国际汽车展】 2022年12月21—25日，城记·第十一届绵阳国际汽车展在绵阳会展中心举办。本届展会以“擎动西部、智竞未来”为主题，展陈面积2.5万平方米，有广汽丰田、雪佛兰、广汽本田等57家参展商的30个乘用车整车品牌、312款车型参展。展期共举办各类活动、展演近200场。新车成交2164台，成交额3.27亿元。车展首次打造线上线下观展双体验，推出车展拍客行动、车展直播达人等活动，吸引线上观看量约1100万人次。

【第26届中国快餐产业大会暨首届中国（绵阳）米粉节】 2022年12月21日，第26届中国快餐产业大会暨首届中国（绵阳）米粉节在绵阳国际会展中心开幕。展陈面积约6000平方米，分设有绵阳米粉综合馆、米粉产业链馆、国际米粉馆、米粉博物馆、餐饮食材馆、特色产业馆等展馆，集中展示米粉全产业链和餐饮、食材等。来自全国各地的专家学者、行业协会负责人及200余家快餐、米粉及相关企业代表参会。80余家企业、400多种产品参展。米粉节期间，邀请本地“山药视频”每天开展6个小时的电商直播，进行产品推销。本次米粉节共实现线上线下销售及协议金额2.9亿元。 （陈　威）

物流业

【概况】 2022年，科技城实施省委、省政府“四向拓展、全域开放”战略，坚持“开放活市”，推进中欧班列绵阳集结中心建设，促成绵阳皂角铺车站成为全国中欧中亚班列“图定班列”始发站，实现中欧班列成渝号（绵阳）常态化开行，国际通道建设取得突破。继入选“十四五”期间国家骨干冷链物流承载城市后，持续构建现代物流体系，编制绵阳市国家骨干冷链物流基地申报方案，并获得四川省推荐。打造区域性物流枢纽，申报成为全省7个大型商品区域分拨中心试点城市之一。提升现代化物流水平，争取全省现代物流示范试点市项目。乡村振兴物流服务体系建设、绿色物流发展示范试点市建设项目获四川省级促进现代物流业发展专项资金1000万元。加大物流市场主体培育，有国家A级物流企业16家，其中2A级企业5家、3A级企业9家、4A级企业1家、5A级企业1家。至年底，科技城实现社会物流总收入247.31亿元，增长4.6%；实现物流业增加值141.72亿元，增长5.1%；社会物流总额540.41亿元；货运量7109.34万吨，下降8.48%；货物周转量784675.24万吨千米，增长4.08%。

【国际班列】 2022年，科技城先后开通中欧、中亚、西部陆海新通道（南向）等国际班列线路，首发中欧班列成渝号（绵阳），开行东盟铁海联运班列等，打通连接欧亚、东盟国家的大通道，促成长虹电器等“绵阳造”产品远销俄罗斯、越南等国家。同时，推动国际班列高质量、可持续发展，运行效率和品质提升，开行数量和运量稳步增长。单列班列出口贸易值从500万元提升至最高6300万元，班列单月发运量从每月2列提升至10列及以上。全年共开行国际班列27列，发送集装箱1350个，货值3.7亿元，开行数居全省第2。持续拓展开行线路，完善运输网

科技城国家A级物流企业一览表

表25

序号	企业名称	等级
1	四川长虹民生物流股份有限公司	5A
2	四川中油九洲北斗科技能源有限公司	4A
3	四川洋业物流有限公司	3A
4	绵阳市高水农副产品批发有限公司	3A
5	绵阳安运物流有限公司	3A
6	四川上马科技有限公司	2A
7	绵阳金循环金融仓储有限公司	2A
8	四川西部冷都商业管理有限公司	2A

络，发挥绵阳作为连接欧亚桥梁节点城市的区位优势，将班列目的地拓展至俄罗斯、越南、格鲁吉亚、乌兹别克斯坦等国家，其中中国—欧洲线路11条、中国—亚洲线路1条、中国—东盟线路1条，拓展科技城国际贸易通道。谋划“绵品出海”，加强与沿线国家（地区）的合作，深化国际物流通道双向互济，谋划建设“绵品出海”格鲁吉亚展示展销厅，采购绵阳“一带一路”进出口商品体验中心。

【中油北斗总部基地项目建设】 2022年，中油北斗总部基地项目计划总投资为5000万元，实际投资约5751.83万元。建设主要内容为建设“中油北斗智慧物流总部中心”“中油北斗智慧物流产业孵化园”“中油北斗智慧加油站网络”“中油北斗营销网络”“中油北斗人才公寓”等。按照总部基地项目投资计划，项目主要围绕总部中心建设、省外营销网络建设及平台系统研发方面开展。完成中油北斗（陕西）科技能源有限公司组建；完成云南运营中心组建，同步启动中油北斗（宁夏）科技能源有限公司股权收购项目；在河北石家庄与河北交投共同出资组建中油北斗（河北）科技能源有限公司。收购绵阳云捷科技有限公司60%股权，共同建设中油北斗总部基地。

【皂角铺铁路物流基地建设】 皂角铺铁路物流基地共分两期建设，占地面积92.8公顷，总投资7.9亿元。一期于2021年12月开通投运，主要承担铁路大宗物资及集装箱作业，建成到发线2条、怕湿货运装卸线1条、集装箱作业线1条、牵出线1条、仓库1.5万平方米、办公用房0.5万平方米、场地硬化17万平方米，近期货运量500万吨/年，远期货运量1000万吨/年。基地铁路物流辐射区域为绵阳主城区、绵阳经开区、安州区、北川羌族自治县、三台县、盐亭县，以及德阳市罗江区等。主要运输品类为化肥、化工、粮食、非金属矿建、集装箱等。截至2022年，基地共发送货物3.5万吨，其中大宗货物0.3万吨、集装箱3.2万吨；到达132万吨，其中大宗货物55万吨、集装箱77万吨。二期计划建到发线6条、集装箱装卸线2条、怕湿货运装卸线1条、仓库8.5万平方米。

【中油北斗智慧物流管理服务平台入选服务型制造示范平台】 2022年1月5日，工信部公布第四批服务型制造示范名单，四川中油九洲北斗科技能源有限公司中油北斗智慧物流管理服务平台入选服务型制造示范平台。至此科技城国家级服务型制造示范总数达3家。四川中油九洲北斗科技能源公司（以下简称中油九洲北斗）成立于2017年3月，是由中国石油、九洲集团、西安聚力共同组建的国有控股企业。中油九洲北斗将北斗应用服务于物流，形成“北斗+互联网+能源+物流+金融”的商业模式，打造中油北斗智慧物流服务平台。该线上平台旨在以智慧物流服务为中心，覆盖油品及物流生产资料配给、物流后市场服务、金融保险及其他增值服务，同时通过建设加油站、现代物流园区、智慧高速公路港等线下服务网络，打造线上线下一体化、服务于人、车、货及第三方物流企业的“中油北斗智慧物流生态圈”。

【中欧班列成渝号（绵阳）首发仪式举行】 2022年6月20日，中欧班列成渝号（绵阳）首发仪式在皂角铺铁路物流基地举行。省委常委、市委书记曹立军宣布发车，省商务厅党组书记、厅长曾卿出席并致辞。成都海关一级巡视员续效东，中国铁路成都局集团有限公司副总经理彭强出席。11时25分，中欧班列成渝号（绵阳）从绵阳皂角铺铁路物流基地出发，计划从霍尔果斯口岸出境后，直抵欧洲国家。这是从绵阳始发的首趟国际班列，标志着绵阳正式开启与欧洲经贸往来的陆路新通道。该班列共搭载集装箱50个，货物为长虹集团生产的家用电器，总价值468万元。

【西部陆海新通道东盟铁海联运班列首发】 2022年9月3日，科技城首列西部陆海新通道东盟铁海联运班列从皂角铺铁路物流基地正式发车，标志着科技城打通与东盟国家互动互联开放的南向通道。该班列装载50个集装箱化工产品，总价值480万元，计划一路向南，经3天铁路运输后到达钦州港，再以海运方式直抵越南，全程约2000千米，共历经12天。

【中欧班列“成渝号”绵阳—格鲁吉亚第比利斯首发】 2022年11月17日，中欧班列“成渝号”从绵阳皂角铺物流基地出发，计划经霍尔果斯出境，行驶18天到达格鲁吉亚首都第比利斯市。这是四川省首列发往格鲁吉亚的中欧班列。该班列共搭载50个集装箱，所载货物为长虹电器等企业生产的电子产品、起重机、塔吊等，总价值约6300万元。（唐　欢）

图63　2022年6月20日，中欧班列成渝号（绵阳）首发仪式在皂角铺铁路物流基地举行（视觉绵阳提供）

概　述

【概况】 2022年，绵阳市委、市政府印发《关于开展“园区提质”“企业满园”行动助推高质量发展的通知》，在国家级、省级开发区（园区）和市级工业园区开展“园区提质”“企业满园”行动，提出坚持企业入园满园，产业集聚集群，园区提质增效，外塑“颜值”，内提“气质”的目标，实施承载能力提升、优势产业集聚、开放合作突破、“镇园之宝”培育、“亩均论英雄”、创新平台覆盖、营商环境优化七大攻坚，强化保障措施，推动园区走特色化、集约化、人性化发展之路，新增500亿元级园区3个、1000亿元级园区2个。园区重大项目加快建设、产业规模加快壮大、设施配套加快完善、发展质效加快提升，绵阳高新区、游仙高新区、四川绵阳工业园区（科技城新区直管区）3个园区进入全省开发区优秀名单。新引进三类500强企业20家、增长66.67%，主板、科创板上市企业和国家高新技术企业76家、增长28.8%；新签约5亿元以上工业项目101个，签约金额2040.21亿元，其中百亿元级“镇园之宝”项目7个。累计处置闲置土地18宗、73.01公顷；处置批而未供土地238宗、948.81公顷；完成标准地出让20宗、94.07公顷。承载能力基础设施建设项目累计完成投资75.86亿元，新增标准厂房367.74万平方米。工业园区聚集规模以上工业企业850家、集聚度68.71%。新增国家级专精特新“小巨人”企业12家、总数达35家；新增富临精工、西磁科技2家国家级制造业单项冠军企业，总数达5家；新增省“贡嘎培优”行动计划企业13家；新增省首批新赛道领先型“赛手企业”6家；新型显示、无人机、核技术应用3个产业集群获批为省级战略性产业集群。印发《关于向市属园区放权赋能的实施方案》，绵阳高新区、绵阳经开区、科技城新区、仙海区4个园区获51项向市属园区放权具体权限。赛迪顾问发布中国幸福百强区（2022）和2022园区高质量发展百强榜单，涪城区上榜中国幸福百强区（2022），位居第50名；绵阳高新区上榜2022园区高质量发展百强。绵阳工业园区上榜2022年四川省开发区综合评价考核优秀名单。　（何亚男）

【《关于开展“园区提质”“企业满园”行动助推高质量发展的通知》印发】 2022年4月21日，市委、市政府印发《关于开展“园区提质”“企业满园”行动助推高质量发展的通知》（以下简称《通知》）。《通知》提出通过实施承载能力提升攻坚、优势产业集聚攻坚、开放合作突破攻坚、“镇园之宝”培育攻坚、“亩均论英雄”攻坚、创新平台覆盖攻坚、营商环境优化攻坚七大攻坚，实现“一年转形象，两年见质效，三年大变样”的总体目标要求，“一年转形象”即园区体制机制优化，配套政策健全完善，园区主导、特色产业定位清晰明确；“两年见质效”即园区产业核心竞争力增强，集群成链态势显现；“三年大变样”即园区主导产业集群成链，特色产业特色鲜明，大批优质企业汇聚园区，涌现出一批“镇园之宝”。

【《绵阳市支持园区高质量发展十条政策措施》出台】 2022年6月19日，绵阳市“园区提质”“企业满园”行动领导小组出台《绵阳市支持园区高质量发展十条政策措施》即“园区十条”。“园区十条”旨在实施“园区提质”“企业满园”行动，推动园区走特色化、集约化发展路子，把园区建设成为引领全市高质量发展的主引擎。明确以各园区为支持对象，提出10项具体支持政策，包括着力优化园区管理运行机制、强化财政金融支持、培育激励优质企业、鼓励提升科技创新能力、多措并举促进招大引强、支持园区特色发展、鼓励建设标准厂房、强化园区用地保障、强化全天候专班制企业服务、鼓励园区晋级升位。“园区十条”提出要强化五大保障，即强化体制机制保障，坚持去行政化、趋市场化，推进园区体制机制改革；强化财政金融保障，加大园区财政资金支持力度，鼓励园区企业通过直接融资和间接融资等方式筹集资金；强化生产要素保障，建立完善水、电、气、土地等生产要素保障调度、预警预测机制，优化供给服务，确保重大项目和重点企业需求；强化干部人才保障，开展园区人才招引专项行动，鼓励园区招引所需高层次人才；强化企业用工保障，全方位多渠道开展“春风行动”、民营企业招聘月等活动，持续强化“人社服务专员”制度，常态化开展重点企业用工服务保障。

【绵阳市园区高质量发展大会举行】 2022年6月21—22日，绵阳市园区高质量发展大会举

图64 2022年6月21—22日，绵阳市园区高质量发展大会举行（视觉绵阳提供）

行。省委常委、市委书记曹立军出席会议并讲话。会议采取“现场观摩+工作会议”形式举行。在现场观摩阶段，与会人员分为3组，现场观摩绵阳工业园区、金家林总部经济试验区、绵阳高新区、安州高新区等12个工业园区，各园区全面展示园区建设的主要成效和特色亮点。大会通报园区现场观摩评价结果，公布《首批绵阳市特色（专业）园区名单和培育名单的通知》，为绵阳市京东方新型显示产业园、精细化工产业园、惠科新型显示产业园、激光技术应用产业园、特钢产业园、健康食品产业园、专用服装产业园首批7个特色（专业）园区授牌。

【《绵阳市2022年优化园区营商环境16条》出台】 2022年9月16日，绵阳市“园区提质”“企业满园”行动领导小组印发《绵阳市2022年优化园区营商环境16条》，从进一步提高政务服务质效、加大关键领域改革力度、真心实意开展“暖企”行动3个方面提出16条措施，通过深化“放管服”改革优化营商环境，推动园区高质量发展。提高政务服务质效，深化简政放权，推进园区事园区办、推进流程再造，实现园区事大厅办、实施靠前服务，推动园区事优质办。加大关键领域改革力度，推进商事制度改革、推行工程建设审批区域评估、提供施工图免费审查服务、推进占掘路联审联勘、提速办理建设用地改变用途和规划条件变更、深化水电气报装改革。真心实意开展“暖企”行动，打造面对面专题座谈会品牌、开展“一起来找茬”活动、建立重大诉求直通车机制、建立周四检查日制度、推进惠企政策公开透明、畅通金企信息对接渠道、提升办税服务便利度。

【四川绵阳工业园区委托涪城区管理】 四川绵阳工业园区成立于2001年8月。2002年9月，国防科工委、科技部批准园区为绵阳国家军转民科技园。2005年4月，园区完成与涪城区园艺工业园区的合并。2006年1月，园区经国家发改委审核成为四川绵阳工业园区，依法审批用地面积为8.10平方千米。2018年，园区在《中国开发区审核公告目录（2018版）》中，核准面积为7.87平方千米，主导产业由电子信息、环保、文化创意、现代服务业调整为电子信息、装备制造。2022年11月8日，经四川省委编办批复，四川绵阳工业园区党工委、管委会委托绵阳市涪城区管理。同年12月12日，四川绵阳工业园区正式委托绵阳市涪城区管理。

【绵阳4个园区获得51项权限】 2022年，绵阳市“园区提质”“企业满园”行动领导小组印发《关于向市属园区放权赋能的实施方案》（以下简称《实施方案》），明确51项市级审批权限向市属园区放权，进一步为园区发展赋能。《实施方案》明确，本次赋权范围包括：绵阳高新技术产业开发区、绵阳经济技术开发区、绵阳科技城新区、绵阳市仙海水利风景区4个市属园区。下放权限包括建筑工程施工许可证核发等11项市住建委相关权限；不动产登记等11项市自然资源和规划局相关权限；水产苗种生产审批等11项市农业农村局相关权限；化学危险品安全使用许可证核发等11项市应急管理局相关权限；四川民爆行业安全奖励等5项市经信局相关权限；生产建设项目水土保持方案审批1项市水利局相关权限；应建防空地下室的民用建设项目审批（工业项目）1项市人防办相关权限；共7个重点领域，下放权限51项。

绵阳国家高新技术产业开发区

【概况】 1992年，绵阳国家高新技术产业开发区（以下简称绵阳高新区）被国务院批准为国家高新技术产业开发区。2022年，绵阳高新区在157个国家高新区中综合排名第44，在西部非省会城市排名第1，全国先进制造业百强园区晋升

图65　2022年，高新区百亿元级新能源项目建设现场（视觉绵阳提供）

3位、排名第91，被省发改委评为四川省优秀开发区，被省科技厅评为四川省科技创新工作先进园区，被省发改委、省经信厅、省教育厅、省科技厅评为四川省第二批大众创业万众创新示范基地，被省经信厅评为四川省首批“5+1”重点特色园区，入围赛迪全国园区高质量发展百强榜。举办第七届中国创新挑战赛（绵阳）技术融合专题赛，促成技术合作27个。绵阳高新区实现地区生产总值419.5亿元、增长5.2%，区属规模以上工业增加值增长7.3%，全社会固定资产投资222.83亿元、增长10.3%，社会消费品零售总额242.4亿元、居全市第2。建成投运中国（绵阳）科创基金小镇，举办首届中国（绵阳）科技城投资峰会。签约投资280亿元的巨星稀土永磁新材料产业园项目、投资100亿元的埃克森新能源电池产业园项目等重大产业项目36个、总投资超630亿元，其中5亿元以上项目18个、百亿元级制造业项目2个。绵阳高新区研发经费投入强度8%，连续3年保持全国前列。创新平台总数达78个。

【产业发展】　2022年，绵阳高新区实施“产业大招商、项目大建设”攻坚年行动，巨星稀土永磁产业园等177个、总投资391.1亿元项目开工，埃克森项目中试线首台设备搬入，中电光谷绵阳科技园等102个、总投资344.7亿元的续建项目加快建设，高发智能制造产业园二期等151个、总投资221亿元的项目竣工投用。京东方新型显示产业园获批全市首批特色（专业）园区，集成电路特色产业园成为全市重点培育园区，“三主两特”产业（新型显示及半导体、高端装备、新能源三大主导产业，智能终端、磁性材料及应用两大特色产业）产值占全区规模以上工业总产值93.7%。其中，京东方产值突破185亿元、增长20.7%，入选四川省制造业“贡嘎培优”企业；长虹产值实现470亿元、增长

10.7%。绵阳高新区新增国家级、省级专精特新企业14家，总数达46家；西磁科技钐钴永磁产品成为全国制造业单项冠军产品。

【企业倍增计划实施】　2022年，绵阳高新区出台稳定经济增长二十条、拼经济搞建设促发展二十五条，为安和精密等21家企业兑现产业扶持资金8.86亿元，为京东方等517家企业落实留抵退税44.4亿元。投资26亿元，建成标准厂房69.4万平方米，厂房签约入驻率40%。净增市场主体3000家（“个转企”24家），市场主体总数突破3.2万家。实施高新技术企业倍增行动和科技型中小企业倍增计划，新增高新技术企业54家，高新技术企业总数达174家；科技型中小企业评价入库504家。新增“瞪羚”企业2家、占全市总数的50%。长虹入围中国企业科技创新竞争力百强榜第56位。

【人才招引】　2022年，绵阳高新区制定“人才十条”，设立5000万元人才发展专项资金，引进人才9940人、增长51%。开展招商引资、招才引智行动，设立3家驻外引才服务站，聘请企业家担任高新区“招商招才大使”，引进46个项目及人才团队。开工建设总投资23亿元的拎包入住精品人才公寓。绵阳高新区入选第二批四川省大众创业万众创新示范基地。　（向　帆）

绵阳经济技术开发区

【概况】　2000年8月，绵阳经济技术开发区（以下简称绵阳经开区）成立。2012年2月，与绵阳科技城现代农业科技示范区整合，同年10月，升级为国家级经济技术开发区。绵阳经开区管辖面积65平方千米，纳入城市控规45平方千米，建成区面积26平方千米，人口近20万人，辖塘汛街道和松垭镇。绵阳经开区是四川省优秀工业园区、四川省新型工业示范基地、四川省生态工业园区建设试点园区。2022年4月，被认定为省级化工园区。实现地区生产总值121.94亿元、增长5.3%；规模以上工业增加值增速18.8%；全社会固定资产投资总额150.07亿元、增长10.3%；社会消费品零售总额63.87亿元；一般公共预算收入11.39亿元、增长10.1%。

【产业发展】　2022年，绵阳经开区以智能终端、精细化工、智能装备为主导产业，培育发展新型功能材料、电子元器件两大特色产业。其中，精细化工产业园被认定为全市首批7个特色（专业）园区之一，电子元器件产业园被认定为全市首批8个特色（专业）培育园区之一。成立汇聚三江招商公司，开展线上线下推介活动40余次，累计签约项目79个、总投资347.44亿元。新增工业技改项目入库64个，51个工业技改项目投产，苏科高新、长茂科技等88个项目落地开工，虹科创新、宏发一海等52个项目竣工投产。

【企业发展】　2022年，绵阳经开区举行金融护航“园区提质”“企业满园”2022年政金企对接会，区管委会与20家金融机构签订战略合作协议，促成利尔化学等10余家企业与银行机构达成18.6亿元融资贷款协议。出台《2022年稳定经济增长激励措施》等政策措施，新增及延续政策退税减税缓税6.8亿元，兑现区级产业发展专项资金2.3亿元。新增市场主体1.23万家、企业3119家，市场主体和企业增速分别达31.47%、45.28%，实有市场主体4.55万家、企业9255家，其中，规模以上工业企业总数122家，有效高新技术企业67家。

【苏科高新·绵阳智能制造产业园项目开工】2022年12月12日，绵阳经开区举行“决战四季度 大干一百天”攻坚行动2022年12月重点项目现场推进会暨苏科高新·绵阳智能制造产业园项目开工奠基仪式。苏科高新·绵阳智能制造产业园占地约9公顷，总建筑面积约14万平方米，计划总投资22亿元，项目建设集研发中试、生产制造、生产生活服务综合配套于一体的现代化产业园，主要建设智能小家电、5G、显示屏配套产线，预计年产电子元器件3万吨。（胡劲松）

绵阳市仙海水利风景区

【概况】 绵阳市仙海水利风景区（以下简称仙海区）成立于2003年6月，总面积75平方千米，户籍人口2.4万人，辖7个村、4个社区，是绵阳市唯一一个以旅游发展为主的园区，是四川省第一家国家水利风景区。是国家AAAA级旅游景区、国家水上国民休闲运动中心、全国环境优美乡镇、省级旅游度假区、省级生态旅游示范区。仙海区年平均气温16.3℃，一年内适宜度假时间长达320天，相对湿度79%，拥有浅丘低山、湖泊、森林等自然资源，负氧离子含量高，生态景观优美，自然环境清新。以仙海湖为中心的核心区面积13.8平方千米，陆地森林覆盖率90%，有鸬鹚、白鹭、野生鱼群、银杏等多样性动植物，水域面积7平方千米，纵深视野3.8千米，有46座半岛，泊岸长40余千米，库容1.04亿立方米，水质常年保持在国家Ⅱ类及以上地表水标准。区内有三国文化、驿站文化、民俗文化、水文化等资源。引进星光文旅、开元森泊、蓝城控股等国内文旅头部企业开发一批文旅融合、康养度假、文化交流的生态低碳项目，形成喜来登国际酒店、锦烁度假酒店、铂金海岸度假酒店、禅驿仙海别院等一批特色酒店集群。2022年，仙海区实现地区生产总值14.2亿元，地方公共财政收入1.27亿元，全社会固定资产投资增速8%，社会消费品零售总额7.3亿元，服务业增加值10.5亿元，接待游客203.3万人次，旅游收入4.4亿元。

【仙海"春江花月"休闲度假项目签约】 2022年1月18日，仙海区与汉华文旅控股有限公司签订仙海"春江花月"休闲度假项目投资合作协议。区党工委书记卿官亮，党工委副书记、管委会主任任彤玫，汉华文旅控股有限公司文旅研究院院长胡竟成等出席。该项目一期总投资约6800万元，计划以商业街、婚庆广场为核心，以仙海湖西岸线为纽带，北至雷耀酒店、南至大坝，打造"春江花月"项目一期展示区，通过引进和培育休闲产业等方式，打造成为集文化体验、美食畅享、夜间休闲于一体的休闲集聚区、旅游集散地、文旅新地标。

【仙海星光文旅康养产业园项目签约】 2022年2月25日，仙海区与北京星光文旅集团签订康养项目合作协议，共同打造仙海星光文旅康养产业园。区党工委书记卿官亮主持签约仪式，党工委副书记、管委会主任任彤玫与星光文旅集团董事长李泽青签订绵阳仙海星光文旅康养产业园综合开发建设项目投资合作协议。该项目计划总投资83亿元，占地0.6公顷，采用"影视旅游+节目制作+主题乐园+教育基地"开发模式，建设养生庄园、健康养生度假酒店、药味园、国际温泉养生论坛、文创商业区等项目，建成后预计实现年产值15亿元，年均贡献税收1.8亿元，新增就业岗位3600个。

【仙海区重大项目集中开工仪式举行】 2022年3月11日，绵阳市2022年3月重大项目集中开工（仙海区分会场）仪式举行。区党工委书记卿官亮参加主会场活动并作项目介绍。党工委副书记、管委会主任任彤玫主持仙海分会场开工仪式并通过电视直播向全市作汇报。本次仙海区集中开工项目5个、总投资31.18亿元，年度计划投资12亿元。其中，基础设施类项目4个、总投资9.18亿元，产业发展类项目1个（西部数字智能医学健康谷项目）、总投资22亿元。西部数字智能医学健康谷项目为2022年市重点项目，总投资22亿元，占地面积23.07公顷，总建筑面积11万平方米，建设周期3年，规划建设前沿医学研发应用示范中心、川西北康复疗养院、数字健康管理西南总部等。（冯　缤）

绵阳综合保税区

【概况】　绵阳综合保税区位于绵阳国家高新技术产业开发区石桥新城，由原四川绵阳出口加工区整合优化而来，规划面积0.14平方千米。2020年12月29日，绵阳综合保税区通过成都海关牵头组织的验收，实现“当年获批、当年建成、当年验收”。2021年1月28日，绵阳综合保税区正式封关运行。2022年，绵阳综合保税区有企业46家，包括以普思电子、虹锐电工、零点自动化等为代表的加工制造企业7家，以斯菲提克、西磁科技为代表的研发设计企业5家，以悟空国际贸易、海优蜜为代表的销售服务企业11家，以中外运、新兴源等为代表的仓储物流企业23家。建立以电子信息为代表的加工制造、以“两新”产业为代表的研发设计、以跨境电商为代表的销售服务，协同发展保税物流的“3+1”产业体系。绵阳综合保税区实现进出口值45.02亿元、增长91.2%。外贸进出口总值占全市外贸进出口总值的16.7%。

【基础设施建设】　2022年，综保区建成标准厂房12.2万平方米，保税仓库5242平方米，原材料临时暂存点2幢、1341平方米。建成大型餐饮中心2340平方米、便民服务中心4000平方米、综合办公大楼3546平方米等配套设施。建成隔离围墙1.84千米，沿隔离围墙旁设有宽5—20米、总长1.84千米的监管通道，建成宽10—20米的内部道路6条，建成查验专用场地5957平方米，建成符合海关监管要求的信息化管理系统、场站管理系统及主卡口和内卡口等通关设施，并实现与金关二期系统等海关信息化系统的调试及数据对接。完成海关查验场所改造、海关监管信息系统升级改造、综合保税区信息化管理平台完善，并提升园区供电能力。

【跨境电商发展】　2022年，综保区打通综合保税区和皂角铺铁路物流港“区港联动”通关模式，推动全市中欧班列货物在综合保税区集货出口，常态化开通班列20列，出口货值近3亿元。完善跨境电商运营基础设施建设，建立跨境电商场站运营体系，开通跨境电商网购保税进口业务（“1210”模式）。招引悟空国际、海优蜜等一批跨境电商企业入区开展业务，实现跨境零售商品进口额3000余万元。（李路路）

金家林总部经济试验区

【概况】　中国（绵阳）科技城金家林总部经济试验区（以下简称金家林试验区）成立于2010年4月，规划面积24.5平方千米，位于绵阳市主城区中部偏西，与绵阳高新区、安州区交会。2020年科技城新区成立后，金家林试验区全域纳入科技城新区范围，并处于科技城新区核心位置。2022年，金家林试验区完成固定资产投资115亿元。建筑业总产值2.01亿元，完成目标任务的101.5%。以产业发展、项目招引、企业生产为导向，制订2022—2025年园区载体建设计划。智能传感科技园、国家大学科技园等近60万平方米建成投用，累计建成74万平方米，中关村科技园二期等43万平方米加快建设，长虹科技园（科研总部）基地项目等24万平方米实现新开工。实施产业项目17个，长虹MCU智能芯片、传化智达等9个项目建成投用，李子柒品牌总部基地、振通智慧交通产业园等4个项目加快建设，永贵光电连接器、华拓特发信息港等4个项目开工建设。

【基础设施建设】 2022年，金家林试验区科技城大道二期等4条、9千米道路完工，绵支三号等3条道路加快建设。实施公共服务配套项目7个，子云幼儿园完工投用，涪城区妇女儿童医院、涪城区中医医院主体完工，市中心血站加快实施。绵安路、科智大道等6个环境提升工程项目完工，金西湖二期等3个项目开工，完成提升休闲步道6千米、绿化30万平方米，安装路灯1000余盏，新增停车位400余个，植入智能交通、智慧休闲、智能宣传等科技设施120余处。

【创新平台建设】 2022年，金家林试验区规划建设涪城科创大走廊，整合科创资源，推动大专院校、科研院所、平台企业、政府园区融合发展。与中物院成科中心加快建设智能传感科技园，与空气动力研究中心合作布局超算中心，与西科大推动建设碳中和等4个研究院。新增省级实验室、技术中心7个，省级实验室、技术中心总数达31个，新申请发明专利超50项。垚磊无人机、核保机器人等投产，硅基智能全球数字人直播基地开播。科创企业累计460家，新认定高新技术企业8家，高新技术企业总数达31家。新引进数字经济创新中心等科创平台2个，新签约罗普特大数据科技园等项目105个。举办商业航天产业高峰论坛等活动50余场。

【园区建设提质】 2022年，试验区加快推进“园区提质”行动，以产业发展、项目招引、企业生产为导向，制定2022—2025年园区载体建设计划。智能传感科技园、国家大学科技园等近60万平方米建成投用，累计建成74万平方米，中关村科技园二期等43万平方米加快建设，长虹科技园（科研总部）基地项目等24万平方米开工。设施配套日趋完善，科技城大道二期等4条9千米道路完工，绵支三号等3条道路加快建设。实施公服配套项目7个，子云幼儿园完工投用，涪城区妇女儿童医院、涪城区中医医院主体完工，市中心血站加快建设。坚持黑化、绿化、亮化、美化、科技化“五化”一体推进，提升整体形象，改善生态环境。绵安路、科智大道等6个环境提升工程项目完工，金西湖二期等3个项目开工，完成提升休闲步道6千米、绿化30万平方米，安装路灯1000余盏，新增停车位400余个，植入智能交通、智慧休闲、智能宣传等科技设施120余处，智慧之门工程建成投用。

【园区企业发展】 2022年，试验区加快推进“企业满园”行动，推动产业发展，增强科技创新实力。规划建设“涪城科创大走廊”，按照“一环、两区、多点”（“一环”是指走廊贯穿绵江路、二环路、绵安路以及科技城大道，全长30千米，辐射范围约70平方千米的大环线；“两区”是指科技智谷科技创新区和环西科大创新创业区两个功能集聚区，“多点”是指15个科创平台+一批创新龙头企业+院士（专家）小镇等重大科创项目+九华府等高端人才配套住宅等重要资源布点）整合科创资源，推动大专院校、科研院所、平台企业、政府园区融合发展。新增省级实验室、技术中心7个，省级实验室、技术中心累计31个，新申请发明专利超过50项。聚焦5G、卫星应用、人工智能等产业，引增量、扩存量、提质量，“镇园之宝”牵引产业，推动科技型中小企业满园，打造科创产业集群。垚磊无人机、核保机器人等全面投产，硅基智能全球数字人直播基地开播，绵阳天仪与阿根廷建立合作关系。科创企业累计460家，新认定高新技术企业8家、新认定高新技术企业累计31家。新引进数字经济创新中心等科创平台2个，新签约罗普特大数据科技园等项目105个。全年举办商业航天产业高峰论坛等活动50余场。构建“五个一批”项目体系，专班服务项目、专员跟进项目，提速项目建设。共实施产业项目17个，长虹MCU智能芯片、传化智达等9个项目建成投用，李子柒品牌总部基地、振通智慧交通产业园等4

图66　四川垚磊科技有限责任公司自主研发的无人机（四川绵阳工业园区提供）

个项目加快建设，永贵光电连接器、华拓特发信息港等4项目开工建设。

【无人机总装测试平台项目】　无人机总装测试平台项目选址于5G科技园5号楼3楼，2022年4月由四川垚磊科技有限责任公司开工实施建设，2022年10月建成投用。总投资7500万元，建筑面积4631平方米，项目致力于固定翼无人机设计、制造和飞行试验，拥有关键技术的创新型航空高科技企业，主要开展无人机系统产品研发、无人机总体创新设计和先进加工制造业务。全年实现产值3200万元。

【核与辐射环境数智装备协同创新基地项目】　核与辐射环境数智装备协同创新基地项目选址于5G和卫星应用科技园5号楼4楼，2022年4月开工实施建设，2022年10月建成投用。建筑面积4631平方米，总投资5亿元。项目承接西南科技大学技术资源，致力于打造特殊环境机器人研发、生产、销售、服务于一体的创新型高科技企业，主要开展核保智能装备研制与生产。2022年实现产值1003万元。

【智能传感科技园项目】　2022年6月，智能传感科技园项目由荣耀科技有限公司建成。项目占地1.8公顷，总建筑面积5万平方米，其中办公及管理用房、实验用房约3.5万平方米，配有食堂、员工宿舍、地下停车场等附属配套设施，总投资2亿元。该项目以智能传感产业为主导产业，强化创新、链式招商，招引一批关联项目入园，延链、补链、强链，壮大智能传感产业，推动产业集群发展。服务于传感器研发、中试、轻量化试验及科研办公。2022年12月27日揭牌运营，飞秒微纳智能传感项目作为首个签约落地项目，逐步建设“一脑、三中心、一平台”，即AI全场景赋能大脑，应用、孵化、人才中心，成果转化平台。

图67　绵阳工业园区智能传感科技园（涪城区提供）

【西科数字经济创新中心项目】　西科数字经济创新中心项目，2022年3月由绵阳西南科技大学国家大学科技园有限公司、西科技术有限公司投资开工建设，2022年5月建成投用。项目总投资1亿元，建筑面积7205平方米。项目围绕大数据、云计算、物联网、人工智能、5G、卫星遥感等数字经济核心领域，构建数字经济创新中心，建设西南科技大学院士工作站、四川省大数据与智能系统工程技术研究中心、国家遥感中心绵阳科技城分部、四川省自主可控人工智能工程技术研究中心、高分中心绵阳分中心、西南科大—华为ICT学院、西南科技大学国家大学科技园数字经济加速器、西南科技大学校友企业家联合会为基础的数字经济创新中心。截至年底，入驻四川星越科驰节能技术有限公司等企业6家，西南科技大学院士工作站等科研平台4家。

图68　西科数字经济创新中心（涪城区提供）

图69　金西湖环境提升一期（涪城区提供）

【长虹MCU智能芯片项目】　长虹MCU智能芯片项目位于绵阳5G科技园6号楼第3层，2022年1月由四川长虹电子控股集团有限公司实施建设，4月建成投用，建筑面积约2400平方米，总投资约5亿元。项目包含长虹MCU芯片总部基地、研发中心、技术服务中心、展示中心等。规划建设集MCU芯片研发设计、智能控制器研发制造以及技术服务于一体的智能控制集成产业生态。

【金西湖环境提升项目一期】　金西湖环境提升项目一期位于金家林总部经济试验区，2021年4月开工建设，2022年1月完工。该项目包含九洲云栖湖、长虹金嵿一号等区域绿化景观环境提升项目。项目建设内容主要为湖心岛绿化45380平方米，金西湖周边绿化共56462平方米，新建步游道2.6千米，景观桥3座、总长107米，栏杆1000米，外滩2号路沉降段处理400平方米，以及卫生间外立面改造、电气、照明等工程。

【商业航天产业高峰论坛】　2022年5月13日，2022绵阳市涪城区商业航天产业高峰论坛在创业黑马（西部）科创基地通过线上线下结合方式举行。涪城区委书记邓辉，创业黑马集团董事长牛文文出席论坛并致辞。天仪研究院绵阳总经理杜建、北航投资总经理王剑飞分别作《SAR卫星与科研卫星的应用》《助力卫星产业发展，搭建完

图70　2022年5月13日，2022绵阳市涪城区商业航天产业高峰论坛举行（四川绵阳工业园区提供）

善的产业链体系》主题演讲。活动还举办以“创新技术如何赋能卫星制造”“卫星应用落地产业的‘最后一千米’”为主题的圆桌论坛。

【涪城“科创大走廊”集中签约仪式举行】 2022年12月27日，涪城“科创大走廊”项目集中签约仪式在金家林总部经济试验区智能传感科技园举行。集中签约分为涪城“科创大走廊”政府合作项目、企业合作项目、科创平台招引项目三轮签约，共计签约项目17个。签约仪式上，为“涪城科创大走廊党建联盟”“涪城科创大走廊智能传感科技园”揭牌。政府合作项目签约仪式上，涪城区人民政府与中物院成都科学技术发展中心、四川橙科通信技术研究院有限责任公司共同签订《先进智能传感科技园飞秒微纳智能传感项目投资协议》，与西南科技大学签订《西南科技大学校地合作战略协议》，与罗普特科技集团股份有限公司签订《罗普特（绵阳）大数据科技园项目投资协议》，与四川中医药高等专科学校签订《支持学校专升本合作协议》。企业合作项目签约仪式上，四川垚磊科技有限公司与西南财经大学天府学院签约《仿真实验室建设合作协议》；四川涪创发展集团有限公司与绵阳荣耀科技有限公司签订《智能传感科技园运营合作协议》；四川涪创发展集团有限公司与四川久远创新园区运营管理有限公司签订《近悦远来科学家创新中心项目战略合作协议》；绵阳金富邦数字技术有限公司与绵阳芯睿时戴科技有限公司签订《传感器元器件研发生产项目协议》。科创平台招引项目签约仪式上，中关村科技园与四川竟本科技有限公司签订《新型储能电池工艺电气控制项目合作协议》，与四川帆馨科技有限公司签订《互联网智慧小区搭建项目合作协议》；中科（绵阳）创新园与北京国泰怡安电子有限公司签订《科技孵化项目合作协议》，与四川一诺诚鑫科技有限公司签订《科技孵化项目合作协议》；创业黑马（西部）绵阳科创基地与四川西则领科技有限公司签订《城市智能充电桩研发项目合作协议》，与四川柯尹科技有限责任公司签订《临床信息化整体解决方案及应用软件项目合作协议》。

【四川绵阳工业园区委托涪城管理】 2022年11月8日，四川省委编办制发《关于绵阳科技城科教创业园区管理机构备案有关事项的批复》，同意绵阳科技城科教创业园区党工委、管委会备案，机构规格为正处级，并更名为四川绵阳工业园区党工委、四川绵阳工业园区管委会，为绵阳市委、市政府派出机构，党工委、管委会合署办公，委托绵阳市涪城区管理。12月12日，绵阳市委编办制发《关于更名设置四川绵阳工业园区党工委、管委会的通知》，同意将中共绵阳科技城科教创业园区工作委员会、绵阳科技城科教创业园区管理委员会更名为中共四川绵阳工业园区工作委员会、四川绵阳工业园区管理委员会（简称四川绵阳工业园区党工委、管委会），为绵阳市委、市政府派出机构，党工委、管委会合署办公，机构规格为正处级，委托涪城区管理。2022年12月12日，绵阳市委编办制发《关于明确四川绵阳工业园区党工委、管委会相关机构编制事项的通知》，明确四川绵阳工业园区党工委、管委会核定处级领导职数5名，其中党工委书记1名，党工委副书记、管委会主任1名，党工委副书记（兼纪检监察工委书记）1名，管委会副主任2名；内设机构7个，核定正科级领导职数7名、副科级领导职数7名。四川绵阳工业园区成立于2001年8月，截至2022年年底，园区规划建设面积共80.87平方千米，其中涪城区范围73千米，科技城新区范围7.87平方千米。园区（涪城范围）构建“一园四区”空间布局，“一园”即“四川绵阳工业园区”全面统筹，“四区”即北区涉及青义镇，约43平方千米，以“涪城科创大走廊”为引领，科技智谷组团突出科技创新，环西科大组团聚焦创新创业，重点发展5G、人工智能、北斗卫星等科创产业；东区涉

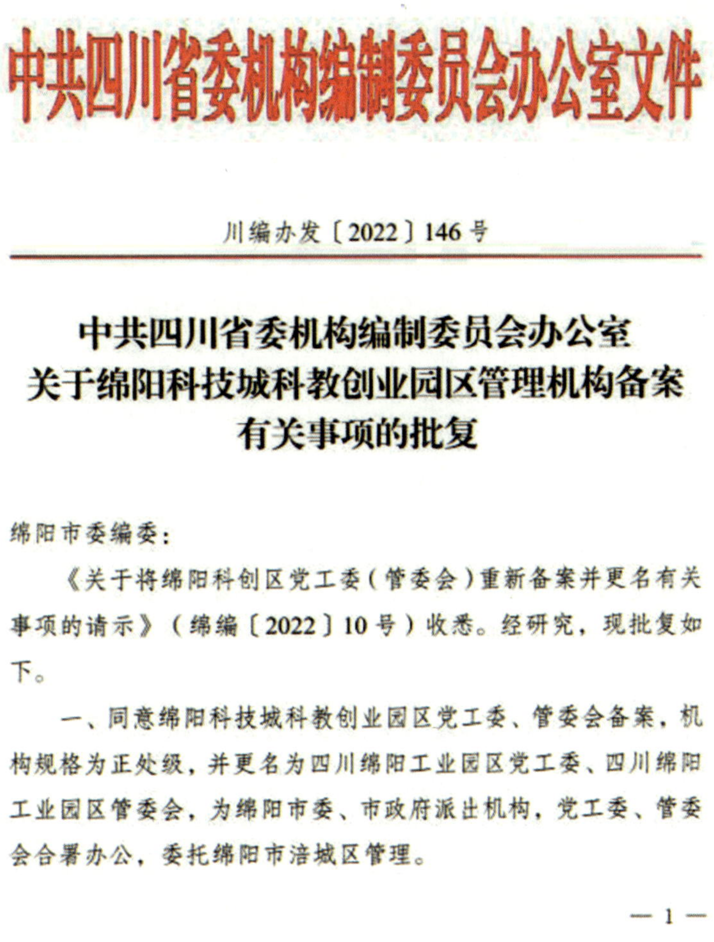
中共四川省委机构编制委员会办公室文件

川编办发〔2022〕146号

中共四川省委机构编制委员会办公室
关于绵阳科技城科教创业园区管理机构备案
有关事项的批复

绵阳市委编委：

《关于将绵阳科创区党工委（管委会）重新备案并更名有关事项的请示》（绵编〔2022〕10号）收悉。经研究，现批复如下。

一、同意绵阳科技城科教创业园区党工委、管委会备案，机构规格为正处级，并更名为四川绵阳工业园区党工委、四川绵阳工业园区管委会，为绵阳市委、市政府派出机构，党工委、管委会合署办公，委托绵阳市涪城区管理。

— 1 —

图71　2022年11月8日，经四川省委编办批复，四川绵阳工业园区党工委、管委会委托涪城管理四川绵阳工业园区

及吴家镇、石塘街道，约17.3平方千米，加快建设惠科产业园，重点发展新型显示、汽车电子、5G制造、新能源等高端制造产业。西区涉及新皂镇，约11.2平方千米，依托中欧班列等铁路及高速枢纽，主要发展先进制造、科技物流等“两业”融合产业。南区涉及杨家镇，约1.6平方千米，作为园区产业承载拓展区、配套服务区，主要发展循环经济、先进制造配套等产业。

（刘雪梅）

绵阳游仙高新技术产业园区

【概况】　2010年5月，游仙高新技术产业园区（以下简称游仙高新区）前身绵阳游仙经济开发区经市政府批准成立；2013年4月，绵阳游仙经济开发区经省政府批准升级为省级经济园区；2018年3月，被省政府认定为省级高新技术产业园区。2022年，游仙高新区坚持以科技创新为引领，加快建设激光技术应用产业园、核医疗健

康产业园、航空与燃机产业园等专业园区，实现主营业收入1405亿元，固定资产投资104.1亿元，实现工业投资（含技改）45亿元，规模工业总产值397.3亿元，招商引资国内省外到位资金51.3亿元。游仙高新区被省委、省政府评为四川省开放发展示范平台；在全省开发区综合评价考核中再次被评为优秀；在绵阳市产业园区高质量发展大会上综合评比得分位居全市第2。

【产业发展】 2022年，游仙高新区巩固提升新型功能材料、物联网设备两大主导产业，加快培育核技术应用、激光技术应用两大特色产业。以东材科技、聚合新材功能膜材料，开元磁材、德华磁材磁性材料，特锐祥科技陶瓷新材料等项目为重点支撑，建设先进材料产业集群。以上海移柯通信模组、光联科技光模块收发器等项目为支撑，建设物联网设备产业集群。以中广核技、中广核久源、北京先通医药为龙头，以核医疗健康产业园项目为支撑，依托中物院核技术应用转化成果，实施项目研发、诊疗、配送、康复四大中心建设，推进核仪器装备设备制造等相关产业发展。以中久大光为龙头，依托中国久远激光产业基地为支撑，建设“激光材料、激光器件、激光装备”全产业链激光产业园。湖山电器等6家企业入库四川省上市后备企业资源库。

【基础设施建设】 2022年，游仙高新区推进基础设施建设续建项目30个，完成投资约26亿元。新建成道路13.2千米；完成雨污水管网建设58千米；完成绿化建设约14万平方米。小枧镇城市更新项目完成项目策划、修建性规划设计工作，列入四川省“十四五”城市更新重大项目库。科技创新孵化园基本建成，高新企业加速器完成封顶，可提供标准厂房40.6万平方米。完成10千伏电力通道等11个项目，加速推进五里梁综合停车场、城市运动公园二期（山地公园）、科技创新孵化园、二十一世纪新能源、创新中心及加速器（标准厂房）、人才公寓、统建房、高新加速器、物流园等项目建设。

【招商引资】 2022年，游仙高新区参加中国西部激光产业大会、绵阳市第十届科博会和“宁波行”外贸型企业招商会等活动，重点产业招商引资项目签约32个，协议总投资133亿元，其中中绵芯智能制造总部项目30亿元以上项目1个，科光环宇科技城光子产业园项目、旭博航空动力产业园项目等10亿元至30亿元项目4个，一百医疗设备物资销售配送项目、熔模精密铸造机匣项目等5-10亿元项目3个，高纯碱金属装备制造项目、绵阳科技城光子技术研究院项目等1亿元至5亿元项目4个。

【企业培育】 2022年，游仙高新区新增迪赛电子、圣曜铝业等规模以上工业企业6家，规模以上工业企业总数134家。新增四川奥格莱能源科技有限公司企业技术中心、绵阳市维博电子企业技术中心等3个四川省企业技术中心，四川兴事发门窗有限责任公司、太极集团四川绵阳制药有限公司、绵阳市维博电子有限责任公司、雅化集团绵阳实业有限公司4家企业成为四川省“贡嘎培优”行动计划市级企业。园区完成新申报高新技术企业20家，合计有效高新技术企业56家。

【人才工作】 2022年，游仙高新区推进省级人才工作先行区创建，牵头、配合相关部门为企业人才全方位优化服务保障，增加公交站点、增设职工食堂，解决企业职工出行难、就餐难问题。为移柯通信、中久大光、中绵芯、凯越集团等入园企业提供人才公寓59套，提供安家落户、子女入学、医疗康养等贴心服务，为各层次人才创建良好的干事创业环境。加速推进科技创新孵化园人才公寓综合体项目，103套高端人才公寓即将投入使用，加快打造高标准人才

聚居社区，提供1030套人才公寓以及完善的综合配套服务设施。（李春芳）

四川绵阳安州高新技术产业园区

【概况】 四川绵阳安州高新技术产业园区（以下简称安州高新区）的前身——四川绵阳安州工业园区成立于2010年。2021年，经省政府批准，安州工业园区被认定为省级高新技术产业园区，更名为四川绵阳安州高新技术产业园区。2022年，安州高新区有规模以上企业144家，实现营业收入548.75亿元，增长19.22%；实现工业总产值402.66亿元，增长11.61%。其中核心区规模以上企业87家，实现营业收入330.74亿元，增长17.64%；工业总产值204.44亿元，增长4.5%；高新技术产业营业收入实现265亿元，增长22.12%；实现税收2.22亿元，增长3%；固定资产投资74.93亿元，增长20.5%；工业性投资完成66.41亿元，增长17.42%；技改投资完成49.82亿元，增长17.97%。安州高新区申报成为省级院士（专家）产业园。麦思威尔获得国家级专精特新"小巨人"企业，吉龙机电、合明环保、麦科迪威、久远智能、爱联科技和昱丰电子6家企业获评省级专精特新企业。

【招商引资】 2022年，安州高新区通过飞地招商、以商招商、驻外招商等多种招商模式，参与招商引资活动58余次，洽谈途柚汽车、麦迪光伏等多个项目，签约项目19个，协议总投资134.18亿元，其中有光伏产业园百亿元以上重点产业项目1个、5亿元以上重点产业项目5个。

【营商环境优化】 2022年，安州高新区实施"清闲促建"行动，灵活运用"促、引、转、法、拓"，新盘活闲置低效用地60公顷，引进项目9个，全市首宗工业用地"标准地"挂牌成交。组织企业参加"春风送岗"等人才招聘会，助企解决招工难、用工难；指导企业做好项目资金申报，帮助企业对上争取到扶持资金7000余万元；兑现企业优惠政策兑现资金2600余万元。

【基础设施建设】 2022年，安州高新区建设核心区220千伏电站，规划建设凯江工业集中发展区新增110千伏电站。推进地埋式工业污水处理厂建设和清溪污水处理厂二期扩容工程，拓宽污水排放渠道。建成道路23条、总长35千米，供水管网20千米，年工业供水量超50万吨。建成天然气管线25千米。（杨晓灵）

江油高新技术产业园区

【概况】 1992年，四川江油高新技术产业园区（以下简称江油高新区）经省委、省政府批准成为省级工业开发区；2001年，被省政府确定为省级重点开发区；2018年，被省政府批准为省级高新技术产业园区，规划面积18.86平方千米。2022年，江油高新区实现地区生产总值270亿元，179家规模工业企业完成规模以上工业总产值550亿元、增长4.6%，完成固定资产投资79.9亿元、增长62%，国内省外到位资金35.27亿元。

【产业发展】 2022年，江油高新区新招引融通高科15万吨锂电池磷酸铁锂正极材料生产及循环再制造项目等5亿元以上投资的重大工业项目11个、总投资333.8亿元。编制产业图谱，包装策划PCB产业园、高端装备制造产业园等项目60余个、总投资850余亿元。签约落地融通高科锂电池正极材料、越洋长特高端精密金属及医用新材料、红星电子氮化硅基板、普林印制线路板等一批延链补链强链项目。参加绵阳"三推"（城市形象推广、产业项目推介、特色产品推销）活动，与慈溪滨海经开区、常州滨江经开区等签订协作协议，推动六合特材与长三角先研院合作建设先进材料研究院。

图72　2022年，江油高新区（视觉绵阳提供）

【企业发展】　2022年，江油高新区实施“镇园之宝”企业培育攻坚计划，推动建设融通高科百亿级和攀长特、天宜上佳、六合特材50亿元级企业，打造单体磷酸铁锂全产业链工业园、绿色能源新材料碳和碳陶生产基地。实施科技型中小企业培育壮大计划，新认定市级科技型中小企业37家，国家科技型中小企业备案入库114家。构建“众创空间—孵化器—加速器—产业园”的科技孵化链条，新入驻企业25家、在孵企业达51家。　（刘　伟）

四川三台工业园区

【概况】　四川三台工业园区（以下简称三台工业园区）的前身——三台工业经济开发区于1993年成立，规划面积4.83平方千米。2006年，经国家发改委批准，更名为四川三台工业园区，是省级开发区。2014年7月，经省政府批复同意，四川三台工业园区扩区调位，扩区调位后规划控制面积10.92平方千米。2018年2月，三台工业园区进入国家发改委、科技部、国土资源部等六部委发布的2018年版《中国开发区审核目录公告》，园区总规划面积47.67平方千米，建成面积达12.2平方千米。2022年，三台工业园区规模以上企业实现工业总产值161.6亿元、增长20.17%。规模以上工业增加值增速13.5%，营业收入增速15%。工业投资36.6亿元、技改投资34.8亿元，入库税收2亿元。

【园区空间格局优化】　2022年，三台工业园优化10.66平方千米“一园三区”（一园即三台工业园区，三区即五里梁产城新区、两江工业区、芦溪工业区）空间格局，启动产业规划编制，规划建设纺织鞋服、健康食品、新能源电池3个百亿元级产业园。纺织鞋服、健康食品主导产业产值105.52亿元，主导产业产值占比突破65%；新能源电池、机械制造特色产业产值26.14亿元，特色产业产值占比突破16%，“两主两特”产业产值占比81%。出台《关于提升三台县园区基础承载力及颜值品质的实施意见》，制定《2022年工业平台建设任务清单》。启动实施总投资38亿元的基础设施、安置房、标准厂房项目19个，启动实施总投资1.1亿元的“道路黑化、园区亮化、公共绿化、环境美化”等基础设施提标升级、标识标牌等“颜值提升”项目23个。完成基础设施投资22亿元。

【招商引资】 2022年，三台工业园围绕主特产业、重点区域、重点企业、重点载体，累计开展各类招商活动50余次，招引入驻园区各类产业项目27个，总投资额284.5亿元。其中鞋服纺织类项目3个、45.3亿元，食品医药类项目6个、39.8亿元，新能源电池类项目4个、166.7亿元，装备制造类项目11个、30.6亿元，其他类项目3个、2.1亿元。培育规模以上企业10家，实施技改扩能项目15个，新增国家级专精特新“小巨人”企业1家、总数达3家，新增省级专精特新中小企业1家、总数达11家，1家企业入选省“贡嘎培优”行动计划，新增20亿元级企业1家、10亿元级企业2家。与金融机构合作探索推出“园惠贷”融资产品，为3家企业融资1470万元。

（李琼蓉）

四川梓潼经济开发区

【概况】 四川梓潼经济开发区（以下简称梓潼经开区）的前身——梓潼县经济技术产业园区于2002年4月30日成立，2014年7月10日经省政府同意设立四川梓潼经济开发区。梓潼经开区规划开发面积9.124平方千米，核准面积4.17平方千米。2022年，梓潼经开区累计入库税收2.36亿元、增长61.64%。完成固定资产投资新入库项目16个，入库金额12.07亿元，累计入统7.18亿元。支持企业与重庆大学医学院、西南科技大学生命科学与工程学院等开展校企合作，组建产学研联盟，支持建立市级以上工程（技术）研究中心、技术中心、工程实验室等研发机构20余家。生物医药发明和实用新型专利达150余项。完工燃气管线迁改、道路改造提升、口袋公园打造等21个基础设施项目，新建标准厂房10.78万平方米，在建11.85万平方米，实现供电、供水、供气等“九通一平”全覆盖。

【营商环境优化】 2022年，梓潼经开区聚焦健康、绿色发展方向，坚持园区、景区、城区“三区合一”，统筹考虑生产、生活、生态三大功能，编制《绵阳市健康食品产业园发展规划（2022—2025）》。成立园区清闲促建工作组，采取产能扩张、以商招商等“七个一批”方式，“一企一策”处置停产企业24家，盘活19家。

【产业发展】 2022年，梓潼经开区有在建项目共23个，总投资23.86亿元，其中新开工项目10个、续建项目13个，签约健康食品产业园项目、长虹新能源、广乐食品生产线建设项目等17个项目，完成2宗共15.07公顷“标准地”出让，组建10个在建重点项目工作专班推动健康食品标准厂房、乐洵食品等项目建设，确保项目按期建成投产。三香汇二期、福欣食品二期、经开区加油站等13个项目建成投用。

【企业发展】 2022年，梓潼经开区有企业269家，其中规模以上工业企业39家。规模以上企业实现产值76.67亿元、增长16.27%；实现营业收入69.24亿元、增长31.44%；实现利润2.25亿元、增长12.02%；其中食品加工和生物医药两大主导产业实现产值52.99亿元、增长47.52%。梓潼经开区有高新技术企业9家，储备具有高新技术企业潜力的企业12家，建成省级企业技术中心3家、市级企业技术中心7家，省级工程研究中心1家。领海油脂、林江苎麻、三香汇生物被评为2022年度四川省专精特新中小企业，凯瑞华创、华西动物药业被评为四川省第一批创新型中小企业，长林食品、建丰林业、福欣食品、圣迪乐村入选四川省第十一批农业产业化省级重点龙头企业名单。（胡　杰）

盐亭经济开发区

【概况】　盐亭经济开发区（以下简称盐亭经开区）2014年7月经省政府批准成立，规划面积9.45平方千米，核准面积6.60平方千米，建成区面积10平方千米。形成以天然气化工、化学药与原料药为主导产业、以资源循环利用为特色产业的“两主一特”产业体系。2019年被省经信委评定为生物医药特色产业基地，2020年被市委、市政府定位为生物医药产业功能区，2021年被市经信局认定为市级小型微型企业创业创新示范基地。2022年，盐亭经开区实现工业总产值40.30亿元、增长22.52%，其中规模以上工业企业28家、总产值32.05亿元、增长23.11%；主营业务收入39.34亿元、增长27.18%，其中规模以上工业主营业务收入31.14亿元、增长29.07%；工业企业入库税金4678万元、增长3.0%。注册企业139家，其中投产企业109家，在建项目30个；有国家级高新技术企业6家、省级企业技术中心2家、市级企业技术中心7家。

【产业发展】　2022年，盐亭经开区推动化学药与原料药提取产业发展，依托迪澳药业、新华康、新川义、博大金点等企业，打造西南地区最大的动植物提取类医药基地和亚洲最大的柑橘类提取及衍生物研产销基地。推动熔增环保、格润中天、吉圣汽车循环经济等项目满产升规，引导盈基生物质、建丰林业等企业技改扩能，构建盐亭资源循环型产业体系和危废资源循环利用体系。新增规模以上工业企业4家，新建标准厂房11.33万平方米，规模以上工业企业集聚度75.68%。招引天然气处理厂50亿元“镇园之宝”培育项目1个、500强企业项目3个，引入5亿元以上项目6个，招引上市企业1家。培育高新技术企业6家、科技型中小企业39家，打造省、市级企业技术中心9个，签订技术合同0.3亿元。

【人才招引】　2022年，盐亭经开区探索校地合作新模式和产学研新空间，与中南大学共建新能源产业研究院，与西南石油大学共建天然气产业研究院，与湖南农科院建立院士专家工作站，引进科研人才9人。构建技术人才引育机制，与四川化工职业技术学院、绵阳职业技术学院等5所高职院校签订订单式培育合作协议，为人才招引奠定坚实基础。开展人才招引活动，到厦门大学等8所高校和四川工程职业技术学院等10所职业院校，为24家重点企业招引专业技术人才430人、储备人才500余人。（张瑞雪）

北川经济开发区

【概况】　2022年，北川经济开发区（以下简称北川经开区）实现工业总产值66.62亿元、增长2.14%，规模以上企业工业总产值57.85亿元、增长11.82%，实现税收2.1亿元，对上争取专项债券等项目资金5.55亿元、增长153.4%。争取专项债券到位资金4.39亿元。累计招商签约项目12个，签约投资金额超130亿元，实现项目投资超20亿元；招引“镇园之宝”项目1个，协议引资50亿元。新增入孵企业40家，完成专利申报44件，专利授权13项，科技成果转化10件。建设62个重点项目，其中续建项目29个、新开工项目33个，项目总投资57.35亿元。通航产业园（无人机产业）纳入全省23个战略性新兴产业集群之一。

【基础设施建设】 2022年，北川通用机场项目完成安州段土地征收24.07公顷、房屋拆除26户、企业拆迁3家、林地补偿100余户；完成红线范围内土石方、北川段跑道、站坪、航站楼、消防中心主体工程及机库基础结构工程，开挖后勤中心、配电站、供水站基础；完成场外高压线迁改工程量的96%、一大渠改线的30%，完成黄乐路改道、机场供电工程招标。完成北川桂花河公园项目（一期）、中国（绵阳）科技城国防航空科普体验基地A区（九洲湖）等2个通航产业园区配套基础设施项目总体工程量70%。启动无人机产业园一标段标准化厂房、北川健康食品示范产业园等产业项目。其中健康食品产业园项目完成1、2、4、5桩基工程和部分基础工程。争取专项债4.39亿元，其中四川北川经济开发区核心区配套基础设施建设项目发行7000万元、绵阳科技城北川通航产业园（一期）标准厂房及配套设施建设项目发行2.38亿元、北川桂花河公园项目调整8100万元、中国（绵阳）科技城国防航空科普体验基地调整5000万元。完成政策性开发性金融工具（基金）项目申报及发行基金1.08亿元，其中北川健康食品示范产业园基础设施建设项目发行基金5000万元，贷款3亿元，签订贷款协议；争取省融办“北川低空空域服务能力建设项目”资金800万元。

【企业培育】 2022年，北川经开区新入孵企业40家，毕业企业4家，在孵企业118家。协助企业完成专利申报44件，科技成果转化10件，项目包装10项，专利受理13项；帮助企业同银行、融资平台等开展融资对接活动7次；引入合作中介机构15家；组织企业开展夜校服务、政策宣讲、论坛沙龙等活动55次；组织创业导师对县域内中小企业开展调研、巡诊活动30余次，为企业解决问题110余件；聘请专家和创业导师21人次；开展应急培训班26次，培训人员1600人次。 （杨虹君）

河北—平武工业园区

【概况】 河北—平武工业园区（以下简称园区）于2008年成立，位于绵阳高新区西南，总占地面积3.47平方千米。至2022年，园区初步形成以电子信息、新型显示、新材料、智能制造为主的产业体系。园区智能制造二期、人才公寓项目实现固定资产投资12.64亿元；京东方模组实现规模以上工业企业总产值25.62亿元，增长80.4%；缴纳税金7567.8万元，增长23.52%。签约劲科环保、润马科技、合力源等13个项目，协议资金13.22亿元；重点跟踪在谈科技型企业15个。

【产业项目培育】 2022年，河北—平武工业园区开展技术创新、产品创新、服务创新，提高产能、实现增收创效，进行“优质引进、存量提质”，加快壮大规模以上企业队伍。培育华阳实业、烟台宝华、茂源环保等12家企业升规入统。

【基础设施建设】 2022年，河北—平武工业园区推进基础设施、房地产、工业产业等建设项目15个，人才公寓、劲科环保开工，智能制造产业园二期、西源机械等进入收尾阶段，赛特英、智能制造产业园一期、观音堂B段道路、恩源路B段道路竣工。 （向　帆）

西南科技大学国家大学科技园

【概况】 西南科技大学国家大学科技园（以下简称大学科技园）是2001年经科技部、教育部批准筹建的全国首批国家大学科技园，2003年通过科技部、教育部验收，正式成立。2022年，大学科技园有基础设施完善的可自主使用场地面积2.32万平方米，孵化场地约1.97万平方米，有大学科技园青义园区和城南园区两个园区。大学科技园是国家级科技企业孵化器、国家技术转移示范机构、国家级高校学生科技创业实习基地、国家小型微型企业创新示范基地，首批四川省大学生创新创业示范俱乐部、省级大学生创新创业园区（孵化基地）、省级小企业创业示范基地。连续4年在科技部综合考评中获评为优秀国家级科技企业孵化器（A类）。与市科协加强合作，举办青年企业家联合会成果转化对接会等各类活动5次。完成绵阳水务集团、北川农林等多个项目的需求挖掘与对接。

【开放协同】 2022年，大学科技园加强与各级政府、金融机构、产业园区交流合作，参与科技主管部门主办的技术合同登记认定、政策培训等活动。推动中国（绵阳）科技城西科数字经济创新中心投入运营，成立中心管委会，建立各项管理制度，协调多家科研平台和企业入驻。与西南科技大学图书馆共建西南科技大学世界知识产权技术与创新支持中心（TISC），联合举办宣传活动。与省内科技园、创业黑马、绵阳中关村信息谷等孵化载体开展交流，推动大学科技园开放协同发展。大学科技园获2022年度四川大学科技园联盟先进集体。

【孵化服务】 2022年，大学科技园整体搬迁至双创大楼。组织10余家企业招商和入园评审，20余家企业毕业。开展创业导师问诊、入园企业见面会等专题活动10余次。组织科技型中小企业评价和高新技术企业认定等工作，1家企业成为高新技术企业。

【创新创业】 2022年，大学科技园加强大学生创新创业中心建设管理工作。建成大学生创业苗圃办公场地15个、入驻大学生创业企业13家。开展“双创”文化活动，组织开展“双创”活动大赛4次，参与大学生300余名；组织开办“双创”沙龙活动14次，参与学员400余人次。完成2022届“筑梦青春创业先锋实践班”教育教学，培育25名创业先锋。接纳大学生创业咨询100余人次。共接收大学实习实训200余人次。新聘任校内外“双创”导师20人，指导大赛和创业200余人次。

（张子明）

金融加强支持人才创新创业十条措施（试行）

为贯彻落实习近平总书记在中央人才工作会议上的重要讲话精神，落实省委和市委人才工作会议精神，进一步优化人才创新创业生态，深化金融支持人才创新创业政策实施效果，专项制定如下金融支持措施。

一、支持对象

本措施所指人才包括：入选县级及以上层次人才计划或县级及以上荣誉称号的人才。经确定的人才企业，主要包括上述人才担任法人代表、实际控制人或董事监事高级管理人员，且注册地在绵阳市内的企业。

二、增强人才金融供给

（一）强化股权投资。建好绵阳科创基金小镇，用好2亿元的绵阳市科技创新股权投资基金，推动各类股权投资基金、产业投资基金等基金助力绵阳人才及人才企业发展壮大，促进金融链与创新链、产业链、人才链深度融合，力争2年内各类人才企业获得的股权投资总额不少于10亿元。

（二）加强信贷保障。人行绵阳中支对法人银行机构向人才和人才企业发放的符合再贷款、再贴现政策要求的贷款给予即申即放支持，不设额度限制。银行业金融机构对入选“科技城引才计划”“科技城育才计划”团队创办的人才企业，给予市人才发展专项资助资金最高10倍授信贷款。鼓励金融机构向人才开展银行卡大额授信、消费信贷等高端业务，对持“科技城人才卡”的持卡人，银行根据持卡人的合理需求，给予最高不超过500万元的消费类信用贷款。支持银行业金融机构在守住风险底线的基础上，对符合条件的人才企业开展无还本续贷、企业应急转贷，为更多人才企业提供短期应急周转服务。

（三）优化“四首”服务。用好新一轮财政金融互动政策，鼓励金融机构通过专利权、商标权等轻资产质押融资模式，支持人才企业开展“首贷、首投、首保、首担”，扩大金融支持的人才企业覆盖面。

三、降低人才融资成本

（四）实行贴息政策。对符合科创企业贷款贴息、创业担保贷款贴息等政策的人才企业，按照“就高不就低、不重复享受”的原则给予贴息。

（五）降低融资成本。深入开展降低人才企业融资成本工作，引导银行进一步降低人才企业信贷利率，贷款年化利率不超过一年期LPR+215个基点；推动政府性融资担保机构进一步降低担保费率，年化费率不超过1%。

（六）强化风险分担。用好总规模2.5亿元市级政府信贷风险补偿基金，加大对人才企业的支持力度。鼓励金融机构加大对人才企业信贷投放，鼓励保险公司开发贷款保证保险产品，适度提高承保额度和风险容忍度，鼓励融资担保机构为小微人才企业提供融资担保服务，建立政、银、担、保、企多方风险分担机制。

四、强化人才金融创新

（七）优化金融服务。推动特色服务机构扩量提质，推动“五专”服务巩固深化，配备专职业务团队、提供专属服务产品、制定专门服务流程、采取专用对接渠道、提高专项信贷规模。促进人才银行产品百花齐放，拓展“人才科创精英贷”“人才双创贷”“人才勿等贷”“园保贷”“人才安家贷”等人才及人才企业特色信贷产品，支持金融机构开展存货、设备、金融资产等动产质押融资，优化信贷产品要素，丰富抵（质）押物种类。鼓励科创人才保险产品及服务推陈出新，支持保险机构创新，完善商标、专利、科研成果等知识产权类全生命周期保险，逐步推广人员保障类保险、企业研发费用损失保险等保险产品。

五、鼓励人才企业上市

（八）支持上市挂牌。积极支持符合条件的人才企业开展规范化公司制改造，实施推进企业上市梯度培育计划，鼓励利用多层次资本市场进行改制、挂牌、定向转让股份和融资。对在境内外主要资本市场首次申请公开发行股票（IPO）上市融资的人才企业，市财政给予最高500万元奖补；对在新三板成功挂牌的人才企业，市财政给予分层奖补。

六、加强人才平台赋能

（九）加强平台服务。建立“人才金融移动方舱”，按照“团队式、系统性、专业化”模式，通过“全科会诊、专科诊疗”，为人才企业治病疗伤、纾困解难，实行线上线下结合、“一企一策”纾解人才企业融资困难。搭建“科技城金英荟”人才金融对接平台，设置人才金融需求发布等4大模块，打造院所、企业、园区等5大应用场景，引导社会资本参与支持人才创新创业。健全信息沟通渠道，建立政、金、企定期会商机制。强化智力支撑，搭建综合金融服务平台，建立人才（项目）创新创业金融导师团；建立人才企业金融服务对接机制。

七、健全人才保障机制

（十）加强综合保障。发挥市级部门考核指挥棒作用，将金融支持人才情况纳入对金融机构服务地方发展的评价内容，市级有关部门联动做好相关考核工作。发挥监管部门监管作用，绵阳银保监分局要将金融机构支持人才创新创业工作情况与年度监管评级挂钩，适当提高对人才企业融资的不良容忍度。人行绵阳市中心支行要在年度综合评价中设立加分项，市金融工作局和财政、国资等部门在本地股权投资机构、融资担保机构等地方金融机构的监管评级、考核激励中设立加分项，鼓励金融机构加大支持人才企业力度。监管部门和市级有关部门支持金融机构实施适合人才和人才企业特点的授信等金融业务尽职免责制度。

本措施自印发之日起实施，暂行2年。《金融支持人才创新创业十条措施（试行）》（绵人才办〔2018〕29号）自本文件印发之日起不再执行。

（2022年7月13日　市金融工作局发布）

中国（绵阳）科技城创新发展2022年工作要点

2022年是加快建设国家科技创新先行示范区的重要一年，是实施“十四五”规划关键之年，赓续其力推动中国（绵阳）科技城高质量发展意义重大。科技城创新发展工作的总体要求是：以习近平新时代中国特色社会主义思想为指导，深入贯彻落实习近平总书记对绵阳科技城建设的重要指示精神，认真落实绵阳科技城建设部际协调小组第十四次会议和省建设绵阳科技城领导小组第22次会议精神，完整、准确、全面贯彻新发展理念，积极融入和服务新发展格局，坚持创新驱动发展，推动高质量发展，扎实抓好市委、市政府对科技城建设的决策部署，围绕“科技立市、产业强市、开放活市、人才兴市”，按照《中国（绵阳）科技城创新发展三年行动方案（2021—2023年）》要求，持续培育创新主体、营造创新生态、激发创新活力、发展创新产业、拓展开放合作、优化发展环境，高效率推动科技城突破性发展，加快建设国家科技创新先行示范区。

一、培育建强创新主体

（一）强化企业创新主体地位。实施高新技术企业倍增计划，力争高新技术企业增长120家，高新技术产业营业收入超过2300亿元。培育科技型中小企业，实施“小升高”行动，评价入库国家科技型中小企业超过1700家，新增市级科技型中小企业500家。培育省级“瞪羚”企业3家以上。加快创新平台建设，支持符合条件的各类创新主体新建国省级重点实验室1家、技术创新中心（工程技术研究中心）4家以上、工程研究中心（工程实验室）2家和企业技术中心5家。争取布局建设省级国防科技重点实验室。着力培育认定一批市级创新平台，新建市级院士（专家）工作站5家以上。支持企业联合院所高校承担国省重大科技专项、申报自然科学基金。全社会研发经费投入达到230亿元，其中企业研发经费投入达到63亿元。

（二）提升高校科技创新能力。争取国家在绵布局建设国家国防科技工业联合研究生院。支持西南科技大学建好环境友好能源材料国家重点实验室，力争获批国家级科研项目8—10项，申请发明专利19项，授权专利9项以上。支持西南科技大学与地方共建中国（绵阳）科技城数字经济创新中心。推动在绵高校院所联合建立新型中试研发平台。支持绵阳师范学院申建省工程技术研究中心、省教育厅高校重点工程中心、省教育厅高校人文社会科学重点研究基地。支持市属高校开展四川省“双高计划”项目建设，建好市级优势特色专业。依托西南科技大学国家大学科技园，推动高校成果转化和创业孵化。

（三）保障国防科研院所发展。加快推动建设中国工程物理研究院国家交叉科学创新中心。支持在绵院所筹建国家实验室（基地），参与天府实验室建设。加快推动中国工程物理研究院某重大装置地方配套设施建设。支持中国空气动力研究与发展中心按计划完成某数值模拟工程建设，加快推进某大型风洞建设。实施航空发动机绵阳试验基地二期专项能力保障体系建设工程。坚持需求牵引，积极搭建对接平台，引导和组织10家以上单位承担重点任务的保障配套。院地联合开展周边环境安全管控、区域基础设施完善和环境优化等，做好高端人才及其家属社会综合保障服务。

二、持续营造创新生态

（四）提升科技服务业发展质量。争取创建区域性服务业中心城市、省级服务业集聚区。高水平建设中国（绵阳）科技城先进技术研究院。加快建设中国科技城航空动力科技创新中心，引进创新团队15家以上。依托装备采购信息网绵阳分中心，健全完善信息发布共享机制。国家两用技术交易中心力争交易额超过2.5亿元。四川融合大型科学仪器共享平台实现检验检测服务8000余次。支持绵阳科技城新区创建全省首个国家检验检测认证公共服务平台示范区。提升科技孵化能力，推动科技企业孵化器、众创空间等提档升级。争取获批建设中国（绵阳）知识产权保护中心，争取设立科技城知识产权法庭，每万人口高价值发明专利拥有量突破6件，专利实施项目新增产值达到75亿元。创建国家知识产权强县建设示范区。全市技术合同认定登记额超过22亿元，科技服务业营业收入突破48亿元。

（五）筑牢人才智力支撑。着力打造国防科技工业人才高地，出台加快集聚创新人才的政策措施，优化实施“科技城人才计划”“绵州育才计划”等重大人才项目，衔接在绵科研院所、高校和企业的引才政策，对引进的战略科学家实行“一人一策”。统筹全市编制资源，大规模开展赴知名高校延揽人才活动，力争新引进博士400名，硕士2000名。加快推进高技能人才项目建设，新建市级技能大师工作室3个以上、市级高技能人才培训基地2个。完善职业技能公共实训体系。技能人才总量达45万人以上，力争新增专业技术人才8000余名，总数达25.6万名。支持科技城新区建设产业急需紧缺人才联合培养示范区，支持涪城区、游仙区创建四川省县（市区）人才工作先行区。建好中国（绵阳）科技城人力资源服务产业园，争创国家级产业园。

（六）促进科技金融结合。推动建设国家级科创金融改革试验区，健全完善科创金融服务体系。争取四川银行在绵设立分支机构。创新科技金融产品和服务，科技创新金融产品达50个以上，科技贷款余额实现355亿元，科技企业贷款户数达到1950户。深化应收账款融资服务，实现融资总额80亿元。加快组建绵阳市科技创新股权投资基金，支持科技型中小微企业和科技成果转化。深入实施企业上市“钻石工程”，加快湖山电器、爱联科技、四川华丰等企业上市进程，拟上市后备企业动态稳定数达到40家。

三、着力激发创新活力

（七）深化融合改革创新。加快建设国防科技工业融合创新示范基地。设立西部国防工业科技成果转化中心。深入实施新一轮全面创新改革，高质量完成“揭榜”国家改革任务年度目标。争取创建中国兵器装备集团自动化研究所智能制造创新中心、设立四川光子技术研究院。争取在绵开展卫星数据资源整合利用，实施高分、北斗卫星应用示范。推进国家技术标准创新基地绵阳区域中心建设，制修订通用标准5项以上。落实好市领导联系院所、高校工作“五个一”工作机制及“三张清单”工作措施，推动清单事项落地落实。

（八）开展科技体制机制创新。启动开展科技体制改革三年行动，深化科技领域“放管服”改革，推动《绵阳科技成果转移转化“放管服”改革试点方案》获批实施。加快推进西南科技大学、绵阳农业科学研究院等高校院所开展科技成果权属混合所有制改革试点。探索开展科技项目“揭榜制”和科研经费“包干制”试点。加快建立以创新价值、能力、贡献为导向的人才评价体系。争取省第二批要素市场化配置改革试点。打好国企改革三年行动“收官战”，深化九洲导航开展“双百行动”、四川爱联开展“科改示范行动”、长虹新能源等开展“天府国企综改行动”。

（九）构建科技城建设政策体系。充分用好绵阳科技城建设部际协调小组“直通车”机制，聚焦科技创新先行示范区建设中的体制机制、改革发展等重大问题，适时梳理提出一批重大请示支持项目，主动加强与国家相关部委、省直相关部门的对接争取，认真做好绵阳科技城部际协调小组第十五次会议、省建设绵阳科技城领导小组第23次会议筹备工作，全力争取通过会议召开解决落实一批重要事项。积极争取国家层面加快印发实施《关于支持绵阳科技城建设国家科技创新先行示范区的意见》，推动《绵阳科技城“十四五”发展规划和2035年远景目标纲要》按程序上报国务院批复实施。持续推动绵阳科技城建设部际协调小组第十四次会议恳请事项落地落实。

四、大力发展创新产业

（十）加速科技成果产业化。加快建设中国（绵阳）科技城核医疗健康产业园、中国（绵阳）科技城激光产业园。支持中国电子科技集团第九研究所加快建设磁性材料产业园二期。规划建设航空与燃机产业园。主动对接国省科技计划，用好“天府科技云”平台，提高科技供需对接效率，组织实施一批科技成果转化项目。建好涪城、游仙省级融合高技术产业基地。支持行业优势企业及科研机构参与建设省级制造业创新中心，持续推动省级制造业创新中心实体注册运行。

（十一）积极推进企业梯队建设。加快培育大企业大集团，力争新增200亿元以上企业2户、50亿元以上企业2户、10亿元以上企业10户，新增规模工业企业120户以上。落实专精特新中小企业高质量发展行动、制造业企业“贡嘎培优”行动计划等，力争新增国家级专精特新“小巨人”企业7户、省级专精特新中小企业30户。力争新增国家制造业单项冠军企业（产品）1户。加强融合企业培育，认定省级融合企业超过350家、营业收入达到1550亿元，市级融合企业超过600户、取得资质企业达130家。

（十二）加快培育壮大产业集群。壮大电子信息、先进材料、装备制造、能源化工、食品饮料等支柱产业规模实力，力争产值保持两位数以上增长。加快发展核技术应用、生物医药等特色产业，力争产值增长20%以上。战略性新兴产业产值占规模以上工业总产值比重提高1个百分点以上。积极争取开展制造强省建设试点示范，将新型显示、电子装备、先进材料产业纳入试点示范范围。积极参与国家数字经济创新发展试验区、成渝地区工业网互联网一体化发展国家示范区建设，支持企业“上云用数赋智”，大力发展“芯屏存端软智网”数字产业。大力发展绿色低碳优势产业，力争创建省级以上绿色制造示范单位5户以上，加快推动江油市抽水蓄能电站、天然气调峰电站前期工作，争取三台县、盐亭县融入国家天然气（页岩气）千亿立方米产能基地建设。大力发展服务型制造，力争培育省级服务型制造示范企业（示范项目、示范平台）6个以上。加快建设省重点项目、省级重点推进项目，争取将符合条件的技术改造项目纳入省重点支持范围，强化土地、资金等要素保障。

五、务实推进开放合作

（十三）全面提升招商引资实效。围绕“1+4”支柱产业和核技术应用、激光等特色产业，深入开展链主招商、资本招商、行业招商、展会招商，精准开展补链强链延链招商，全力引进一批高成长性科技企业、“独角兽”“瞪羚”企业，持续促成一批投资规模大、科技含量高、带动能力强的大项目落地，力争引进5亿元及以上项目100个、30亿元以上项目25个，国内省外到位资金720亿元。加大力度“招院引所”，积极争取推动国家级科研院所、高校等迁入或在绵设立分支机构、创新平台和建设产业基地。加快推动航天三院超声速磁悬浮电磁推进试验场等项目落地。

（十四）加强平台建设和区域合作。高质量办好第十届中国（绵阳）科技城国际科技博览会，加快建设中国（四川）自由贸易试验区绵阳协同改革先行区。积极参与建设川渝自贸试验区协同开放示范区。推进绵阳综合保税区跨境电商零售进口试点工作，实现综合保税区与跨境电商综合试验区联动发展，引进培育跨境电商企业100家，实现跨境电商进出口7亿元。推动优势企业参加中国国际进口博览会等对外经贸活动，培育备案更多外贸企业，力争实现进出口总额275亿元。积极融入成渝地区双城经济圈建设，以“一城四园多点”模式与成都、重庆共建西部科学城，高质量完成相关实施方案编制工作。

（十五）构筑对外开放大通道。加快融入西部陆海新通道建设，交通攻坚实施项目121个、完成投资170亿元。加快建设成兰铁路绵阳段，力争绵遂内铁路年内具备开工条件。加快建设科技物流产业园铁路专用线。力争建成广平高速、中遂高速，高速公路建成里程突破500千米。推进九绵高速、G5成绵扩容、绵苍高速建设，全面开工G5绵广扩容，力争完成茂盐高速、南盐高速、三大乐高速可研编制。推进绵阳新机场选址工作，建成投用南郊机场T2航站楼，力争建成北川通用机场，推进三台通用机场和江油通用机场选址工作，做好盐亭、平武通用机场前期筹备工作。

六、不断优化发展环境

（十六）持续提升城市能级。按照Ⅰ型大城市目标要求，高质量编制《绵阳市国土空间总体规划（2020—2035）》。建成中国（绵阳）科技城创新馆和绵阳城市规划展览馆。加快推进城市科技元素项目二期建设。深化智慧城市建设，加强兆光网、一体化大数据中心、充换电桩等新型基础设施建设，推进5G网络布局和千兆光纤网络建设。加快建设完善中国科技城大数据中心、科技城超算中心。推进国家文旅消费试点城市、省级区域消费中心城市建设。实施城市商圈提升行动，打造一批旅游休闲街区。推进建筑业转型升级，加快建设建筑强市。

（十七）加快科技城载体建设。加快建设科技城新区，承接用好省级层面支持新区发展的政策举措，完成科技城新区相关规划编制，深入实施科技创新、产业发展、改革开放和城市建设攻坚战，加快交通、能源、信息等“硬件”和营商环境、创新平台、人才引育等“软件”建设，打造科技立市产业强市的排头兵和主力军。实施园区千百亿工程，加快建设绵阳经开化工园区，推动四川绵阳工业园区调位工作，支持游仙高新区、江油高新区、安州高新区等省级园区高质量发展。推动盐亭经开区申建省级化工园区。支持涪城区、游仙区创建全省首批创新型县（市、区）。

（十八）全面优化营商环境。实行市领导联系重点行业、重点企业制度，落实支持10亿元以上工业企业发展工作专班，制定实施5亿元以上企业“一企一策”定点联系帮扶方案。深化行政审批制度改革，确保政务服务事项“一次办”事项占比达100%、即办事项占比达60%以上，承诺提速率达90%以上。推进政务服务事项“告知承诺制”。深化政务服务跨区域通办，健全异地受理机制。巩固提升“一网通办”能力，保持全省领先地位。优化提升“绵企通”等平台服务功能。

（科技城党工委管委会提供）

索　引

Indexes

索引说明

一、本索引是《中国（绵阳）科技城年鉴（2023）》的主题词内容分析式索引，分主题关键词和图表索引；正文中凡具有独立检索意义的完整资料，都可以通过本索引进行检索；正文中的概述与概况不作检索内容；统计资料与附录以类目进行检索。

二、索引按汉字拼音字母（同音字按声调）顺序排列。

三、索引款目后的数字表示内容所在的页码，数字后面的拉丁字母（a、b）表示栏别（即版面的1、2栏）。表、图（示意图）索引以页码序号排列。

四、内容有交叉、重复的款目，为方便读者检索，在本索引词条后有页码出现。同类项在下一级词条中检索。

主题关键词索引

A

B

C

D

F

G

H

J

K

L

M

N

P

Q

R

S

T

W

X

Y

Z

图表索引